Florian Schäffer
OBD – Fahrzeugdiagnose in der Praxis

ELEKTRONIK

Florian Schäffer

OBD
Fahrzeugdiagnose in der Praxis

Bibliografische Information der Deutschen Bibliothek

Die Deutsche Bibliothek verzeichnet diese Publikation in der Deutschen Nationalbibliografie; detaillierte Daten sind im Internet über http://dnb.ddb.de abrufbar.

Hinweis: Alle Angaben in diesem Buch wurden vom Autor mit größter Sorgfalt erarbeitet bzw. zusammengestellt und unter Einschaltung wirksamer Kontrollmaßnahmen reproduziert. Trotzdem sind Fehler nicht ganz auszuschließen. Der Verlag und der Autor sehen sich deshalb gezwungen, darauf hinzuweisen, dass sie weder eine Garantie noch die juristische Verantwortung oder irgendeine Haftung für Folgen, die auf fehlerhafte Angaben zurückgehen, übernehmen können. Für die Mitteilung etwaiger Fehler sind Verlag und Autor jederzeit dankbar. Internetadressen oder Versionsnummern stellen den bei Redaktionsschluss verfügbaren Informationsstand dar. Verlag und Autor übernehmen keinerlei Verantwortung oder Haftung für Veränderungen, die sich aus nicht von ihnen zu vertretenden Umständen ergeben. Evtl. beigefügte oder zum Download angebotene Dateien und Informationen dienen ausschließlich der nicht gewerblichen Nutzung. Eine gewerbliche Nutzung ist nur mit Zustimmung des Lizenzinhabers möglich.

© 2012 Franzis Verlag GmbH, 85540 Haar bei München

Alle Rechte vorbehalten, auch die der fotomechanischen Wiedergabe und der Speicherung in elektronischen Medien. Das Erstellen und Verbreiten von Kopien auf Papier, auf Datenträgern oder im Internet, insbesondere als PDF, ist nur mit ausdrücklicher Genehmigung des Verlags gestattet und wird widrigenfalls strafrechtlich verfolgt.

Die meisten Produktbezeichnungen von Hard- und Software sowie Firmennamen und Firmenlogos, die in diesem Werk genannt werden, sind in der Regel gleichzeitig auch eingetragene Warenzeichen und sollten als solche betrachtet werden. Der Verlag folgt bei den Produktbezeichnungen im Wesentlichen den Schreibweisen der Hersteller.

Satz: DTP-Satz A. Kugge, München
art & design: www.ideehoch2.de
Druck: C.H. Beck, Nördlingen
Printed in Germany

ISBN 978-3-645-65156-1

Vorwort

Eigentlich ist das Thema On-Board-Diagnose (OBD) gar nicht so neu, als dass ein Buch dazu als Ausnahme gelten könnte. Trotzdem gibt es nur relativ wenige Publikationen und Fachartikel, die sich mit dieser im Grunde für jeden ambitionierten Elektroniker und Gelegenheitsbastler am Auto interessanten Materie beschäftigen. Der Schwerpunkt liegt dann meist eher auf theoretischen Betrachtungen der Normen und Protokolle und weniger auf dem praktischen Einsatz. Dieser wird interessant, wenn es darum geht, einen Fehler im (eigenen) Auto aufzuspüren und gegebenenfalls selbst zu beheben.

Wer sich wirklich in die Materie vertiefen will, kann viel Zeit im Internet mit der Suche nach und dem Studium von spärlichen Informationen verbringen. Aber man stößt dort immer wieder auf ähnliche Hürden: Die meisten Beiträge befassen sich nur mit einem Schwerpunktthema und einem Fahrzeugmodell oder -hersteller. Viele Informationen sind auch schon überholt oder unvollständig, wenn nicht gar falsch. Einen verständlichen Gesamtüberblick zu bekommen ist aufwendig und zeitintensiv.

Mein ganz persönlicher Antrieb, mich seit Jahren mit OBD zu befassen, ist, Wartungsarbeiten am eigenen Pkw so weit wie möglich selbst durchführen. So kann ich Geld sparen und lerne auch mein Auto besser kennen, um mir im Fall einer Panne (es muss ja nicht immer den eigenen Wagen betreffen) zu helfen zu wissen. Den Einstieg fand ich über das legendäre »Jeffs Interface« (s. Kapitel 7.4). Schnell kam ein ELM-Interface hinzu, und zusammen mit meinem Interesse an Mikrocontroller-Technik kam es zu ersten Gehversuchen. Nachdem ich diese auf meiner privaten Homepage (*http://www.blafusel.de*) publizierte, zeigte sich, dass auch andere Autobesitzer Interesse an der Technik haben. Aus dem Hobby wurde langsam Passion und Beruf.

Mit dem vorliegenden Buch werde ich Ihnen das komplexe Thema der Fahrzeugdiagnose verständlich und schrittweise näherbringen. Sie werden bald in der Lage sein, selbst Hand an Ihr Auto anzulegen. Die Techniker, Elektroniker und Programmierer unter den Lesern sollen aber auch nicht zu kurz kommen. Auch dieser Gruppe werden Wissen und Anregungen geliefert.

Vielleicht treffen Sie sich mit anderen Lesern oder mir zum Gedankenaustausch in meinem Diskussionsforum.

Viel Spaß bei der Lektüre des Buchs!

Florian Schäffer, September 2012

Inhaltsverzeichnis

1	**Einzug der Elektronik im Fahrzeug**	11
1.1	Erste elektromechanische Bauteile	11
1.1.1	Das Relais	12
1.2	Benzineinspritzung mit D-Jetronic	13
1.3	ABS mit Halbleitern	15
1.4	Digitale Motorsteuerung	17
1.5	Steuergeräte	21
1.5.1	Exemplarischer Einsatz von Steuergeräten für mehr Komfort: der Scheibenwischer	23

2	**Anfänge der Diagnosemöglichkeiten**	27
2.1	Das Multimeter	27
2.1.1	Einfache Messungen mit dem Multimeter	30
2.1.2	Prüfen eines Relais	35
2.2	Erste Diagnoseanschlüsse	37
2.2.1	K- und L-Leitung	37
2.3	Vernetzung der Steuergeräte	41
2.3.1	CAN	43
2.3.2	LIN	44
2.3.3	FlexRay	45
2.3.4	MOST	46
2.3.5	Netzwerk-Seilschaften	46
2.4	Einführung von OBD	47
2.5	Mit Blinkcodes Fehler abfragen	49
2.5.1	Opel-Blinkcodes	49
2.5.2	VAG-Blinkcodes	50
2.5.3	Ford-Blinkcodes	51
2.5.4	Mitsubishi-Blinkcodes	52
2.5.5	Mazda-Blinkcodes	52
2.5.6	Volvo-Blinkcodes	54
2.5.7	GM-Blinkcodes	55
2.5.8	Kia-Blinkcodes	56
2.5.9	Honda-Blinkcodes	58
2.5.10	PSA/Peugeot/Citroën-Blinkcodes	58
2.5.11	Mercedes-Benz-Blinkcodes	60
2.5.12	Toyota-Blinkcodes	62
2.6	Zugriff der Werkstätten auf Steuergeräte	64

3 Einheitlicher Standard mit OBD II 67
   3.1   Einführung von OBD II 67
   3.2   Permanente Überwachung und Information 71
   3.3   Standardisierte Fehlercodes 73
   3.4   Genormte Diagnosebuchse 77
   3.5   OBD-II-Diagnosefunktionen im Überblick 81
   3.6   Unterschiedliche Diagnoseprotokolle 83
   3.6.1 SAE J1850 85
   3.6.2 ISO 9141 und 14230 (KW 2000) 88
   3.6.3 ISO 11898 und ISO 15765 (CAN) sowie SAE J1930 88
   3.7   OBD-II-gestützte Hauptuntersuchung in Deutschland 90
   3.8   Grenzen von OBD II 92
   3.9   Zukünftige Möglichkeiten der Fahrzeugdiagnose 92
   3.9.1 UDS und ODX 93

4 Die OBD-II-Servicemodi 95
   4.1   SID $01: Diagnosedaten 96
   4.1.1 Abfrage der verfügbaren Parameter Identifier 96
   4.1.2 Berechnung von Diagnosedatenwerten 97
   4.1.3 Mehrdeutige Auslegung der Norm 98
   4.1.4 Neu eingeführte PIDs 99
   4.2   SID $02: Freeze-Frame-Daten 100
   4.3   SID $03: Fehlercodes auslesen 101
   4.4   SID $04: Fehlercode löschen 102
   4.5   SID $05: Testwerte Lambdasonde 103
   4.5.1 Aufgabe der Lambdasonde 104
   4.5.2 Verfügbare Lambdasondendaten 105
   4.5.3 Lambdasonde – Kommunikationsablauf 107
   4.6   SID $06: Testwerte spezifischer Systeme 108
   4.6.1 On-Board-Diagnose Monitor Identifier 109
   4.6.2 Test Identifier und Einheiten/Skalierungs-Identifier 110
   4.7   SID $07: Temporäre Fehler auslesen 113
   4.8   SID $08: Test der On-Board-Systeme 113
   4.9   SID $09: Fahrzeuginformationen 114
   4.10 SID $0A: Emissionsrelevante dauerhafte Fehlercodes 116

5 Diagnosemöglichkeiten im Heimlabor 117
   5.1   Simulatoren 117
   5.2   Steuergeräte autark in Betrieb nehmen 120
   5.3   Sensoren für das Steuergerät simulieren 123

6 Lösungen für die Diagnose nach OBD II 125
   6.1   Funktionsweise des Diagnose-Interface 126
   6.2   ELM-Protokoll-Chip 129
   6.2.1 Diagnose-Software für ELM 130
   6.2.2 Per Terminal-Zugriff mit einem ELM kommunizieren 133

6.3	Weitere Protokoll-Chips	140
6.3.1	mOByDic	141
6.3.2	STN1110	142
6.3.3	Diamex und OBD-Diag	143
6.3.4	Diamex DXM	144
6.4	Handheld-Geräte	145
6.5	Weitere OBD-II-Anwendungen	147

7 Interface für nicht genormte Anwendungen 151
7.1	Markenspezifische Diagnoselösungen	151
7.1.1	Alfa Romeo	153
7.1.2	BMW	153
7.1.3	Fiat	154
7.1.4	General Motors	154
7.1.5	Mercedes Benz	155
7.1.6	Mitsubishi, Subaru	155
7.1.7	Nissan	156
7.1.8	Opel	157
7.1.9	Porsche	158
7.1.10	Suzuki	158
7.1.11	VAG	159
7.1.12	Volvo	161
7.2	Standheizung	162
7.3	Universelle, markenübergreifende Diagnosegeräte	162
7.4	Serielles RS-232-Interface	164
7.4.1	ALDL-Diagnosekabel	167
7.5	USB-Interface	168

8 OBD-II-Diagnoseroutinen 175
8.1	Systemstatus und Readinesscode	175
8.2	Status Einspritzsystem	178
8.3	Motorlast	178
8.4	Kraftstoff-Einspritzkorrektur	179
8.5	Kraftstoffdruck	179
8.6	Absolutdruck – Ansaugrohr	180
8.7	Zündwinkel	180
8.8	Ansauglufttemperatur	181
8.9	Luftdurchfluss – Luftmassensensor	181
8.10	Zweitluftsystem	183
8.11	Nebenantrieb	184

9 CAN-OBD-II-Diagnoseprotokoll ISO 15765 185
9.1	Überblick über den CAN-Datenbus	185
9.2	Bit-Übertragungsschicht Physical Layer	187
9.3	Daten-Frames im Data Link Layer	190
9.4	Messwerte (PIDs) abfragen	191

9.5	Fehler auslesen und löschen	194
9.5.1	Segmentierung: Frame-Typen und PCI-Byte	195
9.5.2	Drei und mehr DTCs mit segmentierten Frames empfangen	198
9.6	Freeze-Frame-Daten ermitteln	201
9.7	Testwerte der Lambdasonde auslesen	202

Anhang A: Definition und Skalierung der Parameter Identifier (PID) 205

Anhang B: On-Board-Diagnose Monitor Identifier (OBDMID) für Service $06 225

Anhang C: Einheiten und Skalierungen für Service $06 229

Anhang D: InfoTypes für SID $09 233

Stichwortverzeichnis 237

1 Einzug der Elektronik im Fahrzeug

Bevor die Elektronik im Fahrzeug allgegenwärtig und nicht mehr wegzudenken war, bestand ein Auto hauptsächlich aus mechanischen Komponenten. Lediglich für die Zündkerzen eines Benzinmotors wurde eine einfache elektromechanische Zündverteilung benötigt. Mit dem Wunsch nach einer besseren Verbrennungssteuerung mit dem Ziel, den Verbrauch zu senken und den Ausstoß von schädlichen Abgasen zu reduzieren, hielten elektronische Bauteile immer mehr Einzug in die Kraftfahrzeugtechnik. Zusätzlich wurden immer mehr Komfortfunktionen im Fahrzeug eingebaut, die nur mithilfe von Elektronik realisiert werden können.

1.1 Erste elektromechanische Bauteile

Zu den ersten elektromechanischen Bauteilen, die in einem Fahrzeug notwendigerweise verbaut waren, gehört der Zündverteiler bei Ottomotoren. Dieser löst den Zündfunken aus und verteilt die Hochspannung aus der Zündspule an die Zündkerzen. Bis auf die Zündspule und den zugehörigen Kondensator handelte es sich dabei anfangs nur um mechanische Bauteile. Aufgrund des einfachen Aufbaus war es recht einfach möglich, z. B. den Zündzeitpunkt zu variieren. Hierzu musste lediglich das Verteilergehäuse ein wenig verdreht werden. Ohne anschließende genaue Kontrolle des eingestellten Zündzeitpunkts, der immer kurz vor dem oberen Totpunkt des Kolbens im Arbeitstakt liegen muss, kann die Leistung des Motors und auch die Zusammensetzung der Abgase negativ beeinflusst werden. In den Anfängen der Automobiltechnik waren Gedanken an schädliche Umwelteinflüsse aber sicher eher selten. Problematischer war da schon, dass der Zündzeitpunkt auch während der Fahrt verändert werden muss, damit in allen Drehzahlbereichen eine optimale Leistung erzielt wird. Hierfür wurden anfangs Unterdruck- oder Fliehkraftversteller eingesetzt, die wiederum ebenso rein mechanisch arbeiten. Die Mechanik setzt Grenzen bei der Feinfühligkeit derartiger Systeme und unter wechselnden Umweltbedingungen wie extremen Umgebungstemperaturen oder durch ins System eindringende Feuchtigkeit kann es zu Störungen kommen.

Mit der Zeit zogen weitere elektrische Geräte ins Auto ein. Lampen und Blinker wurden eingebaut, elektrische Anlasser und Scheibenwischer brachten mehr Komfort, und für alles wurden Kabel, Steckverbindungen und Schalter benötigt. Trotzdem war der Anteil elektrischer Bauteile lange Zeit sehr überschaubar. Das gestaltete die Fehlersuche einfach, und die Teile waren so gebaut, dass sie mit einfachen Mitteln gewartet und repariert werden konnten.

1.1.1 Das Relais

Das bekannteste elektromechanische Bauteil aus der Frühzeit der Fahrzeugelektronik ist vermutlich das Relais, das in kaum geänderter Form bis heute in jedem Fahrzeug mehrfach verbaut ist. Ein Relais besteht aus einem Elektromagneten, einem beweglichen Anker und Schaltkontakten. Die Schaltkontakte können im Ruhezustand geöffnet oder geschlossen sein. In den meisten Relais sind gleich mehrere Kontakte verbaut. Das Relais dient dazu, mithilfe eines kleinen Schaltstroms einen großen Strom ein- und auszuschalten. Ein Nebeneffekt ist, dass die beiden Stromkreise galvanisch getrennt, also elektrisch nicht miteinander verbunden sind. Sobald an der Spule (dem Steuerkreis) eine ausreichende Spannung anliegt, durchfließt der Strom die Spule und erzeugt im Kern ein Magnetfeld. Dadurch wird der Anker bewegt, und die Schaltkontakte werden geschlossen und/oder geöffnet. Durch die geschlossenen Schalkontakte kann nun der (ggf. wesentlich höhere) Strom des Arbeitskreises fließen und so eine elektrische Last (z. B. einen Motor oder eine Lampe) versorgen.

Bild 1.1: Das Innere eines Relais

Bild 1.1 zeigt ein einfaches Relais ohne weitere Elektronik. Fahrzeugrelais besitzen meist noch ein paar elektronische Komponenten im Inneren, die für die jeweilige Funktion benötigt werden oder einfach nur zum Schutz der angeschlossenen Schaltungen dienen. Beim gezeigten Modell zieht die Spule (A) an der Unterseite den Arm des Ankers (B) an, sobald an den beiden rechten Kontakten eine Spannung anliegt. Dadurch bewegt sich der Querriegel oben, und Schaltkontakt C wird geschlossen, während Schaltkontakt D geöffnet wird. Beide Schaltkontakte haben (im linken Bereich) unten einen eigenen und in der Mitte einen gemeinsamen Anschluss. Eine Rückholblattfeder am Anker sorgt dafür, dass der Anker in seine Ruhestellung zurückfällt, sobald die Spannung an den Steuerkontakten weggenommen wird. Dadurch ändern sich die Schaltzustände beider Kontakte wieder. Ein Kontakt wird als *Schließer* oder *Arbeitskontakt* bezeichnet, wenn er bei abgefallenem Anker/stromloser Erregerspule offen und bei angezogenem Anker/stromdurchflossener Spule geschlossen ist. Als Ruhekontakt oder Öffner wird ein Kontakt bezeichnet, wenn er bei angezogenem Zustand des Relais den Stromkreis unterbricht. Das gezeigte Modell wird als *Wechsler* oder *1xUm* (ein Umschaltkontakt) bezeichnet.

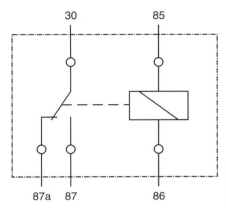

Bild 1.2: Schaltbild des Umschaltrelais (mit exemplarischen Kfz-typischen Anschlussbezeichnern)

Relais sind zwar sehr einfach und robust aufgebaut und für unkritische Anwendungen ausreichend, allerdings weisen sie ein paar erhebliche Nachteile auf, die sie für anspruchsvolle Schaltaufgaben in modernen Fahrzeugen unbrauchbar machen:

- Die Schaltzeit beträgt einige Millisekunden. Für moderne Regelungen werden Schaltzeiten im Nanosekundenbereich benötigt.
- Relais sind erschütterungsempfindlich. Relais für den Automobilbereich sind besonders robust gebaut.
- Die Anzahl der Schaltvorgänge ist limitiert (je nach Typ ca. 250.000 bis 1.000.000).
- Der Ausgang prellt. Das bedeutet, dass ein Kontakt nicht sofort geöffnet oder geschlossen ist, sondern dass kurzzeitig ein mehrfaches Schließen und Öffnen des Kontakts hervorgerufen wird.

1.2 Benzineinspritzung mit D-Jetronic

Die bisherige Technik stieß zunehmend an ihre Grenzen, als in Europa die Forderungen nach sparsameren Motoren laut wurden und sich im amerikanischen Bundesstaat Kalifornien strenge Abgasvorschriften durchsetzten. 1967 brachte Bosch deshalb mit der D-Jetronic das erste elektronisch gesteuerte Benzin-Einspritzsystem auf den Markt, das zuerst im Volkswagen-Modell 1600 LE/TLE eingesetzt wurde. Mit dieser neuen Technik konnten die Motorenentwickler erstmals das Kraftstoff-Luft-Gemisch genau dem jeweiligen Betriebszustand des Motors anpassen, somit den Kraftstoffverbrauch senken und den Schadstoffausstoß reduzieren. Gleichzeitig wurde die Leistungsfähigkeit von Benzinmotoren erhöht. Neu an dem Einspritzsystem waren neben der elektronischen Steuerung auch die Elektrokraftstoffpumpen und die elektromagnetischen Einspritzventile. Die ab 1967 in dem *Clean Air Act* der US-Behörden für Kalifornien geforderten Abgaswerte konnten in zahlreichen Automodellen damals nur über die D-Jetronic erreicht werden.

Das elektronische Steuergerät der D-Jetronic war in der Lage, über die Öffnungszeiten der Einspritzventile die Menge des in die Brennräume eingespritzten Kraftstoffs zu regeln. Neben Motortemperatur und Motordrehzahl stellte die angesaugte Luftmenge den wichtigsten Parameter für die Steuerungsfunktion der Elektronik dar. Diese Luftmenge konnte mithilfe eines Druckfühlers, auch *MAP*(Manifold Absolute Pressure)-*Sensor* genannt, aus dem Saugrohrdruck ermittelt werden. Aus dem Anfangsbuchstaben »D« (von »druckfühlergesteuert«) leitet sich auch die Bezeichnung *D-Jetronic* ab. Mit der Entwicklung der Jetronic ging auch die Entwicklung von Elektrokraftstoffpumpen einher, die einen konstanten Systemdruck an den Einspritzventilen aufbauen.

Bild 1.3: Volkswagen 1600 LE/TLE von 1967 mit Bosch-D-Jetronic-Steuergerät für das elektronisch gesteuerte Benzin-Einspritzsystem (Foto: Bosch)

Die Steuergeräte der D-Jetronic bestehen aus zwei Platinen, die mit diskreten Bauteilen aufgebaut sind: eine Hauptplatine, die für alle Anwendungen gemeinsame Komponenten und Funktionen enthält, sowie eine für den jeweiligen Motor speziell entworfene Nebenplatine, mit der die Implementierung des volumetrischen Kennfelds für den Motor erfolgt. Dieses Kennfeld ist abhängig von der jeweiligen Motorkonstruktion und wurde vor Entwurf der Schaltung für die Nebenplatine auf einem Leistungsprüfstand durch Messläufe am Motor ermittelt. Das Kennfeld wird aber nur mit diskreten Bauteilen abgebildet. Von einem Datenspeicher, wie er heute in jedem Steuergerät vorhanden ist, und der sich leicht anpassen lässt, war man noch weit entfernt. Das führte zu einer fast unüberschaubaren Zahl von Varianten von Nebenplatinen, denn bei jeder Veränderung des Kennfeldes musste die Platine anders bestückt werden. Auch kontrollierte das Steuergerät lediglich die Benzineinspritzung – die Zündung war noch immer rein mechanisch aufgebaut. Trotzdem war die Jetronic sehr erfolgreich und wird im

Prinzip noch heute im Billigsegment verbaut – wenn auch mit modernen Bauteilen und Mikrocontroller-Steuerung.

Für Werkstätten bedeutete die bisher ungewohnte neue Elektronik im Fahrzeug eine Umstellung bei den Fertigkeiten. War bisher das Blinker-Relais mehr oder weniger die einzige Komponente mit (wenigen) diskreten Elektronikbauteilen, konnte nun eine ganze Reihe von Bauteilen (wie auch die externen Sensoren und Stellglieder) einen Defekt verursachen. Zur Fehlersuche waren neue Kenntnisse über Widerstände, Kondensatoren und Transistoren erforderlich. Ohne entsprechendes Fachwissen konnte das Steuergerät nur als »Blackbox« angesehen werden, die auf unverständliche Weise für zahlreiche Fehler verantwortlich ist.

1.3 ABS mit Halbleitern

1978 ging mit dem von Bosch entwickelten und als *ABS 2* bezeichneten Steuermodul das erste elektronisch gesteuerte Antiblockiersystem (ABS) in Serie. Mercedes-Benz und kurz darauf BMW boten es in ihren Fahrzeugen der Oberklasse optional an. Das ABS-Prinzip war nicht neu, denn in der Flugzeugtechnik gab es schon seit 1920 hydraulisch arbeitende Systeme, die allerdings für den Automobilbereich viel zu groß und aufwendig waren. 1969 stellte die US-Firma ITT ein von der deutschen Firma Teves entwickeltes elektronisch gesteuertes ABS vor. Citroën stand 1970 kurz vor der Markteinführung des von Telefunken-Bendix (Teldix) entwickelten ABS. Bereits ab 1971 bot der Chrysler-Konzern sein Luxusmodell Imperial gegen Aufpreis mit einem *Sure Brake* genannten elektronischen Antiblockiersystem von Bendix an. Dieses war bereits elektronisch gesteuert, steuerte aber nur die beiden Vorderräder einzeln und die Hinterradbremsen gemeinsam an. Nachdem Bosch die Patente und Lizenzen von Teldix übernommen hatte, war die Mercedes-Benz-S-Klasse W 116 im Jahr 1978 als erstes Fahrzeug optional mit einem an allen vier Rädern separat wirkenden ABS verfügbar.

Bild 1.4: Geöffnetes Steuergerät ABS 2 und zugehöriges Hydraulikventil (Foto: Bosch)

Für die Auswertung der Sensorsignale und die Steuerung des Hydraulikventils kamen im Steuergerät zahlreiche integrierte Schaltkreise (IC – Integrated Circuit) und Mikrocontroller zum Einsatz. Der letzte Schritt vom einfachen Relais hin zum hoch integrierten Mikrocontroller wurde vollzogen: Die Aufgabe des Relais, einen großen Strom mithilfe eines kleineren zu steuern, konnte nun durch einen einzelnen Transistor erledigt werden. Je nach erforderlicher Strombelastbarkeit ist die Baugröße eines Transistors deutlich kleiner als die eines Relais. In einem IC können Tausende bis Millionen Transistoren untergebracht werden. Die bisher aufwendige diskrete Bestückung zur Definition der Steueraufgaben etc. kann als Programm-Code in einem Mikrocontroller abgelegt und jederzeit einfach geändert werden – ohne Modifikationen an der umgebenden Hardware.

Bild 1.5: Typisches Kfz-Lastrelais, Leistungstransistor, Kfz-Relaisstecker, in dem sich nur Elektronik und gar kein Relais mehr befindet, Kleinsignaltransistor, EPROM mit Löschfenster, moderner Mikrocontroller

1.4 Digitale Motorsteuerung

Der letzte Evolutionsschritt wurde 1979 mit Einführung der Bosch Motronic im BMW 732i (E23) vollzogen. Das System fasste erstmals Benzineinspritzung und Zündsystem zu einer kennfeldgesteuerten elektronischen Motorsteuerung zusammen. Das Zündkennfeld wird in einem nicht-flüchtigen Speicher (früher ein EPROM – Erasable Programmable Read-Only Memory, heute zunehmend NVRAM – Non-Volatile Random-Access Memory) vom Fahrzeughersteller gespeichert. Es handelt sich dabei um eine Look-up-Tabelle, in der im Schnittbereich von Werten für Drehzahl und Motorlast (meist bezogen aus der Luftmasse, dem Saugrohrunterdruck oder dem Winkel der Drosselklappe) ein Wert für die Zündwinkeleinstellung zugeordnet ist. Während der Fahrt kann dann der Mikrocontroller im Steuergerät anhand der Eingangsgrößen Drehzahl und Motorlast zu jedem Zeitpunkt überprüfen, welche Einstellung für den Zündwinkel (bezogen auf den oberen Totpunkt = höchste Stellung des Kolbens im Zylinder) vorgenommen werden soll und diese ansteuern. Die optimalen Werte werden vom Fahrzeughersteller auf einem Motorprüfstand ermittelt, sodass der Ottomotor in jedem Last- und Drehzahlbereich bezüglich Verbrennung, Leistung und Abgasabgabe optimal arbeitet. Wird die Tabelle grafisch als Flächendiagramm dargestellt, ergibt sich ein charakteristisches Bild.

Tabelle 1.1: Fiktive Look-up-Tabelle für ein Kennfeld

	Drehzahl																	
		500	750	1000	1250	1500	1750	2000	2500	3000	3500	4000	4500	5000	5500	6000	6500	7000	7500	8000	8500
Motorlast	5	15	15	15	20	26	29	31	33	34	35	36	37	38	39	40	41	42	43	44	44
	10	15	15	15	20	26	29	31	33	34	35	36	37	38	39	40	41	42	43	44	44
	20	15	15	15	20	26	29	31	33	34	35	36	37	38	39	40	41	42	43	44	44
	25	15	15	15	20	26	29	31	33	34	35	36	37	38	38	38	39	40	41	42	42
	30	16	16	18	24	26	27	29	30	31	32	32	32	33	34	34	36	36	37	38	38
	40	14	14	18	20	20	24	26	27	27	29	29	29	30	30	30	32	34	35	36	36
	45	11	11	18	18	18	22	23	24	24	26	26	26	26	26	26	30	32	34	34	34
	55	8	8	16	16	16	20	21	22	22	25	26	26	26	26	26	28	30	34	34	34
	60	4	4	12	14	14	18	19	21	21	24	24	24	25	25	26	28	30	34	34	34
	70	1	1	6	10	11	12	14	16	16	18	21	21	21	21	22	26	27	34	34	34
	75	-1	-1	6	8	9	11	11	11	11	13	18	18	18	18	20	23	27	34	34	34
	80	-1	-1	4	6	7	8	8	8	8	9	13	15	13	15	20	21	27	34	34	34
	85	-3	-3	4	4	5	6	6	6	6	9	11	15	13	15	20	21	27	32	32	32
	90	-3	-3	2	2	3	4	4	4	4	7	9	13	11	13	18	19	25	30	30	30
	100	-3	-3	2	2	3	4	4	4	4	7	9	13	11	13	18	19	25	30	30	30

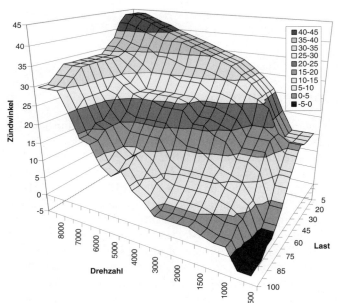

Bild 1.6: Charakteristisches Flächendiagramm des Kennfelds

Je höher die Auflösung für Drehzahl und Last ist, desto besser kann der Motor eingestellt werden. Aufgrund des (in den Anfangszeiten) knappen und teuren Speichers waren die Kennfelder eher grob. Um dennoch auch für Werte, die nicht in der Tabelle abgelegt sind, einen passenden Ansteuerungswert zu finden, können Zwischenwerte interpoliert werden. Aber auch hier gab es früher eher Beschränkungen, da die Prozessoren nicht mit Kommazahlen, sondern meist mit einer Festkommaarithmetik arbeiteten. Sie war platzsparender und lieferte schneller Rechenergebnisse. Heutige Motorsteuergeräte verfügen über kaum begrenzten Speicherplatz und leistungsfähige Prozessoren, um auch komplizierte Gleitkommaberechnungen schnell durchzuführen.

Genau genommen handelt es sich bei der Aufgabe, die ein Motorsteuergerät wahrnimmt, nicht um eine offene Steuerung, sondern um eine geschlossene Regelung. Der mit Sensoren gemessene IST-Zustand wird mit einem berechneten Soll-Zustand verglichen (Rückkopplung) und dann über Aktuatoren nachgeregelt.

Neben dem Vorteil des verbesserten Motormanagements war auch die Einführung von digital gespeicherten Kennfeldern praktisch. Modifikationen der Steuerung für unterschiedliche Motoren oder Fahrzeuge waren so ohne Änderungen an der Hardware in wenigen Minuten erledigt. Mit dem mehr oder weniger gleichen Steuergerät konnten Fahrzeuge unterschiedlicher Hersteller betrieben werden. Es musste lediglich ein anderer Kennfelddatensatz in den Speicher gespielt werden – entweder mithilfe eines Programmiergeräts, das die Daten im EPROM überschrieb, oder durch Austausch des ganzen EPROM. Auch beim heute so beliebten Chip- und Ecotuning wird nichts anderes gemacht: Die Kennfelder des Herstellers werden ausgelesen oder sind bekannt, und dann wird ein an die individuellen Wünsche angepasstes Kennfeld wieder im Steuergerät gespeichert.

> Im deutschsprachigen Raum wird das Motorsteuergerät mit »MSG« abgekürzt. Im englischen Sprachgebrauch gibt es sowohl die *ECU* (Engine Control Unit) als auch das *ECM* (Engine Control Module). Beide Begriffe werden oft nebeneinander verwendet. Nicht selten (vor allem in den Normen) findet man die Abkürzung ECU aber als Bezeichnung für alle beliebigen Steuergeräte. In diesem Fall steht die Kurzform für »Electronic Control Unit«, und das Motorsteuergerät wird *ECM* genannt. In diesem Buch wird als *ECU* stets ein Motorsteuergerät bezeichnet.

Moderne Steuergeräte übernehmen viel mehr Aufgaben als die erste Generation der Motronic. Diese wurde zwar auch weiterentwickelt, erreichte aber nie die aktuelle Komplexität: Zum Zündwinkelkennfeld kam ein Gemischkennfeld, das auf den Betrieb mit einem Schalt- oder Automatikgetriebe abgestimmt war und den Treibstoffbedarf und die Abgasemission weiter reduzierte. Im nächsten Schritt wurde noch ein für die Warmlaufphase des Motors optimiertes Kennfeld hinzugefügt. Inzwischen sind zahlreiche weitere Aufgaben hinzugekommen, wie z. B.:

- Steuerung der Benzineinspritzung und Zündung (verteilerlose Zündung)
- Ansteuerung und Regelung der Drosselklappe anstatt des mechanischen Seilzugs
- Regelung der Turboaufladung
- Regelung der Leerlaufdrehzahl
- Lambdaregelung

- On-Board-Diagnose
- Steuergeräte-Eigendiagnose
- Elektronisch abgeregelte Höchstgeschwindigkeit
  - Notlaufprogramm

Bild 1.7: 4-Zylinderzündspule für verteilerlose Zündung (Foto: BERU Systems)

Für die Regelungs- und Steueraufgaben verarbeitet das Motorsteuergerät Sensordaten, wie z. B.:

- Angesaugter Luftmassenstrom
- Winkel-/Drehzahlgeber von Kurbel- und Nockenwelle(n)
- Winkelgeber der Drosselklappe
- Barometrischer Umgebungsluftdruck
- Signal der Lambdasonde(n)
- Kraftstoffdrucksignal
- Temperatur der Motorkühlflüssigkeit
- Temperatur und Druck des Motoröls
- Temperatur der angesaugten Luft
- Signal des Klopfsensors
- Gaspedalwinkel (Fahrerwunsch)
- Bremssignal
- Kupplungspedalschalter
- Fahrgeschwindigkeits-Regelungssystem (Tempomat)

Bild 1.8: Die derzeit aktuelle Version der Motronic (ME17/MED17) berechnet über 8.000-mal pro Minute die Einspritz- und Zündparameter für jeden einzelnen Verbrennungsvorgang (Foto: Bosch)

Anhand der Eingangssignale und der im Speicher abgelegten Kennfelder oder Berechnungen des Prozessors werden dann Stellglieder betätigt, die zur Veränderung von unter anderem folgenden Bauteilen führen:

- Zündzeitpunkt und Zündenergie
- Einspritzzeitpunkt und Einspritzmenge
- Drosselklappenstellung
- Ladungsbewegungsklappen
- Nockenwellenverstellung
- Ventilhub
- Abgasrückführventil
- Tankentlüftungsventil
- Kompressoransteuerung
- Turbolader-Bypass-Kontrolle (Waste-Gate)
- Kraftstoffpumpe
- Generatorerregung
- Lüftersteuerung
- Katalysatorheizung

1.5 Steuergeräte

Zu dem ursprünglichen Motorsteuergerät und dem ABS kamen im Lauf der Weiterentwicklungen immer mehr Steuergeräte hinzu. Nur wenige neue Geräte übernehmen seitdem allerdings zusätzliche sicherheitsrelevante Aufgaben oder dienen der Optimierung des Motormanagements:

- Airbags
- Rückhaltesysteme/Gurtstraffer
- Electronic Stability Program (ESP)
- Getriebesteuerung

Kapitel 1: Einzug der Elektronik im Fahrzeug

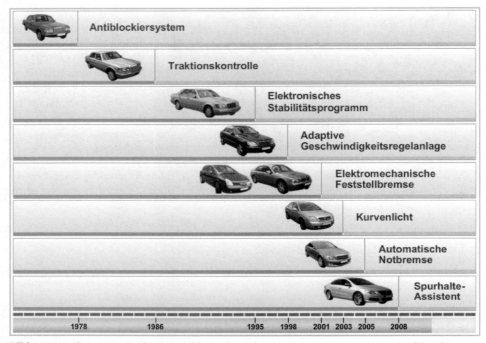

Bild 1.9: Meilensteine in der Entwicklung der Fahrerassistenzsysteme in Deutschland (Quelle: FSD Fahrzeugsystemdaten GmbH)

Die Mehrzahl der Komponenten hat ausschließlich Komfortfunktionen oder beinhaltet Fahrerassistenzsysteme. Hierzu zählen Funktionen wie:

- Abstands- und Geschwindigkeitskontrolle
- Spurhalteassistent
- Schließfunktionen für Türen, Fenster, Heckklappe etc.
- Klimaautomatik
- Sitz- und Spiegelverstellung
- Rückfahrkamera/Nachtsichtassistent
- Stand-, Sitz- und Lenkradheizung
- Einparkhilfe/-assistent
- Multimedia

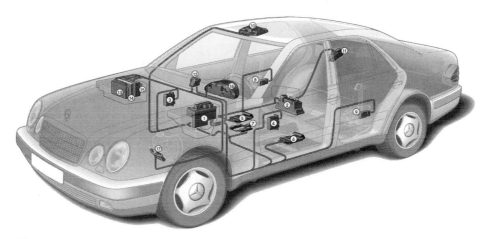

Bild 1.10: 17 Steuergeräte in einer E-Klasse W210 von 1995 (Quelle: Daimler AG)

Ein Vergleich der Ausstattungen der letzten Jahrzehnte zeigt, wie stark die Zahl der Steuergeräte in Fahrzeugen zugenommen hat: 1995 waren in einer Mercedes-Benz-E-Klasse W210 etwa 17 Steuergeräte verbaut (je nach gewählter Ausstattung), in einer E-Klasse BR212 waren es 2011 bereits an die 67 Steuergeräte.

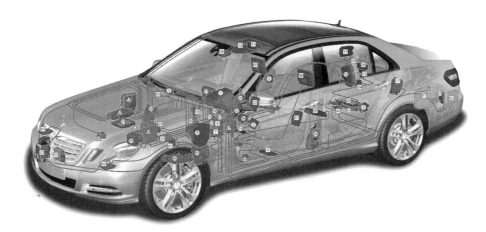

Bild 1.11: 67 Steuergeräte in einer E-Klasse BR212 von 2011 (Quelle: Daimler AG)

1.5.1 Exemplarischer Einsatz von Steuergeräten für mehr Komfort: der Scheibenwischer

Zu den abgebildeten Steuergeräten kommen noch zahlreiche weitere hinzu, die einfache Aufgaben übernehmen, die früher durch einfache Schalter oder direkt angesteuerte Motoren erledigt wurden. Die Steuerung der Frontscheibenwischer bestand üblicherweise aus einem einfachen Schalter, der direkt (oder über ein Relais) den Wischermotor aktivierte. Die Kreisbewegung des Motors wurde durch ein rein mechanisches Gestänge in eine Wischbewegung umgesetzt. Inzwischen werden für einen vergleichbaren Vorgang mehrere Steuergeräte eingesetzt, wie Bild 1.12 zeigt.

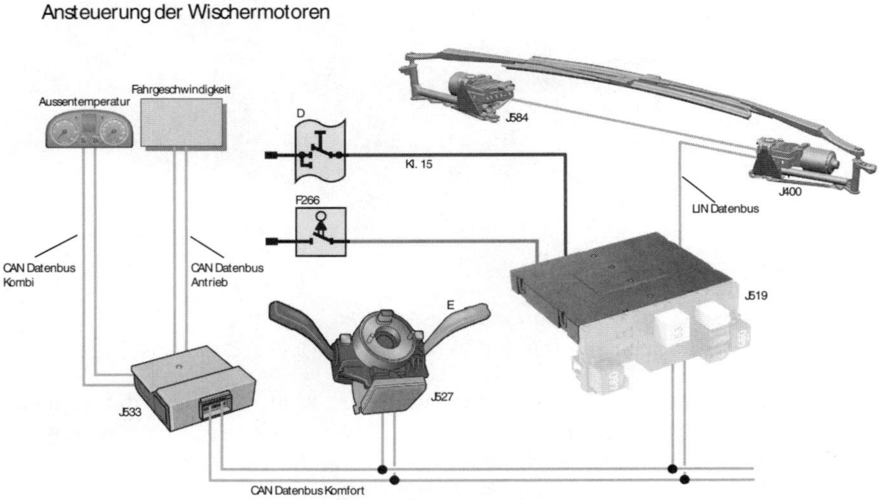

D	Zündanlaßschalter	J527	Steuergerät für Lenksäulenelektronik
E	Wischerschalter	J533	Diagnoseinterface für Datenbus
F266	Kontaktschalter Motorhaube	J584	Steuergerät Wischermotor Beifahrerseite
J400	Steuergerät Wischermotor Fahrerseite		
J519	Steuergerät für Bordnetz		

Bild 1.12: Scheibenwischersteuerung VW Touran 2003 (Quelle: Volkswagen AG)

Anstatt eines Getriebes befindet sich an jedem Wischerarm ein eigener Motorantrieb mit jeweils eigenem integriertem Steuergerät. Das Signal zum Wischen erhalten die beiden Wischersteuerungsgeräte vom zentralen Steuergerät fürs Bordnetz, das auch noch andere Aufgaben übernimmt und über den Zündschalter mit Strom versorgt wird. Über einen Schalter an der Motorhaube erkennt das Bordnetzsteuergerät, wenn die Motorhaube geöffnet ist, z. B. um die Wischer dann automatisch in eine Wartungsposition zu fahren oder eine Wischerbewegung allgemein zu verhindern. Der Befehl zum Scheibenwischen wird auch nicht mehr direkt per einfachem Schalter an das Steuergerät fürs Bordnetz übermittelt, sondern kommt vom Steuergerät für die Lenksäulenelektronik, an das der bekannte Wischerhebel mit Schalter angeschlossen ist. Zusätzlich wertet das Bordnetzsteuergerät Daten von den Steuergeräten Kombiinstrument (Außentemperatur) und Antrieb (Fahrgeschwindigkeit und -richtung) aus. Die Temperatur beeinflusst das Verhalten der Wischerbewegung am Anfang, um z. B. zu erkennen, ob die Wischerblätter an der Scheibe angefroren sind (und deshalb eine erhöhte Stromaufnahme im Wischermotor regulär sein kann) oder ob die Stromaufnahme doch auf eine Fehlfunktion wie die Blockade der Blätter hinweist. Anhand der Fahrgeschwindigkeit werden verschiedene Komfortfunktionen abgerufen:

- Längere Pause beim Wischerintervall im Stand

- Zeitspanne bis zum Nachwischen (»Tränenwischen«)

- Geschwindigkeit der Wischerbewegung
- Aktivierung des Heckwischers bei Einlegen des Rückwärtsgangs

Der zusätzliche Komfort und die Gewichtsreduzierung durch den Wegfall der Mechanik werden mit mehr Elektronik erkauft, die zum Einsatz kommt. Eine Reparatur ist dann nicht mehr mit einfachen Mitteln möglich. Schalter, Wischermotor und Gestänge waren robust und wiesen nur selten Störungen auf, die, wenn sie auftraten, leicht zu beheben waren. Durch die Vielzahl an notwendigen Signalen, Datenleitungen und Steuergräten ist eine Reparatur an der modernen Wischersteuerung aufwendig und teuer, und die Fehlersuche kann kompliziert sein.

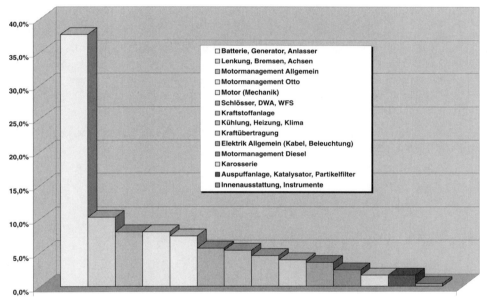

Bild 1.13: ADAC-Pannenstatistik 2011

Eine wichtige Aufgabe der Steuergeräte wurde zunehmend die Eigendiagnose. Damit ein Ausfall von Sensorwerten nicht zur Beschädigung des Motors oder anderer Bauteile führt und auch keine Gefahrensituation eintritt (beispielsweise Ausfall der Bremsen), muss das Steuergerät sich selbst und die angeschlossenen Baugruppen überwachen und bei einem Defekt in ein Notprogramm übergehen. Bei diesem werden fehlende Sensorsignale durch einen vorgegebenen Wert ersetzt. Zur Eigendiagnose gehören die nachfolgend aufgeführten Teilsysteme.

- Selbst-Check: Mit dem Einschalten der Zündung wird überprüft, ob das Steuergerät selbst fehlerfrei arbeitet, ob zu einem früheren Zeitpunkt gespeicherte gravierende Fehler vorliegen und ob die Sensoren und Aktoren plausible Daten liefern.
- Plausibilität: Die Messwerte eines jeden Sensors dürfen sich nur in einem bestimmten Bereich bewegen. Sind die Werte außerhalb des Bereichs, kann ein Fehler vorliegen. Auch dürfen sich Werte verschiedener Sensoren nicht widersprechen. Wenn nach

einiger Fahrzeit z. B. die Öltemperatur Minusgrade betragen soll, während die Kühlwassertemperatur bei 90 °C liegt, stimmt etwas nicht.

- Selbstheilung: Hier geht es um das Erkennen sporadisch auftretender Fehler, die nur einmal kurz auftreten (z. B. ein Kurzschluss nach einem Starkregen). Das Steuergerät erkennt den Fehler und auch, dass er nicht dauerhaft ist, sodass er nicht gespeichert werden muss.
- Redundanz: Fällt ein Sensor aus und wird der Ausfall erkannt, kann der Messwert eines anderen Sensors benutzt werden, der eigentlich eine andere Aufgabe hat. So kann ein Notlauf mit einem starren Ersatzwert verhindert oder optimiert werden. Fällt beispielsweise der Sensor für die Drosselklappenstellung zur Ermittlung der Motorlast aus, kann die Stellung des Gaspedals als Ersatzwert genommen werden.
- Adaption: Die gespeicherten Kennlinien bilden einen idealen Motor auf dem Prüfstand ab. Ein realer Motor liefert je nach Umgebungsbedingungen davon abweichende Werte. Erkennt das Steuergerät beispielsweise, dass bei einer bestimmten Last die Einspritzung gemäß des Kennfelds nicht zu einer idealen Verbrennung führt, weil der Treibstoff verunreinigt ist, werden die Einspritzparameter an die neuen Bedingungen angepasst.
- Bereitstellen von Diagnosedaten: Messwerte und Fehlercodes können aus dem Gerät ausgelesen werden.

2 Anfänge der Diagnosemöglichkeiten

Je weiter die Ausstattung mit elektronischen Komponenten im Fahrzeugbau voranschritt, desto wichtiger wurde es, dem Techniker in der Werkstatt Möglichkeiten an die Hand zu geben, Störungen und Fehler im Bordnetz zu finden. Zum einen wurde es notwendig, die Techniker entsprechend zu qualifizieren, denn das Wissen um bisher rein mechanische Abläufe, musste zunehmend erweitert werden: zuerst nur um einfache elektrische Bauteile, aber zunehmend war es auch wichtig, komplexe Steuer- und Regelabläufe zu kennen. Mit dem Schritt zu komplexen Steuergeräten wurde die Qualifikation aber immer problematischer. Zwar kann noch das grundlegende technische Hintergrundwissen gelehrt werden, auf Mikrocontrollern basierende Steuergeräte können aber in der klassischen Autowerkstatt nicht mehr diagnostiziert oder gar repariert werden – auch wenn teilweise die Reparatur der ersten analogen Motronic-Steuergeräte noch gelehrt wird. Der Servicetechniker ist heute mehr oder weniger darauf angewiesen, dass das Steuergerät ihm mitteilt, wo ein Fehler vermutet wird. Handelt es sich um ein externes Bauteil (z. B. ein Sensor oder ein Stellglied), kann er es ggf. noch reparieren (wobei meist das Teil eher ausgetauscht wird). Wird ein Fehler im Steuergerät vermutet, bleibt nichts anderes übrig, als das ganze (oft sehr teure) Steuergerät auszutauschen. Während bei anderen Komponenten wie z. B. Lichtmaschine, Anlasser oder Motorblock die defekten Bauteile vom Hersteller oft wieder repariert und aufbereitet werden, ist das bei Steuergeräten weniger der Fall. Dabei könnte sich eine Reparatur durchaus lohnen, denn die neuralgischen Elemente sind weniger die Prozessoren, sondern einfache diskrete Bauteile und kalte Lötstellen oder ähnliche, einfach zu behebende Defekte.

2.1 Das Multimeter

Für die ersten elektrischen Bauteile genügten vor etwa 30 Jahren noch einfachste Prüfmittel. So erstaunt es nicht, dass man auch heute noch bei vielen Servicetechnikern eine klassische Prüflampe im Werkzeugkasten findet. Die einfache Bauform besteht lediglich aus einer Glimmlampe, die bei Anliegen einer Spannung zwischen ca. 6 V und 24 V an der Spitze und an der hinten hinausgeführten Anschlussleitung aufleuchtet. So kann schnell überprüft werden, ob ein Bauteil Spannung führt.

Bild 2.1: Spannungsprüfer mit LEDs
(Foto: Testboy GmbH)

Etwas fortgeschrittenere Prüflampen können darüber hinaus mit einer LED auch den ungefähren Spannungsbereich anzeigen. Zusätzlich kann die Polarität oder das Anliegen einer Wechselspannung signalisiert werden. Dazu ist nur eine einfache Schaltung mit zwei Dioden erforderlich[1]. Bei Wechselspannung leuchten beide LEDs für Plus und Minus auf, und bei einer anliegenden Gleichspannung zeigt die eine aufleuchtende LED, welche Polarität an der Prüfspitze anliegt.

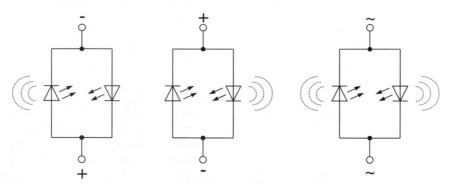

Bild 2.2: Signalisierung der Polarität an einer Prüflampe mit LEDs

---

[1] Die zusätzliche Diode ist notwendig, da die Sperrspannung einer LED nur bei etwa 5 V liegt. Liegt eine höhere Spannung entgegen der Durchlassrichtung der LED an, kann das die LED zerstören. Gleichrichterdioden können (je nach Bauart) mehrere Hundert Volt in Gegenrichtung verkraften. Der Einfachheit halber wurde in der Schaltungsskizze auf diese Diode und den ebenfalls notwendigen Vorwiderstand verzichtet.

Mit einem Spannungsprüfer lassen sich sehr leicht Sicherungen prüfen, ohne dass man sie einzeln aus dem Sicherungsträger abziehen muss. Da die meisten Sicherungen so eingebaut sind, dass sie permanent mit der Batterie verbunden sind, muss die Anschlussleitung des Spannungsprüfers nur mit Masse verbunden werden. Mit der Prüfspitze werden dann nacheinander die beiden blanken Prüfpunkte an den Oberseiten getestet. Wenn an einer Seite Spannung anliegt, muss auch an der anderen Seite Spannung anliegen – andernfalls ist die Sicherung defekt. Nur wenn an beiden Seiten keine Spannung anliegt, muss die Sicherung zusätzlich mit einem Durchgangsprüfer getestet werden. Leider besitzen die immer öfter verbauten Mini-Flachstecksicherungen (anders als die älteren Torpedo- und ATO-Sicherungen) oft an der Oberseite keine Prüfpunkte mehr, sodass bei ihnen ein Ausbau nicht umgangen werden kann.

Bild 2.3: Torpedo- und ATO-Flachstecksicherung (mit offenen Prüfpunkten an der Oberseite)

Bild 2.4: Sicherungsträger mit Standard- und Mini-Flachstecksicherungen bestückt

Ersetzen Sie niemals eine (defekte) Sicherung durch eine mit einem höheren Nennwert (Strombelastbarkeit), da dies u. a. zu Kabelbränden führen kann. Einen niedrigeren Nennwert können Sie hingegen gefahrlos ausprobieren.

2.1.1 Einfache Messungen mit dem Multimeter

Heute ist es üblich, die Fehlersuche damit zu beginnen, die Fehlerspeicher über die Diagnoseschnittstelle auszulesen (siehe Kapitel 6). Dennoch bleibt ein einfaches Multimeter, wie es schon für 10 Euro zu haben ist, immer noch unersetzlich und ein praktisches Hilfsmittel und ersetzt auch die historische Prüflampe. Empfehlenswert für den Kfz-Bereich ist ein digitales Multimeter, das neben Spannung und Strom auch noch weitere Werte messen kann:

- Widerstand
- Kapazität
- Frequenz
- Temperatur

Außerdem dient es als Durchgangsprüfer.

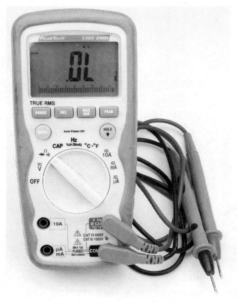

Bild 2.5: Digitalmultimeter mit automatischer Bereichswahl und zusätzlichen Messbereichen für Widerstand, Kapazität, Frequenz und Temperatur

In die als *COM* bezeichnete Buchse für den Masseanschluss (beim in Bild 2.5 gezeigten Beispielgerät) wird die Prüfleitung für Masse gesteckt. Je nachdem, welcher Wert (in welchem Bereich) gemessen werden soll, wird die zweite Leitung in eine der anderen Buchsen gesteckt. Bei Strommessungen sollte stets mit dem höchsten Bereich begonnen werden (im Beispiel 10 A), wenn nicht hundertprozentig sichergestellt werden kann, dass ein kleinerer Strom fließt. Digitale Multimeter verfügen über einen Verpolungsschutz, sodass es egal ist, welche Messleitung an Plus oder Minus angeschlossen wird. Liegt eine »Verpolung« vor, bei der die Masseleitung an Plus anliegt, zeigen die Geräte im Display ein entsprechendes Symbol (z. B. ein Minuszeichen vor dem Messwert) – die eigentliche Messung funktioniert aber trotzdem. Bei Wechselspannungen wird dann beispielsweise eine Welle im Display gezeigt.

> Moderne Glasfaserleitungen, wie sie vor allem zunehmend für Multimediageräte im Fahrzeug verbaut werden, können nicht mit einem Multimeter überprüft werden. Auch ist es für den Laien nicht möglich, derartige Leitungen zu reparieren, da Spezialequipment notwendig ist.

Bild 2.6: Motorbaugruppe aus einer Leuchtweitenregulierung mit geradlinigem Potenziometer (links) zur Messung der Einstellposition

Mit einem Multimeter können Sie die meisten elektronischen Bauteile in einem Fahrzeug überprüfen. Obwohl es technisch möglich wäre, modernere Signalgeber zu verbauen, bestehen die meisten Sensoren noch aus analogen Bauteilen. Temperaturen, Stellpositionen, Drücke usw. werden noch immer in der Mehrzahl durch Veränderung eines elektrischen Widerstands abgebildet und nicht durch digitale Daten, die dann z. B. über I^{2}C (Inter-Integrated Circuit, sprich: »I-Quadrat-C«) gesendet werden.

Bild 2.7: Im Fahrzeugbau kaum anzutreffen: digitaler Drehpositionsgeber mit absoluter Positionsermittlung mittels Gray-Code-Scheibe (Quelle: Wikimedia Commons)

Ein Blick in die Liste der Fehlercodes, die für OBD II normiert wurden, zeigt, dass für eine Vielzahl an Sensoren immer wieder die gleichen oder ähnliche Fehlerfälle möglich sind.

Tabelle 2.1: DTCs nach ISO 15031 für den Umgebungslufttemperatursensor

Fehlercode	Beschreibung	Bedeutung
P0070	Ambient Air Temperature Sensor Circuit	Allgemeiner Fehler, der nicht genauer spezifiziert ist
P0071	Ambient Air Temperature Sensor Range/Performance	Messwert außerhalb des erlaubten Bereichs bzw. außerhalb der erforderlichen Güte
P0072	Ambient Air Temperature Sensor Circuit Low	Kurzschluss gegen Masse
P0073	Ambient Air Temperature Sensor Circuit High	Kurzschluss gegen Fahrzeugplus
P0074	Ambient Air Temperature Sensor Circuit Intermittent	Wackelkontakt

Diese Fehlerfälle können von einem Steuergerät erkannt, dann als Fehlercode abgelegt und vom Servicetechniker ausgelesen werden (siehe Kapitel 3.3). Je nach Baugruppe kann ein kleiner Fehler wie ein Wackelkontakt in einem Temperatursensor schon dazu führen, dass z. B. der Motor nur noch im Notlaufprogramm fährt. Das soll vermeiden, dass er überhitzt, weil der Software im Steuergerät kein konkreter Temperaturwert zur Verfügung steht. Zur Auffindung von Defekten ist eine solche Fehlermeldung natürlich hilfreich und ein guter Ansatz für die Erstdiagnose. Trotzdem sollte man sich bei der Reparatur nicht blind nur auf die Fehlermeldungen des Steuergeräts verlassen und den mitunter teuren Sensor oder die Baugruppe einfach austauschen. Eine einfache Kontrollmessung mit dem Multimeter kann zeigen, ob der Fehler plausibel ist, und ggf. lässt sich auch das Problem leicht beheben.

Ein im Fahrzeugbau besonders anfälliges Element sind sämtliche Steckverbindungen und Verkabelungen. Mit der Zeit können die Kabel aufgrund der extremen thermalen Beanspruchung, wie sie beispielsweise im Motorraum auftreten, brüchig werden, oder der gefürchtete Marder nagt sie an. Auch Korrosion an Steckverbindern und blanken Kontakten tritt häufig auf, weil Wasser (im Winter sogar als salzhaltige Lösung) eintritt. Überall, wo zwei verschiedene Metalle sich berühren, entsteht dann ein sogenanntes Lokalelement, das wie eine kleine Batterie wirkt. Der Effekt wird noch verstärkt, wenn die Leitung permanent unter Strom steht.

Wasser in größeren Mengen sammelt sich oft in den Kabelkanälen und kann zu den merkwürdigsten Effekten führen. Wer kennt nicht die lichtorgelartigen Schauspiele der Rückleuchten eines Vorausfahrenden, sobald dieser auf die Bremse tritt oder den Blinker setzt, weil das Aufleuchten der entsprechenden Lampe dazu führt, dass alle Glühbirnen »verrückt spielen«?!

Um einen Steckerkontakt zu überprüfen, muss er zuerst geöffnet werden. Die meisten Steckverbindungen im Fahrzeug sind gegen ungewolltes Lösen gesichert. Dazu gibt es verschiedenste Mechanismen wie kleine Nasen, bei denen lediglich etwas mehr Kraft zum Abziehen benötigt wird, oder Verriegelungen mit einem Drahtbügel, der zuerst abgezogen werden muss. Es gibt auch Verriegelungen, die durch Einschieben eines Schraubenziehers geöffnet werden.

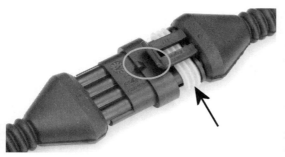

Bild 2.8: Moderner Steckverbinder *SuperSeal* mit flexibler Dichtung (Pfeil) nach IP67 (staubdicht und mit Schutz vor eindringendem Wasser bei starkem Strahlwasser und beim Untertauchen) und Rastnase (Kreis) zur Sicherung gegen versehentliches Öffnen

Beim Zusammenstecken ist darauf zu achten, dass eine vorhandene Dichtung nicht beschädigt ist und richtig sitzt, damit die Verbindung geschützt bleibt. Die meisten Stecker sind gegen Verpolung gesichert, sodass die beiden Enden nur in einer einzigen Position wieder zusammengesteckt werden können.

Bild 2.9: Verpolungsschutz durch Stege (vierpoliger Stecker ohne eingesetzte Stiftkontakte)

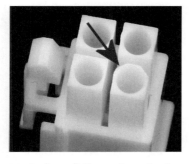

Bild 2.10: Verpolungsschutz durch codierte Gehäusekante (abgeschrägte Seite)

Nach dem Öffnen einer Steckerverbindung können die Stifte und Federbuchsen einer ersten Sichtprüfung unterzogen werden. Hat sich bereits eine (weißlich-grüne) Korrosionsschicht gebildet, leitet der Stecker Strom eventuell nur noch schlecht, und es entsteht ein hoher Übergangswiderstand, der das Signal verfälscht. Mit etwas Schleifpapier, einer Drahtbürste oder einem Glasfaserpinsel können die Stifte gesäubert werden. Die Industrie bietet auch spezielle Reinigungssprays an.

Lockere Verbindungen führen zu einem Wackelkontakt. Durch Austausch des Steckers oder einzelner Kontakte kann wieder ein stabiler Sitz gewährleistet werden.

Ob eine Leitung unterbrochen ist, kann mit dem Durchgangsprüfer oder dem Ohmmeter (Widerstandsmessung) überprüft werden. Die Messleitungen des Multimeters werden dazu an den beiden Enden der zu prüfenden Leitungsader angeschlossen. Ein Durchgangsprüfer zeigt durch Piepsen im Lautsprecher an, dass die Leitung in Ordnung ist. Steht nur ein Ohmmeter zur Verfügung, zeigt dieses bei einer intakten Leitung (bei den in Fahrzeugen üblichen Kabellängen) einen Wert von einigen Ohm (Ω) oder weniger an. Die Anzeige »0L« o. Ä. bedeutet, dass die Leitung unterbrochen ist. Ein sehr hoher Messwert (einige Kilo- bis Megaohm) weist ebenfalls auf einen Defekt der Leitung hin.

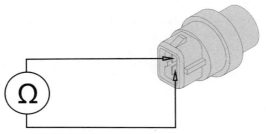

Bild 2.11: Widerstandsmessung an einem (Temperatur-)Sensor

Geber, die einen ohmschen Widerstand liefern, können mit dem Ohmmeter geprüft werden. Eine erste grobe Prüfung kann erfolgen, ohne dass man den Widerstandsbereich des Bauteils kennt. Wenn das Messgerät an die beiden Pins angeschlossen ist, wird ein Widerstandswert angezeigt. Verfügt ein Bauteil nur über einen (Steck-)Anschluss, bildet das Metallgehäuse den zweiten Pol, der zugleich mit der Fahrzeugmasse verbunden ist. Ist der gemessene Wert sehr klein (wenige Ohm) oder handelt es sich gar um einen Kurzschluss (kein Widerstand messbar), dürfte das Bauteil defekt sein. Je nachdem, ob die andere Seite des Bauteils mit Masse oder der Batteriespannung verbunden ist, können diese beiden Fehler unterschieden werden.

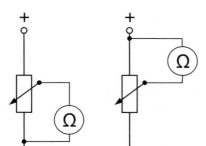

Bild 2.12: Wird in beiden Fällen ein Widerstandswert von annähernd 0 Ω am Potenziometer gemessen, handelt es sich links um einen Kurzschluss gegen Masse und rechts gegen Fahrzeugplus.

Für eine weitere Analyse ist es erforderlich, im Datenblatt zu dem Bauteil nachzusehen, in welchem Bereich sich der Widerstandswert bewegen soll. Ein Temperatursensor kann dann beispielsweise im Kühlschrank oder mit Kältespray gekühlt oder mit einem

Heißluftföhn (vorsichtig) erwärmt werden. Der Widerstandswert muss sich dann entsprechend verändern. Ähnlich verhält es sich bei anderen Gebern, die z. B. eine Bewegung oder eine Stellposition mit einem variablen Widerstandswert abbilden.

2.1.2 Prüfen eines Relais

Relais haben bauartbedingt nur eine begrenzte Lebensdauer. Der mechanische Aufbau leidet bei starken Vibrationen, und bei hohen geschalteten Strömen entsteht bei jedem Schaltvorgang stets ein kurzer Funkenüberschlag an den inneren Kontaktpunkten. Für die Diagnose eines Relais ist ein Blick in den Schaltplan notwendig, um in Erfahrung zu bringen, welche Anschlüsse mit Masse und/oder Batterieplus verbunden und welche Kontakte zum Schalten sind.

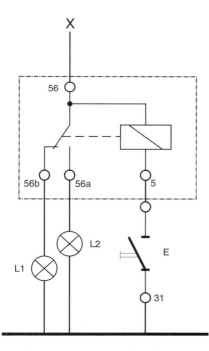

Bild 2.13: Vereinfachte Beispielbeschaltung eines Relais; sobald die Zündung eingeschaltet ist, liegt über Klemme X an Kontakt 56 des Relais die Batteriespannung an und lässt in Ruhestellung Lampe L1 an Pin 56b leuchten. Wird der Schalter E geschlossen, durchfließt die Relaisspule über die Anschlüsse 56 und 5 ein Strom, und der interne Umschaltkontakt wechselt die Position. Dadurch erlischt L1, und L2 an Pin 56a leuchtet, bis Schalter E wieder geöffnet wird und die Schaltung in die Ausgangslage zurückkehrt.

Auch wenn es etwas archaisch anmuten mag, ein Relais zu reparieren, sind die notwendigen Prüfungen bei anderen Bauteilen ähnlich. Zudem sind die Anschaffungskosten für ein Relais vom Originalhersteller manchmal erstaunlich hoch. Es wäre auch Vergeudung, wenn das Bauteil einfach nur deshalb getauscht würde, weil der Verdacht auf einen Schaden besteht (z. B., weil die Diagnose-Software das behauptet), der eigentliche Grund für die Störung aber doch ein anderer ist.

Im ersten Schritt kann eine einfache Sichtprüfung unternommen werden:

1. Zündung einschalten
2. L1 muss leuchten (wenn nicht, prüfen, ob L1 defekt ist)

3. Schalter E betätigen

4. Das Relais sollte hörbar klicken; L1 erlischt, L2 leuchtet (wenn nicht, prüfen, ob L2 defekt ist)

Arbeitet die Schaltung nicht wie gewünscht, liegt ein Fehler vor, der gefunden werden muss. Anschließend werden die Kontakte und Leitungen hin zum Relais geprüft:

1. Zündung ausschalten
2. Relais aus dem Sockel/der Kontaktplatte ziehen
3. Zündung einschalten
4. Mit dem Multimeter die Spannung an Punkt 56 gegen Masse messen; diese muss annähernd der Batteriespannung entsprechen.
5. Spannung an Punkt 5 prüfen; diese muss 0 V betragen, da der Schalter E nicht betätigt ist.
6. Schalter E betätigen
7. Spannung zwischen Punkt 56 und 5 prüfen (= Batterie)
8. Strommessbereich wählen (ausreichend hoch, passend zur Leistung der Lampen)
9. Stromfluss über Punkt 56 und 56a/56b messen; die Lampen L2 und L1 müssen jeweils aufleuchten.

Gab es hierbei keine Fehler, sind die Leitungen, Lampen und der Schalter in Ordnung. Der Fehler wurde somit auf das Relais eingegrenzt. Dieses wird nun im weiterhin ausgebauten Zustand geprüft:

1. Den höchsten Strommessbereich wählen; Kontakt 56 an ca. +12 V (Batterie) anschließen; zwischen Pin 5 und Masse (Minuspol der Batterie) den Stromfluss messen; das Relais muss arbeiten/klicken, und es sollte ein Strom fließen (beliebiger Wert größer Null). Wenn nicht: Spule oder Anschlüsse der Spule sind intern defekt (kalte Lötstelle, Draht gerissen). Wenn Test erfolgreich, weiter, sonst Ende.
2. Versorgungsspannung wieder entfernen
3. Widerstandsmessung einstellen und den Widerstand über 56 und 56b messen. Dieser muss annähernd 0 Ω betragen. Alternativ kann auch der Durchgangsprüfer benutzt werden: Leitungsdurchgang feststellbar
4. Widerstand an 56 und 56a messen: unendlich; beim Durchgangsprüfer: kein Durchgang
5. An 56 wieder Plus und an Anschluss 5 Minus 12 V anlegen
6. Schritt 3 und 4 wiederholen: Die Messergebnisse müssen nun genau andersherum sein. Wenn nicht: Defekt an den internen Schaltkontakten oder Verbindungen

Wurde bei den letzten Diagnoseschritten ein Defekt genauer eingekreist, kann das Relais vorsichtig geöffnet werden und der Versuch einer Reparatur erfolgen. Kalte Lötstellen können nachgelötet werden. Bei Kontaktproblemen an den Schaltlamellen können die Kontaktpunkte mit feinem Schleifpapier oder Reinigungsspray von Ablagerungen befreit werden. Aufgrund von Alterungserscheinungen an den Federn kann eine Reparatur ggf. auch erfolglos verlaufen, und der Austausch mit einem Neuteil ist doch erforderlich.

2.2 Erste Diagnoseanschlüsse

Um für den Servicetechniker die Fehlersuche in den zunehmend komplexeren Kabelnetzen zu erleichtern, führten Hersteller wie Volkswagen eine erste einfache Version einer Diagnosebuchse ein. Der VW-Käfer und die zweite Generation des Transporters verfügten z. B. über eine als *Zentralsteckdose* bezeichnete Buchsenleiste. Die einzelnen Kontakte waren direkt mit wichtigen Punkten der Fahrzeugelektronik verbunden, sodass bequem von einer Stelle aus Messungen vorgenommen werden konnten, ohne den Leitungsverläufen folgen zu müssen. Mercedes Benz nutzte beispielsweise einen neunpoligen Anschluss namens X11 (nicht zu verwechseln mit den ähnlich benannten Diagnosesteckern für Datenverbindungen), um analoge Signale wie die Drehzahl, Temperatur und Zündung zentral verfügbar zu machen.

Einen vergleichbaren Ansatz bietet eine Zentralelektrik, bei der so gut wie alle Sicherungen, Relais und Verbindungen an einer einzigen Kontaktplatte zusammenlaufen. Problematisch an diesem Aufbau ist nur, dass durch die zunehmende Ausstattung mit elektronischen Bauteilen der Verkabelungsaufwand und die benötigten Leitungslängen enorm ansteigen. Hinsichtlich der Bestrebungen, das Fahrzeuggewicht möglichst gering zu halten, ist das kontraproduktiv. Zudem tritt die Diagnose der elektrischen Kleinteile immer mehr in den Hintergrund, und die Diagnose der Steuergeräte wird wichtiger.

Nachdem Mikrocontroller aus Steuergeräten nicht mehr wegzudenken waren, hatten Ingenieure bald die Idee, dass die Prozessoren auch noch weitere Aufgaben übernehmen können. Da der Controller ohnehin schon die angeschlossenen Sensoren und Aktoren überwachte, konnte er auch gleich noch deren Fehlverhalten protokollieren und zusammen mit anderen Messwerten als Diagnosedaten für den Techniker an einer Schnittstelle bereitstellen. Das reduzierte den Aufwand bei der Fehlersuche, half Kosten zu sparen und bot zudem eine gute Protokollierbarkeit.

2.2.1 K- und L-Leitung

Da zu Beginn dieser Entwicklung nur sehr wenige Steuergeräte verbaut wurden, machte man sich noch keine großen Gedanken um die Skalierbarkeit der Diagnoseanschlüsse. Die Kommunikation zwischen dem Werkstatttester und dem Diagnosegerät gestaltete man von Anfang an über eine serielle Datenverbindung. Neben einer gemeinsamen Masse wurde dazu lediglich eine einzige Datenleitung benötigt, die üblicherweise im Fahrzeugbau als K-Leitung bezeichnet wird und bidirektional arbeitet. Das bedeutet, dass Daten auf dieser Leitung sowohl gesendet als auch empfangen werden. Zusätzlich kann noch eine L-Leitung vorhanden sein, die unidirektional arbeitet und nur Daten vom Tester zum Diagnosegerät überträgt und lediglich dazu dient, die Datenkommunikation zwischen Tester und Steuergerät zu initialisieren.

Der Datenaustausch erfolgt über die K-Leitung zeichenorientiert auf Basis eines UART (Universal Asynchronous Receiver Transmitter). Das bedeutet, dass beide Gegenstellen für ihre Kommunikation Bytes einer definierten Bit-Länge verwenden, die auch als ASCII-Zeichen dargestellt werden können. Diese Steuerung des Datenflusses wird als *Keyword-Protokoll* bezeichnet und üblicherweise mit KW oder KWP abgekürzt. Zusätzlich gibt es ein Start-Bit, ein Stopp-Bit und eventuell noch ein Paritäts-Bit, um Übertragungsfehler zu identifizieren. Üblicherweise wird mit 8N1 übertragen: acht Daten-Bytes, kein (englisch: no) Paritäts-Bit und ein Stopp-Bit einfacher Länge. Die einzelnen Steuergerätehersteller können aber auch eigene, davon abweichende Einstellungen wählen. Durch die Vorgabe eines festen Rahmens für die Länge eines jeden Zeichens ist die asynchrone Übertragung ohne zusätzliche Signalleitung für die Synchronisation der Übertragung zwischen den beiden Gegenstellen möglich. Auf der L-Leitung werden keine Daten übermittelt. Stattdessen sorgt ein definierter Wechsel der Signalflanke dafür, dass die Kommunikation mit dem entsprechenden Steuergerät startet.

Weil ein Diagnosetestgerät meist andere Signalpegel für die serielle Schnittstelle benutzt als das Steuergerät im Fahrzeug, müssen die beiden Logikpegel aneinander angepasst werden. Die RS-232-Schnittstelle eines PC nutzt für ein Low-Signal (0) eine Spannung von +3 V bis +15 V und für ein High-Signal (1) eine negative Spannung von -3 V bis -15 V. Bei einem Tester mit Mikrocontroller können die Signalpegel für Low bei 0 V und für High bei 3,3–5 V liegen. Die Logikpegel der Steuergeräte folgen i. d. R. der Bordnetzspannung der Batterie (U_{Batt} ca. 9–28 V) und schwanken dementsprechend. Deshalb sind sie auch nicht als absolute Werte, sondern nur relativ zu U_{Batt}: High > 0,8 x U_{Batt} und Low < 0,2 x U_{Batt} definiert. Es müssen aber nicht nur die Signalpegel beider Endseiten angeglichen werden, sondern auch die Leitungsarten: Die serielle Schnittstelle an einem PC oder Mikrocontroller arbeitet schließlich unidirektional über eine als RxD (Received Data: Empfangsdaten) und TxD (Transmitted Data: Sendedaten) bezeichnete Leitung. Wie die elektronische Umsetzung dazu aussehen kann, finden Sie in Kapitel 6.1 beschrieben.

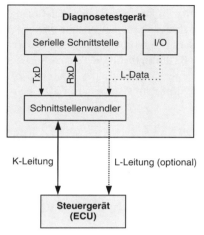

Bild 2.14: Datenverbindungen zwischen Tester und Steuergerät bei K- und L-Leitung; die Signale für die L-Leitung können über die serielle Schnittstelle oder einen weiteren Signalausgang (I/O) erzeugt werden.

Die technisch einfachste Lösung, die Diagnoseanschlüsse der Steuergeräte an einen gut erreichbaren Punkt herauszuführen, besteht darin, alle K-Leitungen (und ggf. die L-Leitungen, die hier aber zur Vereinfachung, ebenso wie die Masseverbindung, nicht weiter dargestellt werden) an einzelne Kontakte einer Diagnosebuchse (DLC: Data Link Connector) zu legen. Die vom Diagnosetestgerät kommende K-Leitung muss dann manuell mit dem Kontakt verbunden werden, der zu dem Steuergerät gehört, das aktuell ausgelesen werden soll. Da immer ein Punkt des Diagnose-Tools mit einem Punkt eines Steuergeräts verbunden ist, nennt man diese Topologie *Punkt-zu-Punkt-Verbindung*. Um nicht immer wieder zwischen den Kontakten am Diagnoseanschluss umstöpseln zu müssen, kann auch ein Multiplexer zwischen Tester und Fahrzeug geschaltet werden. Dieser schaltet die K-Leitung des Testers auf die einzelnen Anschlüsse an der Diagnosebuchse des Fahrzeugs. Das Umschalten kann manuell mit einem rein mechanischen Schalter oder elektronisch durch eine Ansteuerung (von Relais o. Ä. im Multiplexer) seitens des Testers erfolgen.

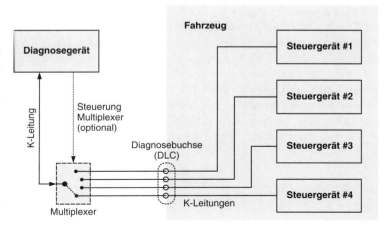

Bild 2.15: Punkt-zu-Punkt-Datenverbindung über einen Multiplexer

Diese Topologie war sehr verbreitet und findet sich daher in fast jedem älteren Fahrzeug. Da es keine Normen zur Regelung der Diagnoseanschlüsse gab, hat so gut wie jeder Automobilbauer seine eigenen Steckerformen für den Diagnoseanschluss entworfen. Diese hat er dann teilweise auch gewechselt, wenn z. B. die ursprünglich geplante Zahl an Pins nicht mehr ausreichte. Auch gab und gibt es keinerlei einheitliches Vorgehen zur Platzierung des Anschlusses, wobei die meisten Anschlüsse im Motorraum oder beim Sicherungskasten zu finden sind.

Bild 2.16: Proprietäre Diagnosestecker verschiedener Hersteller: PSA Peugeot Citroën, Mercedes-Benz und BMW

Die Fahrzeughersteller versuchten, durch die unterschiedlichen Diagnoseanschlüsse auch ihre Monopolstellung zu verfestigen, damit andere freie Werkstätten nicht so einfach an die Daten der Steuergeräte kamen. Ein weiteres Mittel waren die unterschiedlichen und nicht offengelegten Diagnoseprotokolle. Die Übertragungsparameter und Protokollbefehle waren bei jedem Hersteller anders und wichen teilweise sogar bei einzelnen Steuergeräten voneinander ab. So war eine Diagnose nur mit einem Original Werkstatttester möglich, der nicht frei erhältlich war. Drittanbieter von Diagnosegeräten mussten teilweise mit Reverse Engineering versuchen, die Diagnosefunktionen nachzubilden. Große Hersteller wie Bosch profitierten davon, dass sie als Entwickler der Steuergeräte natürlich Kenntnis über die Protokolle besaßen. Sie konnten so frei verfügbare Diagnosegeräte anbieten, die den Werkstattgeräten der Hersteller in nichts nachstanden (vgl. Kapitel 7.3). Nach EU-Recht sind die Hersteller heute eigentlich dazu verpflichtet, die Daten über ihre Diagnoseprotokolle offenzulegen. In der Praxis wird dem aber kaum nachgekommen, und wenn, sind die Informationen teilweise sehr spärlich. So gibt es zwar inzwischen zu dem bei VAG benutzten Protokoll KW1281 ein offizielles Dokument (SAE J2818), es besteht aber lediglich aus zehn Seiten, kostet 61 US-$ und enthält bis auf ein paar allgemeine Informationen so gut wie nichts Nützliches.

2.3 Vernetzung der Steuergeräte

Der zunehmende Einsatz von Steuergeräten bedeutet für die Konstrukteure, dass sie sich Gedanken darum machen müssen, wie sie die Baugruppen effizienter gestalten können. Die Kabelbäume werden immer komplexer, wenn für jedes Steuergerät eine Diagnoseleitung bis zur Diagnosebuchse verlegt werden muss. Bei den ersten Geräten gab es keinen Wissensaustausch. Benötigten mehrere Steuergeräte beispielsweise die Kühlmitteltemperatur oder die Fahrzeuggeschwindigkeit, wurde für jedes Gerät ein eigener Sensor verbaut. Dadurch stiegen die Kosten und erneut der Verdrahtungsaufwand. Aber auch der notwendige Energiebedarf darf nicht vernachlässigt werden, der inzwischen bei ca. 2,5 kW liegt. Er ist bei voll ausgestatteten Fahrzeugen inzwischen teilweise so hoch, dass ein Energiemanagement eingeführt werden musste. Das diente dazu, Sicherheitsfunktionen mit hoher Priorität vor Komfortfunktionen zu stellen, wenn die verfügbare Leistung aus der Batterie und Lichtmaschine knapp wird. Es wäre katastrophal, wenn das Airbag-Steuergerät gerade nicht die Airbags auslösen kann, weil die Motoren für die Komfortsitze zu viel Strom ziehen. Nicht ohne Grund wurde im Lauf der Automobilentwicklung die Bordspannung immer wieder heraufgesetzt – von ursprünglich 6 V auf derzeit 12 V bei Pkws (24 V bei Lkw). Man spielt inzwischen mit dem Gedanken, auf 42 V umzusteigen. Je höher die Spannung, desto geringer fällt der benötigte Strom aus, und die Leitungsquerschnitte können reduziert werden. Bisher stockt die Entwicklung von 42-V-Bordnetzen, da die Industrie die erheblichen Umstellungskosten noch scheut. Alle Komponenten, die bisher zuverlässig arbeiten und etabliert sind, müssten neu entwickelt, zugelassen, produziert und parallel zu den 12/24-V-Bauteilen am Markt angeboten werden.

Werden die Steuergeräte untereinander vernetzt, können Sensoren eingespart werden. Es ergeben sich auch neue Funktionen: So kann der Motor automatisch abgestellt werden, und der Warnblinker wird eingeschaltet, wenn ein Unfall stattfand und die Airbags ausgelöst wurden. Auch die (schleppende) Einführung des (automatischen) Notrufsystems eCall profitiert davon: Der Unfall kann von einem anderen Steuergerät erkannt und signalisiert werden. Anhand der Beschleunigungssensoren aus dem ABS- und Airbag-System kann die Schwere des Unfalls abgeleitet und übermittelt werden. Das Navigationsgerät liefert die genauen GPS Positionsdaten, und über das integrierte Telefon wird der Notruf abgesetzt, und die Freisprechfunktion wird aktiviert, damit die Notrufzentrale mit den verletzten Insassen reden kann. In einem entsprechend ausgestatteten Fahrzeug ist für das neue System also so gut wie keine neue Technik erforderlich, da die benötigten Komponenten ohnehin schon verbaut sind.

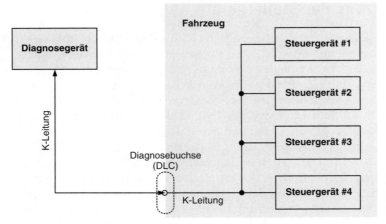

Bild 2.17: Bustopologie mit K-Leitung

Anstatt alle K-Leitungen einzeln herauszuführen, können die Steuergeräte über ein Bussystem mit einer gemeinsamen K-Leitung miteinander verbunden werden. Dadurch wird auch der Platzbedarf für die Pins im DLC reduziert, und ein manuelles Umstecken oder ein Multiplexer zwischen Tester und Fahrzeug kann entfallen.

Jedem Steuergerät wird eine spezifische Adresse zugewiesen. Der Diagnosetester sendet dann beim Verbindungsaufbau diese Adresse, sodass sich nur das angesprochene Gerät angesprochen fühlt und Diagnosedaten mit dem Tester austauscht. Soll mit einem anderen Steuergerät kommuniziert werden, wird die bisherige Diagnoseverbindung über entsprechende Befehle beendet. Eine neue Diagnosesitzung wird begonnen, indem das in diesem Moment gewünschte Steuergerät beim Verbindungsaufbau adressiert wird. Auch bei diesem Verfahren kann es noch eine L-Leitung geben, die dann an alle Steuergeräte führt. Alle Steuergeräte erhalten dann zwar die Initialisierungssequenz auf der L-Leitung, aber nur das Steuergerät, dessen Adresse auf der K-Leitung übermittelt wird, nimmt die Verbindung auf.

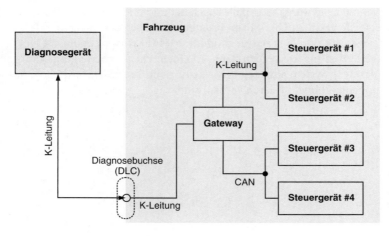

Bild 2.18: Ein Gateway vermittelt zwischen verschiedenen Netzwerken

Eine Erweiterung der Bustopologie kann durch den Einsatz eines Gateways erfolgen. Dies ist entweder ein zusätzliches Steuergerät oder meist eine Teilfunktion eines bereits vorhandenen Steuergeräts wie das Kombiinstrument. Das Gateway dient als Vermittler und ggf. auch Übersetzer zwischen dem Tester und den Steuergeräten. Die einzelnen Steuergeräte besitzen vielleicht gar keine K-Leitung zur Diagnose, sondern sind mit anderen Geräten (und dem Gateway) über ein anderes Bussystem wie z. B. CAN verbunden. Ein Diagnosetester soll aber (aus historischen Gründen) weiterhin über die K-Leitung mit den Steuergeräten im Auto kommunizieren. Das Gateway übersetzt dann zwischen Tester und angesprochenem Steuergerät, sowohl was die Datenstruktur als auch was den physikalischen Aufbau des Netzes angeht, da CAN und K-Leitung nicht kompatibel sind. Eine andere Variante besteht darin, dass die Steuergeräte zwar die K-Leitung nutzen, aber bei unterschiedlichen Übertragungsraten oder Protokollvarianten der Tester eine Verbindung über das CAN-Protokoll aufbauen soll. Das Gateway vereinheitlicht dann die Variationen, sodass der Tester nur eine Protokollversion und Datenrate kennen muss und kein Wissen über die fahrzeuginterne Beschaltung erforderlich ist.

Aufgrund der immer höheren Anzahl an Steuergeräten und der zunehmenden Komplexität der ihnen zugewiesenen Aufgaben ist die einfache Technik der K-Leitung inzwischen nicht mehr ausreichend. Die Zahl der Botschaften, die zwischen Steuergeräten untereinander, Sensoren und Stellgliedern ausgetauscht werden muss, ist viel zu groß geworden. Sie ist mit der Datenübertragungsrate von üblicherweise maximal 10,4 kbit/s nicht zu bewerkstelligen. Weil zunehmend auch sicherheitsrelevante Bauteile vernetzt sind, ist es teilweise bedeutend, eine Ausfallsicherheit zu gewährleisten und zwischen wichtigen und weniger wichtigen Botschaften zu unterscheiden (Botschaftspriorität).

2.3.1 CAN

Der CAN-Bus (Controller Area Network) wurde 1983 von Bosch für die Vernetzung von Steuergeräten in Automobilen entwickelt und 1987 zusammen mit Intel vorgestellt. Anfang der 90er-Jahre wurde CAN in der Mercedes-Benz-S-Klasse für den Datenaustausch zwischen Motor, Getriebe und Kombiinstrument im Armaturenbrett eingesetzt. Mittlerweile ist es auch im Kleinwagensegment zu finden, und es gibt im Fahrzeug sogar mehrere parallel arbeitende Busse, die sich in die verschiedenen Anwendungsgebiete der angeschlossenen Steuergeräte unterteilen. Dadurch wird sichergestellt, dass ein Bus mit wichtigen Daten nicht von anderen Daten (z. B. Multimediasignalen) blockiert wird. Die unterschiedlichen Busse nutzen meist auch verschiedene Übertragungsraten, denn CAN unterstützt sogenanntes Lowspeed- und Highspeed-CAN. Bei einem Highspeed-Bus beträgt die maximale Datenübertragungsrate 1 Mbit/s, bei Lowspeed 125 kbit/s. Physikalisch sind zwei Leitungen notwendig, die als *CAN-H* und *CAN-L* bezeichnet werden. Beim Highspeed-CAN wird manchmal noch zusätzlich ein Massekabel verlegt. Um die Übertragung gegen äußere elektrische Störungen abzuschirmen, werden die zwei (drei) Drähte verdrillt.

Die Fahrzeugdiagnose kann bei einem CAN im Fahrzeug trotzdem weiterhin über die K-Leitung erfolgen, wenn ein Gateway benutzt wird. Diagnose per CAN ist aber ebenso möglich, wie auch ein Mischbetrieb, bei dem einige Steuergeräte via K-Leitung und andere über CAN angesprochen werden.

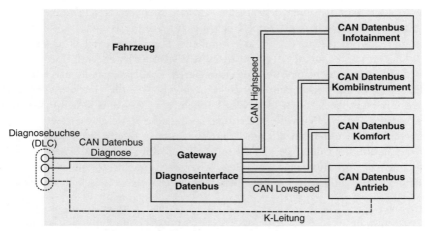

Bild 2.19: Verschiedene CANs und K-Leitung im Fahrzeug

2.3.2 LIN

Beim Local Interconnect Network (LIN) handelt es sich um eine serielle Eindrahtnetzwerktechnik, die vor allem für die kostengünstige Kommunikation von Sensoren und Aktoren im Fahrzeug entwickelt wurde. LIN kann immer dann eingesetzt werden, wenn die Datenrate von CAN oder anderen schnellen Techniken nicht benötigt wird und es nicht auf Ausfallsicherheit oder Echtzeitübermittlung wichtiger Botschaften ankommt. Hierunter fallen viele Komfortfunktionen wie z. B. die Steuerung der vielen Servomotoren für Spiegel, Sitze, Türen, Fensterheber, Scheibenwischer, Klimaanlage usw. und deren zugehörige Sensoren.

Die maximale Übertragungsrate liegt bei 20 kbit/s, wobei in der Praxis meist niedrigere Geschwindigkeiten genutzt werden. Ein Local Interconnect Network besteht immer aus einem Mastergerät (*Knoten*) und einem oder mehreren *Slaves*. LIN bietet die Möglichkeit, dass einzelne Netzwerkknoten direkt untereinander Daten austauschen oder eine Botschaft auch an mehrere Geräte gleichzeitig gerichtet ist (*Broadcast*). Gesteuert wird der Datenfluss vom Masterknoten aus, denn dieser bestimmt, welcher Slave senden darf. Aber eine Botschaft steht allen Geräten zur Verfügung, und diese bestimmen selbstständig über Filter, welche Botschaften sie übernehmen.

Damit auch die LIN-Steuergeräte bei einer Werkstattdiagnose zugänglich sind, verfügt der LIN-Master in der Regel über eine Diagnoseschnittstelle und beherrscht ein entsprechendes Protokoll. So fungiert er als Gateway zu den LIN-Slaves. Mit LIN 2.0 wurde die Möglichkeit einer Diagnose auch direkt über LIN vorgesehen. Die genormten Diagnosebotschaften werden dazu über das LIN »getunnelt«. Dazu muss der LIN-Knoten auch das Diagnoseprotokoll beherrschen, was allerdings dem Ansatz von LIN nach möglichst einfachen Steuergeräten widerspricht.

2.3.3 FlexRay

FlexRay tritt an, die Vernetzung im Fahrzeug an die Erfordernisse moderner Systeme anzupassen. Die Zahl der sicherheitsrelevanten Baugruppen nimmt immer mehr zu. Wenn diese über ein Netzwerk Daten austauschen oder Sensoren abfragen und Aktoren bedienen, sind Ausfallsicherheit und Echtzeitfähigkeit gefragt.

Das Schlagwort X-by-Wire fällt in diesem Zusammenhang, womit gemeint ist, dass mechanische Verbindungen, Signale und Systeme zur manuellen Steuerung durch elektronische Signale ersetzt werden sollen. Die Lenkbewegung wird nicht mehr mit einer Zahnstange oder einem hydraulischen System an die Spurstangen übermittelt, sondern elektronische Signale übermitteln die Bewegung des Lenkrads und steuern Motoren für den Radeinschlag. Ein weiteres Beispiel ist das elektrische Gas-, Brems- oder Kupplungspedal, bei dem zwischen den Pedalen und den entsprechenden Aktoren keine mechanische Verbindung mehr besteht. Durch Verzicht auf eine Not-Rückfallebene mit mechanischen (hydraulischen) Systemen lässt sich Gewicht sparen, und die Störanfälligkeit und Wartungsarbeiten werden verringert. Allerdings steigen die Anforderungen an das X-by-Wire-System entsprechend. Datenkommunikation ist für diese Systeme ein elementarer Bestandteil, und selbst bei Störungen muss der Ausfall einzelner Komponenten (z. B. während eines Unfalls) durch Defekte, Kabelbeschädigungen, Software-Fehler usw. abgefangen werden können. Die bisher verfügbaren Netzwerktechniken genügen diesem Anforderungsprofil nicht, sodass die Automobilindustrie zusammen mit Halbleiterherstellern FlexRay entwickelte. Zum ersten Mal wurde es 2006 im BMW X5 zur dynamischen Dämpferregelung eingesetzt und so an einem unkritischen Komfortsystem praxisnah getestet.

Bild 2.20: Statt über das Gaspedal und lange Bowdenzüge steuern elektronische Fahrpedalgeber und Kabel den Motor (Bild: Hella)

Die Busarchitektur sieht eine zweikanalige Übertragung vor, die etwa bei nicht sicherheitskritischen Anwendungen auch für eine Verdopplung des Datendurchsatzes genutzt werden kann. Pro Kanal ist eine maximale Bitrate von 10 Mbit/s vorgesehen. Der größte Vorteil des neuen Systems ist jedoch seine Deterministik, die eine genau definierte, kalkulierbare Reaktionszeit garantiert. Der zweite Kommunikationskanal ermöglicht die redundante Datenübertragung: Falls die Daten auf einem Kanal gestört werden, stehen sie immer noch über den zweiten (der möglichst in einem alternativen Kabelbaum verlegt ist) zur Verfügung.

2.3.4 MOST

Geräte für das sogenannte Infotainment (Video, Navigation, Radio, Telefon etc.) benötigen eine hohe Bandbreite. Diese können CAN und FlexRay nicht bieten, da nicht nur Steuer-, sondern auch Video- und Audiosignale übertragen werden. Für die Vernetzung von Multimediageräten im Auto bietet sich daher MOST (Media Oriented Systems Transport) an. Im Gegensatz zu allen anderen bisher vorgestellten Netzen können bei MOST anstatt Kupfer- auch Lichtwellenleiter zur Übertragung der Daten eingesetzt werden. Statt herkömmlicher Glasfaser werden meist Lichtwellenleiter aus Kunststoff (POF – Polymere optische Faser) eingesetzt, da diese leichter, billiger und flexibler sind. Eine weitere Besonderheit ist, dass bei MOST immer eine Ringtopologie genutzt wird: In jedes Gerät führt ein Lichtleiter, und einer führt hinaus. Die Daten werden so lange von einem Gerät zum nächsten weitergereicht, bis sie am Zielgerät und dann auch wieder beim Absender angekommen sind. Bei sicherheitskritischen Anwendungen kann auch ein Doppelring verlegt werden, um die Unterbrechung eines Rings aufzufangen. Je nach Version des MOST-Busses stehen Datenraten für die Multimediainhalte von 24,8 MBit/s (MOST25), 50 MBit/s (MOST50) und 142,8 MBit/s (MOST150) zur Verfügung. Für die Übertragung von Kontrollbotschaften stehen 705,6 kBit/s zusätzlich bereit. Mit MOST150 wurde auch ein Ethernet-Kanal mit frei einstellbarer Bandbreite eingeführt, sodass im Grunde auch ein von der PC-Technik her bekanntes Netzwerk im Fahrzeug verfügbar ist. Es kann das Internetprotokoll (IP), das Übertragungskontrollprotokoll (TCP) oder das Hypertext-Transferprotokoll (HTTP) implementiert werden, um Internetzugriff in einem verteilten Infotainment-System zu gewährleisten.

2.3.5 Netzwerk-Seilschaften

Keines der Bussysteme für sich erfüllt alle Anforderungen, wie sie in einem Fahrzeug auftreten. Jede Technik hat ihre Vor- und Nachteile, sodass alle eine Daseinsberechtigung haben. Vor allem würden die Produktionskosten bei Einsatz eines einzigen, sehr leistungsfähigen Netzes wie MOST extrem steigen. Aus diesem Grund gibt es in aktuellen Fahrzeugmodellen – und das nicht nur in der Mittel- und Oberklasse – einen Mix aus allen Techniken. Damit die einzelnen Netzwerke aber nicht isoliert voneinander bleiben, stehen sie über Gateways miteinander in Verbindung und können so Daten austauschen und voneinander profitieren. Funktionale Baugruppen wie der Antrieb, die Karosserie (*Body*), Komfortelemente und Infotainment bilden dabei meist ein eigenständiges Netz, sodass es auch mehrere Netze in gleicher oder ähnlicher Topologie geben kann.

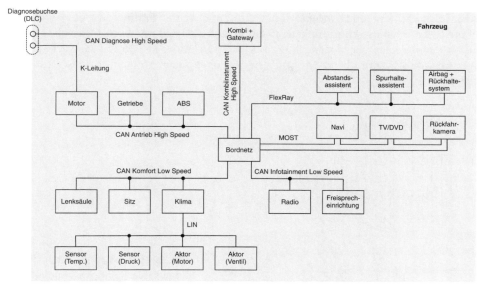

Bild 2.21: Zusammenwirken verschiedener Netzwerke im Fahrzeug

2.4 Einführung von OBD

Die Emissionsschutzbehörde zur Reinhaltung der Luft des US-Bundesstaates Kalifornien (CARB oder ARB – California Air Resources Board; *http://www.arb.ca.gov/*) legte bereits 1970 fest, welche Schadstoffgrenzwerte für Fahrzeugabgase in Kalifornien nicht überschritten werden dürfen, um die Smogbelastung zu reduzieren. Andere Bundesstaaten können davon abweichende Werte definieren. Da es sich aber kein Automobilhersteller leisten kann, dass seine Fahrzeuge in Kalifornien keine Zulassung bekommen, handelt es sich bei den kalifornischen Vorgaben um einen De-facto-Standard.

Seitens General Motors wurde die proprietäre Diagnoseschnittstelle Assembly Line Diagnostic Link (ALDL) eingeführt, die auch Assembly Line Communications Link (ALCL) genannt wird. Sie diente eigentlich nur der werksinternen Diagnose, legte aber den Grundstein für spätere Entwicklungen und Normen.

Um die vom CARB gesetzten Anforderungen zu erfüllen und zur Signalisierung, dass die Grenzwerte eingehalten werden, mussten die Fahrzeuge im Kombiinstrument eine Warnlampe besitzen, die bei Problemen aufleuchtet. Diese war mit *Check Engine* (Motor prüfen) oder *Service Engine Soon* (Motorservice baldmöglichst) beschriftet. Wollte man den diagnostizierten Fehlercode (DTC: Diagnostic Trouble Code) erfahren, konnte man nur den Code »ausblinken« (siehe Kapitel 2.5). Aber die Art und Weise, wie das abläuft, war natürlich genauso wenig einheitlich wie die Bedeutung der Blinkcodes.

Die leuchtende Warnlampe sollte auch bei einer Verkehrskontrolle dazu dienen, dem Kontrollpersonal zu zeigen, dass der Wagen die Umwelt belastet und der Fahrer die Werkstatt aufsuchen muss. Ab 1991 mussten alle neu zugelassenen Fahrzeuge eine

Abgasüberwachung und eine Serviceanzeige aufweisen. Allerdings wurde weder eine einheitliche Diagnoseschnittstelle noch ein Protokoll festgelegt. Auch waren die technischen Bedingungen der Überwachung noch sehr primitiv. So wurde u. a. gar nicht der Ausstoß von Abgasen überwacht, sondern nur, ob das ganze System elektrisch funktionierte.

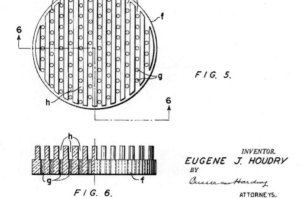

Bild 2.22: Querschnitt durch einen Katalysator; Auszug aus Patent US 2742437 aus dem Jahr 1956 von Eugene Houdry, dem Erfinder des Oxidationskatalysators

Am Beispiel des Fahrzeugkatalysators lässt sich das Problem verdeutlichen: Der Katalysator soll die Abgase nachbehandeln, sodass die Schadstoffemissionen im Abgas reduziert werden, was genau den Zielsetzungen des CARB entspricht. Die Aufgabe des Fahrzeugkatalysators ist die chemische Umwandlung der Verbrennungsschadstoffe Kohlenwasserstoff (C_mH_n), Kohlenstoffmonoxid (CO) und Stickoxid (NO_x) in die ungiftigen Stoffe Kohlenstoffdioxid (CO_2), Wasser (H_2O) und Stickstoff (N_2) durch Oxidation bzw. Reduktion. Bei optimalen Betriebsbedingungen können Konvertierungsraten nahe 100 % erreicht werden. Eine wichtige Voraussetzung hierfür ist, dass der Treibstoff so ideal wie möglich verbrannt wird, was durch genaue Regelung des Luft-Treibstoff-Gemischs erreicht wird. Die Lambdasonde misst dazu den Restsauerstoffgehalt im Abgasstrom. Die Motorsteuerung regelt dann das Verhältnis von Verbrennungsluft zu Kraftstoff für die weitere Verbrennung so, dass weder ein Kraftstoff- noch ein Luftüberschuss auftritt. Mit der Zeit lässt die Reinigungswirkung des Katalysators aber nach oder er wird (z. B. durch Treibstoffeinlagerung oder Rost) beschädigt. Spätestens jetzt wäre eine Reparatur fällig. Die ersten Abgasüberwachungen konnten aber gar nicht feststellen, ob der Katalysator tatsächlich effektiv arbeitet und die Atmosphäre entlastet wird. Es wurde lediglich mit einer Lambdasonde am Eingang des Katalysators ein Wert für die Motorsteuerung gemessen, um das Luft-Treibstoff-Gemisch einzustellen. Solange die Elektronik hierfür in Ordnung ist, wird kein Fehler erkannt, sodass der Fahrer im schlimmsten Fall bis zur nächsten Abgasuntersuchung zwei Jahre später die Luft verpestet.

Später, nach Einführung von OBD II, sollte diese Überwachungstechnik als *OBD I* bezeichnet werden, obwohl es sich dabei um keinen typisierten Begriff handelt und niemand zu dieser Zeit die Technik so nannte.

2.5 Mit Blinkcodes Fehler abfragen

Als Alternative zur Datenkommunikation mit dem Steuergerät gibt es bei vielen Modellen die (zusätzliche oder alleinige) Möglichkeit, sich nur die gespeicherten Fehlercodes anzeigen zu lassen. Es handelt sich dabei natürlich um Fehlercodes, die nicht einheitlich, sondern herstellerspezifisch sind, sodass ein zum Fahrzeug passendes Reparaturhandbuch mit der Bedeutung der Fehler vorhanden sein muss. Die Anzeige der Codes erfolgt äußerst einfach, indem entweder eine Leuchte im Armaturenbrett (z. B. die MIL) oder eine an die Diagnosebuchse angeschlossene Leuchte aufblinkt. Wenn Sie eine Lampe an die Diagnosebuchse anschließen, achten Sie darauf, dass sie bei 12 V arbeiten kann. Am einfachsten geht das mit einer Kfz-Prüflampe oder einem Spannungsprüfer. Der eigentliche Fehlercode besteht aus einer mehrstelligen Zahl. Für jede einzelne Stelle leuchtet die Lampe entsprechend dem Zahlwert auf. Häufig wird ein Fehlercode gleich mehrmals nacheinander ausgegeben, um Fehler beim Mitzählen zu vermeiden.

Um die gespeicherten Fehlercodes eines bestimmten Steuergeräts abzurufen, gibt es in den meisten Fällen für jedes Steuergerät eine sogenannte Reizleitung. Wird diese zu einem bestimmten Zeitpunkt für eine definierte Zeit auf Masse oder Plus gelegt, startet danach die Ausgabe.

Die folgenden Ausführungen stellen nur einen Überblick zu einzelnen Verfahrensweisen dar. Bitte beachten Sie die Reparaturhandbücher zu Ihrem Fahrzeug, um sicherzustellen, dass die gezeigte Vorgehensweise auch bei Ihrem Modell gültig ist. Da eine Veröffentlichung der zu den Blinkcodes gehörenden Fehlerbeschreibungen zu umfangreich wäre, wird hier darauf verzichtet – im Internet oder Werkstattbüchern können Sie die notwendigen Angaben finden.

Bei den meisten Steuergeräten können die Fehlerspeicher gelöscht werden, wenn sie längere Zeit (bis zu einer Stunde) von der Batteriespannung abgeklemmt werden. Dadurch werden aber auch eventuell gespeicherte Adaptionswerte gelöscht.

2.5.1 Opel-Blinkcodes

1. Zündung ausschalten
2. Die Diagnosereizleitung des auszulesenden Steuergeräts wird mit Masse (Pin A) verbunden (Drahtbrücke)
3. Zündung einschalten
4. Die Kontrollleuchte (MIL) im Armaturenbrett beginnt zu blinken

   - Jeder Fehlercode besteht aus zwei Ziffern und wird dreimal nacheinander ausgegeben. Zuerst erfolgt die Ausgabe der Zehnerstelle. Die Anzahl der Blinkzeichen entspricht dem Zahlenwert. Nach einer Pause folgt die Einerstelle. Zwischen zwei kompletten Codes wird eine Pause von drei Sekunden eingelegt.
   - Zuerst wird der Code 12 ausgegeben, um anzuzeigen, dass die Ausgabe startet.
   - Die Fehler werden nacheinander ausgegeben.

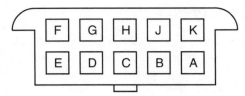

Bild 2.23: Opel-Diagnosebuchse (Fahrzeugseite)

Tabelle 2.2: Belegung Opel-Diagnosebuchse

Pin	Belegung
A	Masse
B	Diagnosereizleitung Motorsteuergerät
C	Diagnosereizleitung Automatikgetriebe
D	Diagnosereizleitung LCD/Bordcomputer
E	L-Leitung
F	Batterie
G	K-Leitung
H	Diagnosereizleitung Diebstahlwarnanlage
J	Diagnosereizleitung Allrad
K	Diagnosereizleitung ABS

2.5.2 VAG-Blinkcodes

1. Zündung aus
2. Prüflampe mit Masse (Pin 4) und L-Leitung (Pin 2) verbinden
3. Zündung ein
4. L-Leitung für ca. 5–10 Sekunden mit Masse verbinden (Drahtbrücke) und dann wieder entfernen
5. Ein Fehlercode besteht aus vier Stellen und wird als Blinkfolge gezeigt:
   - 2,5 Sekunden Aufleuchten als Startzeichen
   - Zuerst erfolgt die Ausgabe der Tausenderstelle. Die Anzahl der Blinkzeichen entspricht dem Zahlenwert. Nach einer Pause folgt die nächstniedrigere Stelle usw.
   - 2,5 Sekunden Aufleuchten als Endzeichen
   - Die Ausgabesequenz wird endlos wiederholt.
   - 4444 bedeutet, dass kein Fehler gespeichert ist.
6. Um den nächsten Fehlercode abzurufen, wird die Drahtbrücke wieder kurz gesteckt.
7. Nach dem letzten Fehlercode wird 0000 (kurzes Aufblinken) gesendet.

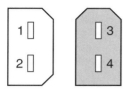

Bild 2.24: VAG-2x2-Diagnosebuchse (Fahrzeugseite)

Tabelle 2.3: Belegung VAG-Diagnosebuchse

Pin	Belegung
1 (weiß)	K-Leitung
2 (weiß)	L-Leitung/Diagnosereizleitung
3 (schwarz)	Batterie
4 (schwarz)	Masse

2.5.3 Ford-Blinkcodes

1. Zündung ausschalten
2. Europäisches Modell:
   - Schwarzer Stecker – nicht der rote oder weiße
   - Die Prüflampe mit Pin 3 und Batterie-Plus verbinden
   - Pin 1 und 2 kurzschließen (Drahtbrücke)
3. US-Modelle:
   - Die Prüflampe mit Pin STO (Self Test Output) und Batterie-Plus verbinden
   - STI (Selft Test Input) und GND (Masse) miteinander verbinden (Brücke)
4. Zündung einschalten
5. Die Bestimmung der Fehlercodes erfolgt durch Auszählen der Ein-Impulse der Prüflampe. Es können zwei- oder dreistellige Codes ausgegeben werden.

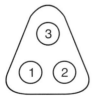

Bild 2.25: Ford-(Europa-)Diagnosebuchse (Fahrzeugseite)

Bild 2.26: Ford-(US-Modelle-) Diagnosebuchse und zusätzlicher Stecker-Pin (Fahrzeugseite)

2.5.4 Mitsubishi-Blinkcodes

1. Zündung aus
2. Prüflampe zwischen dem jeweiligen Pin des auszulesenden Steuergeräts und Masse (Pin 12) anschließen
3. Motor starten
4. Die gespeicherten Fehler werden permanent wiederholt:
   - Gleichmäßiges Blinken im Sekundentakt: Es sind keine Fehler vorhanden.
   - Die Anzahl der langen Leuchtimpulse repräsentiert die Zehnerstelle des Fehlercodes.
   - Die Anzahl der kurzen Leuchtimpulse repräsentiert die Einerstelle des Fehlercodes.
   - Sind mehrere Fehler gespeichert, wird zwischen zwei Codes eine längere Pause eingelegt.

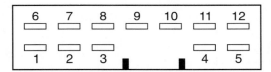

Bild 2.27: Mitsubishi-Diagnosebuchse (Fahrzeugseite)

Tabelle 2.4: Belegung Mitsubishi-Diagnosebuchse

Pin	Belegung
1	Blinkcodes ECU
2	Blinkcodes EPS (Electronic Power Steering) Aktivlenkung/Servo
3	Blinkcodes ECS
4	Blinkcodes ABS
5	Blinkcodes Tempomat
6	Blinkcodes Automatikgetriebe
7	Blinkcodes Klimaanlage
8	Blinkcodes Airbag
9	Blinkcodes ETACS (Electronic Total Automobile Control System)
10	Data Input
11	Tachosignal
12	Masse

2.5.5 Mazda-Blinkcodes

1. Zündung ausschalten
2. Prüflampe zwischen dem jeweiligen Blinkcodeausgang (Anfangsbuchstabe »F« der Pin-Bezeichnung) eines Steuergeräts und Batterie-Pluspol (Pin D) anschließen

2.5 Mit Blinkcodes Fehler abfragen

3. Kurzschlussbrücke zwischen Masse und der Diagnosereizleitung des jeweiligen Steuergeräts (Anfangsbuchstabe »T« der Pin-Bezeichnung) einsetzen.
4. Zündung einschalten
5. Die Fehlercodes werden durch Blinken der Prüflampe dargestellt:
   - Die Anzahl der langen Leuchtimpulse repräsentiert die Zehnerstelle des Fehlercodes.
   - Die Anzahl der kurzen Leuchtimpulse repräsentiert die Einerstelle des Fehlercodes.

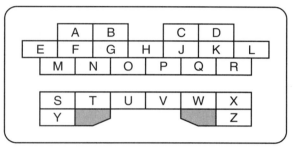

Bild 2.28: Mazda-Diagnosestecker (Fahrzeugseite)

Tabelle 2.5: Belegung Mazda-Diagnosestecker

Pin	Kurzform	Belegung
A	FEN	Blinkcodes ECU
B	MEN	Ausgang an Summer, um bei Motorlauf anzuzeigen, dass eine Verbindung zu den Lambdasonden existiert; mit dem Bremspedal kann zwischen Sonde 1 und 2 umgeschaltet werden.
C	TEN	Diagnosereizleitung ECU
D	+B	Batterie (geschaltet)
E	GND	Masse
F	FAT	Blinkcodes Automatikgetriebe
G	FBS	Blinkcodes ABS
H	FAC	Blinkcodes Klimaanlage
J	FWS	Blinkcodes Allrad
K	FSC	Blinkcodes Tempomat
L	-	-
M	TAT	Diagnosereizleitung Automatikgetriebe
N	TBS	Diagnosereizleitung ABS
O	TAC	Diagnosereizleitung Klimaanlage

Pin	Kurzform	Belegung
P	TWS	Diagnosereizleitung Allrad
Q	TSC	Diagnosereizleitung Tempomat
R	-	-
S	FAB	Blinkcodes Airbag
T	IG-	Zündimpulse
U	GND	Masse
V	TFA	Relais Kühlerlüfter (mit Masse verbinden, um den Lüfter einzuschalten)
W	F/P	Kraftstoffpumpenrelais (mit Masse verbinden, um die Pumpe zu aktivieren)
X	TAB	Diagnosereizleitung Airbag
Y	BUS A	
Z	BUS B	

2.5.6 Volvo-Blinkcodes

1. Zündung einschalten
2. Den an der Diagnosebox befestigten Kontaktstift in die zum auszulesenden Steuergerät passende Buchse stecken
3. Taste *T* eine Sekunde drücken; die LED leuchtet dabei kurz auf

- Je nach Modell werden entweder alle gespeicherten Fehlercodes nacheinander oder es wird nur ein Code ausgegeben; zum Abruf jedes weiteren Fehlercodes muss die Taste erneut gedrückt werden.
- Dreistelligen Blinkcode der LED abzählen; die Leuchtimpulse sind ca. eine halbe Sekunde lang; zwischen zwei Stellen ist ca. eine Sekunde Pause.
- Nach jedem neuen Code ist etwa drei Sekunden Pause, wenn die Codes automatisch nacheinander ausgegeben werden.
- Sind keine weiteren Fehler gespeichert, wird der letzte Fehlercode wiederholt ausgegeben.
- Die Ausgabe *1-1-1* bedeutet, dass kein Fehler gespeichert ist.

2.5 Mit Blinkcodes Fehler abfragen 55

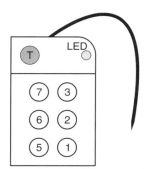

Bild 2.29: Volvo-Diagnosebox (Fahrzeugseite)

Tabelle 2.6: Belegung Volvo-Diagnosebox Typ A

Pin	Belegung
1	Diagnosereizleitung Automatikgetriebe
2	Diagnosereizleitung ECU Einspritzung
3	Diagnosereizleitung ABS
5	Diagnosereizleitung Turbolader
6	Diagnosereizleitung ECU Zündanlage
7	Diagnosereizleitung Kombiinstrument

Tabelle 2.7: Belegung Volvo-Diagnosebox Typ B

Pin	Belegung
1	Diagnosereizleitung Klimaautomatik
2	Diagnosereizleitung Tempomat
3	-
5	Diagnosereizleitung SRS/Airbag
6	Diagnosereizleitung elektrische Sitzverstellung
7	Diagnosereizleitung Timer Standheizung

2.5.7 GM-Blinkcodes

Für europäische Fahrzeuge von Opel gibt es eine anders geformte Diagnosebuchse, die in Kapitel 2.5.1 gezeigt wird.

1. Zündung ausschalten
2. Die Diagnosereizleitung Pin B mit Masse (Pin A) verbinden (Drahtbrücke)
3. Zündung einschalten
4. Die Kontrollleuchte (MIL) im Armaturenbrett beginnt zu blinken:
   - Die Anzahl der langen Leuchtimpulse repräsentiert die Zehnerstelle des Fehlercodes.

- Die Anzahl der kurzen Leuchtimpulse repräsentiert die Einerstelle des Fehlercodes.
- Zuerst wird der Code 12 ausgegeben, um anzuzeigen, dass die Ausgabe startet. Danach folgt der eigentliche Fehlercode.

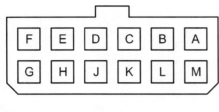

Bild 2.30: GM-Diagnosebuchse, Bauform USA (Fahrzeugseite)

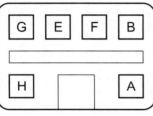

Bild 2.31: GM-Diagnosebuchse, Bauform Australien (Fahrzeugseite)

2.5.8 Kia-Blinkcodes

Bei Kia gibt es verschiedene Formen, wie ein Blinkcode angefordert und ausgegeben wird. Für das Motorsteuergerät gibt es die Möglichkeit, eine Prüflampe anzuschließen oder die MIL blinken zu lassen.

1. Zündung ausschalten
2. Prüflampe mit Pin 6 und Pin 12 verbinden oder die Prüflampe weglassen, wenn die Ausgabe über die MIL erfolgen soll
3. Pin 14 mit Masse (Pin 1 oder 5) verbinden
4. Zündung einschalten
5. Die Blinkcodes werden ausgegeben:
   - Die Anzahl der langen Leuchtimpulse repräsentiert die Zehnerstelle des Fehlercodes.
   - Die Anzahl der kurzen Leuchtimpulse repräsentiert die Einerstelle des Fehlercodes.
   - Zwischen zwei Fehlercodes wird eine lange Pause eingelegt.

Bei allen anderen Steuergeräten blinkt die jeweilige Warnlampe im Kombiinstrument entsprechend dem Fehlercode. Die Darstellung der Zahlenwerte ist unterschiedlich: Entweder wird mit langen und kurzen Impulsen für die Zehner- und Einerstellen gearbeitet (Airbag) oder die Anzahl der Impulse gibt direkt den Zahlwert für die einzelne Stelle an (ABS).

1. Zündung ausschalten
2. Diagnosereizleitung des Steuergeräts mit Masse (Pin 1 oder 5) verbinden
3. Zündung einschalten
4. Die Blinkcodes werden im Kombiinstrument ausgegeben

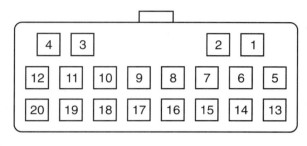

Bild 2.32: Kia-Diagnosebuchse (Fahrzeugseite)

Tabelle 2.8: Belegung Kia-Diagnosebuchse

Pin	Belegung
1	Masse
2	Motordrehzahlimpulse
3	Impulse Kühlerlüfter
4	Kraftstoffpumpenrelais (mit Masse verbinden, um die Pumpe zu aktivieren)
5	Masse
6	Blinkcodes ECU
7	K-Leitung Automatikgetriebe
8	K-Leitung ECU
9	Diagnosereizleitung ABS
10	Zündspule 2
11	Diagnosereizleitung Airbag
12	Batterieplus
13	Engine monitor output
14	Diagnosereizleitung ECU
15	Diagnosereizleitung Automatikgetriebe
16	K-Leitung Tempomat
17	Zündspule 1
18	K-Leitung ABS
19	K-Leitung Airbag
20	-

2.5.9 Honda-Blinkcodes

Bei Honda gibt es verschiedene Diagnosevarianten. Die zweipolige Buchse befindet sich auf der Beifahrerseite (Sitz oder unter dem Armaturenbrett). Wenn die genormte OBD-II-Buchse (vgl. Kapitel 3.4) verbaut ist, werden Pin 4/5 und Pin 9 benötigt. Bei Fahrzeugen vor 1989 befindet sich das Motorsteuergerät unter einem der Frontsitze. Dort zeigt eine LED permanent die gespeicherten Fehlercodes als Blinkfolge an, sobald die Zündung an ist und Fehler vorhanden sind. Die Auswertung der Blinkfolgen erfolgt analog zu den beiden anderen Varianten:

1. Zündung ausschalten
2. Kurzschlussbrücke am jeweiligen Diagnosestecker einsetzen
3. Zündung einschalten
4. Die MIL blinkt und signalisiert den Fehlercode:
   - Die Anzahl der langen Leuchtimpulse repräsentiert die Zehnerstelle des Fehlercodes.
   - Wenn keine langen Impulse ausgegeben werden, handelt es sich um einen einstelligen Code.
   - Die Anzahl der kurzen Leuchtimpulse repräsentiert die Einerstelle des Fehlercodes.
   - Zwischen zwei Fehlercodes wird eine lange Pause eingelegt.

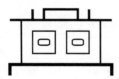

Bild 2.33: Honda – zweipolige Diagnosebuchse (Fahrzeugseite)

2.5.10 PSA/Peugeot/Citroën-Blinkcodes

Je nach Modell gibt es einen von zwei verschiedenen Diagnoseanschlüssen.

1. Zündung ausschalten
2. Diagnosekonfiguration bei 30-poligem Stecker:
   - Prüflampe mit Pin A2 und Pluspol der Batterie (z. B. Pin A0) verbinden
   - Zwischen Pin B2 und Masse für 2,5–5 Sekunden eine Verbindung herstellen (ggf. einen Taster einbauen).
3. Diagnosekonfiguration bei zweipoligem Stecker:
   - Prüflampe mit Pin 2 und Pluspol der Batterie verbinden

2.5 Mit Blinkcodes Fehler abfragen

- Zwischen Pin 2 und Masse für 3–5 Sekunden eine Verbindung herstellen (ggf. einen Taster einbauen)
4. Die Fehlercodes werden durch Blinken angezeigt:
- Die Anzahl der langen Leuchtimpulse repräsentiert die Zehnerstelle des Fehlercodes.
- Die Anzahl der kurzen Leuchtimpulse repräsentiert die Einerstelle des Fehlercodes.
- Nach einer Pause wird der Code erneut ausgegeben.
5. Um den nächsten Fehler abzurufen, Schritt 3 wiederholen

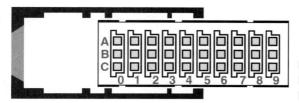

Bild 2.34: PSA-Peugeot/Citroën-Diagnosestecker (Seite Diagnosegerät)

Tabelle 2.9: Belegung PSA-Peugeot/Citroën-Diagnosestecker

Pin	Funktion	Beschreibung
A0	VCC	Dauerplus
B0	VCC	Dauerplus
C0	GND	Masse
A1		GND OT-Geber (Diesel)
B1		Abschirmung OT-Geber (Diesel)
C1		Signal Drehzahlmesser/OT-Geber (Diesel)
A2	K-Leitung	Blinkcodes ECU
B2	K-Leitung	Diagnosereizleitung ECU
C2		Blinkcodes
A3		Selbstdiagnose Kühlluftventilator
B3		Selbstdiagnose Gurtstraffer
C3		Rotation speed sense relay
A4	K-Leitung	OBD ABS/ASR
B4	K-Leitung	OBD Hydraktivfederung
C4	K-Leitung	OBD Steering wheel, BD Lenkrad
A5	K-Leitung	OBD Heizung, Klimaanlage
B5	K-Leitung	OBD Sitzverstellung
C5	K-Leitung	OBD Airbag
A6	K-Leitung	OBD Getriebe
B6	K-Leitung	OBD Hinterachse

Pin	Funktion	Beschreibung
C6	K-Leitung	OBD Differenzialgetriebe
A7	K-Leitung	OBD Tempomat
B7	K-Leitung	OBD Bordcomputer
C7	K-Leitung	OBD Zentralverriegelung
A8	K-Leitung	OBD Rückspiegelverstellung
B8	K-Leitung	OBD Alarmanlage
C8	K-Leitung	OBD Wegfahrsperre
A9		
B9		
C9		

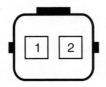

Bild 2.35: PSA Peugeot Citroën – grüne zweipolige Diagnosebuchse (Fahrzeugseite)

2.5.11 Mercedes-Benz-Blinkcodes

1. Je nach Fahrzeugmodell sieht der Diagnosestecker unterschiedlich aus; Prüflampe mit Masse (Pin 1 bei allen Steckern) und der jeweiligen Datenleitung des Steuergeräts verbinden
2. Zwischen Pin der Datenleitung und Masse für eine Sekunden eine Verbindung herstellen (ggf. einen Taster einbauen)
3. Anzahl der Blinkimpulse steht für Fehlercodenummer; ein einziges Aufleuchten bedeutet, dass kein (weiterer) Fehler im System gespeichert ist
4. Um den nächsten Fehlercode abzurufen, Schritt 2 wiederholen

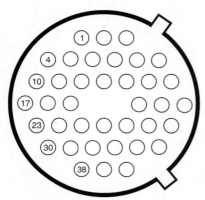

Bild 2.36: Mercedes-Benz-Diagnosebuchse X11/4, 38-polig, rund (Fahrzeugseite)

Tabelle 2.10: Belegung Mercedes-Benz-Diagnosebuchse X11/4, 38-polig

38-pol. Pin	Belegung
1	Masse
2	Spannung Klemme 87
3	Batteriespannung +12 V
4	Datenleitung ECUs
5	Datenleitung ECUs
6	Datenleitung ABS, ASR, ETS, ESP
7	Datenleitung EFP, LLR, TPM
8	Datenleitung GM, BAS
9	Datenleitung ASD
10	Datenleitung EAG, EGS, TCM, ETS
11	Datenleitung ADS
12	Datenleitung SPS, PML
13	
14	Datenleitung O2S I
15	Datenleitung O2S II
16	Datenleitung HAU, TAU, KLA
17	Datenleitung EZL, DI
18	Datenleitung EZL, DI
19	Datenleitung OBD-II-Diagnosemodul
20	Datenleitung PSE
21	Datenleitung CF, KFB, RV
22	-
23	Datenleitung EDW, ATA
24	-
25	-
26	Datenleitung ASD
27	-
28	Datenleitung PTS
29	-
30	Datenleitung AB, SRS
31	Datenleitung RCL, IFZ
32	-
33	-
34	Datenleitung CNS
35	Datenleitung Fahrtlicht-Reichweitensteuerung
36	Datenleitung STH
37	-
38	-

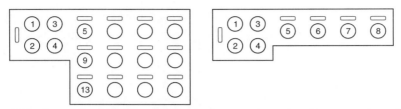

Bild 2.37: Mercedes-Benz-Diagnosebuchse X11/4, rechteckig, 16- und 8-poliges Modell (Fahrzeugseite)

Tabelle 2.11: Belegung Mercedes-Benz-Diagnosebuchse X11/4, rechteckiges Modell

Pin	Belegung 16-polig	Belegung 8-polig
1	Masse	Masse
2	-	-
3	Datenleitung KE, DM	Datenleitung KE, DM
4	Datenleitung EDS, ARA	Datenleitung EDS, ARA
5	Datenleitung ASD, 4MATIC	Datenleitung ASD
6	Datenleitung Airbag	Datenleitung Airbag
7	Datenleitung Klima	Datenleitung Klima
8	Datenleitung DI, HFM, PMS	-
9	Datenleitung ADS	
10	Datenleitung RST, CST	
11	Datenleitung ATA	
12	Datenleitung IRCL	
13	Datenleitung EAG	
14	Datenleitung MAS, EA, ISC, CC	
15	-	
16	Batterie	

2.5.12 Toyota-Blinkcodes

In Fahrzeugen von Toyota sind unterschiedliche DLCs verbaut. Die beiden eckigen sind bis auf die Anzahl der Pins ähnlich. Es gibt zwei Arten von Fehlercodes: permanente, die schon länger vorliegen, und erst kürzlich aufgetretene, die noch nicht als permanent deklariert wurden. Um die Fehlercodes auszulesen, die noch nicht permanent sind, müssen sie in den auslesbaren Fehlerspeicher geschrieben werden. Dazu wird der Fahrtestmodus aktiviert, in dem TE2 (Pin E) mit Masse (z. B. E1 an Pin C) verbunden und eine Probefahrt bei eingesteckter Kurzschlussbrücke gemacht wird. Anschließend wird die Brücke entfernt. Dann können ganz normal die Fehler der ECU ausgelesen werden:

1. Zündung ausschalten

2. Diagnosereizleitung des auszulesenden Steuergeräts mit Masse verbinden

3. Zündung einschalten
4. Die Fehler werden durch Aufblinken der MIL codiert:
   - Sind keine Fehler gespeichert, blinkt die Lampe zweimal pro Sekunde.
   - Jeder Fehlercode ist zweistellig. Die Blinkimpulse einer jeden Stelle werden im Abstand von 0,5 Sekunden erzeugt und sind zu einem Zahlwert zu addieren.
   - Zwischen zwei Stellen ist eine Pause von 1,5 Sekunden.
   - Zwischen zwei kompletten Fehlercodes wird eine Pause von 2,5 Sekunden eingelegt.
   - Nach dem der letzte Code ausgegeben wurde, wird nach einer längeren Pause wieder der erste Code signalisiert.

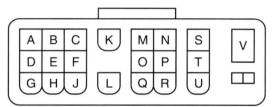 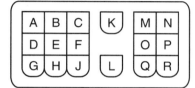

Bild 2.38: Toyota-Diagnosebuchsen (Fahrzeugseite)

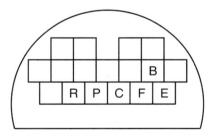

Bild 2.39: Toyota-Diagnosebuchse, rund (Fahrzeugseite)

Tabelle 2.12: Belegung Toyota-Diagnosebuchsen

Pin	Kurzform	Belegung
A	FP	Treibstoffpumpe
B	W	K-Leitung
C	E1	Masse
D	CC	Diagnose erste Lambdasonde
E	TE1	Diagnosereizleitung ECU Normal-Modus
F	TE2	Diagnosereizleitung ECU Fahrtest-Modus
G	+B	Batterie
H	VF	Feedback-Spannung erste Lambdasonde
J	VF2	Feedback-Spannung 2. Lambdasonde

Pin	Kurzform	Belegung
K	OX	erste Lambdasonde Ausgangsspannung
L	OX2	2. Lambdasonde Ausgangsspannung
M		
N		
O	CC2	Diagnose 2. Lambdasonde
P	TC	Diagnosereizleitung ABS
Q	TS	Diagnosereizleitung Geschwindigkeitssensoren Reifen
R	TT	Diagnosereizleitung Automatikgetriebe
S		
T	OP2	K-Leitung
U	OP3	L-Leitung
V	IG-	Zündimpulse

2.6 Zugriff der Werkstätten auf Steuergeräte

In einem aktuellen Fahrzeug sind wesentlich mehr Steuergeräte verbaut, als für die reine Motorsteuerung und die Abgasüberwachung notwendig sind. Für Hersteller und Werkstätten ist es da natürlich naheliegend, dass auch auf diese Geräte ein externer Zugriff möglich ist und nicht nur auf die abgasrelevanten Daten und Fehler. Wenn Sie in eine (Vertrags-)Werkstatt fahren, wird Ihr Fahrzeug meist an ein Diagnosegerät angeschlossen, und sämtliche verbauten Steuergeräte werden automatisch abgefragt, ob sie Fehler gespeichert haben. Für die Werkstatt ist das bequem: Dem Kunden kann schnell ein Überblick gegeben werden, und Fehlersuche und Reparatur werden gut dokumentiert.

Auch wenn die Check-Engine-Warnleuchte gar nicht leuchtet, können in der Werkstatt Fehler gefunden werden, die nicht mit den Funktionen von OBD zusammenhängen. Für die Automobilbauer bietet sich hier aber nicht nur ein Weg, mehr Service zu leisten, sondern eine gute Gelegenheit, sich gegenüber freien Werkstätten und Hobbyschraubern einen Wettbewerbsvorteil zu sichern: Viele Aufgaben rund um die Wartung eines Autos sind heute ohne entsprechende Diagnosetechnik gar nicht mehr durchführbar. Ein einfaches Beispiel ist der regelmäßige Ölwechsel. Waren früher regelmäßige Intervalle üblich, übernimmt inzwischen der Bordcomputer die Aufgabe, den Fahrer daran zu erinnern. Das ist im ersten Moment auch sinnvoll, da bei einem flexiblen Intervall die Umwelt entlastet werden kann, wenn der Ölwechsel später erfolgt. Bei hoch beanspruchten Motoren wird hingegen ein früherer Wechsel signalisiert, damit keine Schäden auftreten. Wann das Öl gewechselt werden muss, kann die Elektronik beispielsweise an der Eintrübung des Öls oder auch am kulminierten Fahrstil des Besitzers erkennen. Ein Ölwechsel (inkl. Wechsel des Filters etc.) ist an sich nichts Kompliziertes. Jeder Hobbybastler kann das in einer Selbsthilfewerkstatt korrekt durchführen. Was aber dem Besitzer nicht möglich ist, ist das Zurücksetzen des Serviceintervalls. Notgedrungen bieten die Hersteller eine Tastenkombination (je nach Hersteller am Armaturenbrett zu betätigen) an, mit der dem Bordcomputer der erfolgte Service mitgeteilt wird und die Anzeige erlischt. Allerdings wird dabei auch auf ein festes Intervall für die nächsten Ölwechsel umgestellt, sodass der Besitzer einen Nachteil gegenüber einer Vertragswerkstatt hat, in der das flexible Intervall beibehalten wird.

Ein anderes Beispiel lässt sich beim Wechsel der Bremsbeläge finden. Auch das ist keine anspruchsvolle Arbeit. Viele Autobesitzer haben das früher selbst erledigt, da sich so gutes Geld sparen ließ. Um die neuen Bremsbacken einzusetzen, ist es notwendig, die Bremszylinder ein wenig zurückzudrücken, da diese durch die Abnutzung der alten Beläge für die neuen zu weit heraustehen. Mit einer einfachen Schraubklemme war das schnell und fachgerecht erledigt. Die elektronischen Feststellbremsen (wie sie für Berganfahr-Assistenzsysteme und Fahrzeuge ohne Handbremshebel oder Feststellpedal notwendig sind) machen es aber inzwischen erforderlich, dass das ganze Bremssystem über ein Diagnosegerät erst in eine für Wartungsarbeiten definierte Stellung gebracht wird. Und nach dem Wechsel muss dem System sogar teilweise mitgeteilt werden, wie stark die neuen Beläge sind. Ohne spezialisiertes Diagnosesystem ist der eigentlich einfache Austausch nicht realisierbar, denn ein OBD-II-Diagnosesystem genügt hier nicht.

Bild 2.40: Werkstatttester VAG 1551

Während die genormte On-Board-Diagnose lediglich Protokolle und Fehlercodes etc. für Bauteile vorschreibt, die zur Abgasüberwachung und zum Umweltschutz dienen, kann jeder Fahrzeughersteller eigene Wege gehen, um den Zugriff auf all die anderen Steuergeräte und Komponenten abzuwickeln. Und genau das wird natürlich gemacht: Jeder Hersteller nutzt ein eigenes Protokoll, über das er so gut wie nichts preisgibt. So gibt es nur sehr wenige Anbieter unabhängiger Diagnosegeräte, die einen mit den herstellerspezifischen Geräten vergleichbaren Leistungsumfang beim Zugriff auf alle Steuergeräte bieten. In Fachkreisen wird hier auch von der »Tiefe« gesprochen, die ein Diagnosetester bietet: Je umfangreicher er auf die Steuergeräte zugreifen kann, desto »tiefer« ist die Diagnose.

Zugriffe mittels herstellerspezifischer Diagnose bieten viele weitere Möglichkeiten als nur das Abfragen von Fehlercodes und das Auslesen von Messwerten. Eine wichtige Funktion ist das Software-Update für ein Steuergerät. Genauso wie bei jeder Software für den PC ist auch die Software in den Steuergeräten viel zu oft nicht genügend getestet und nicht marktreif. Viele Fehler treten erst durch die intensive Nutzung der Käufer in

Erscheinung. Sie nutzen das Fahrzeug und seine Komponenten dann doch anders, als es beim Hersteller unter Laborbedingungen geprüft wurde. Dann ist es Zeit für ein (nicht selten kostenpflichtiges) Update des Programmspeichers (Flash). Das kann aber nur durch eine Vertragswerkstatt durchgeführt werden, da die Hersteller die Updates nicht veröffentlichen. Zudem ist keine handelsübliche Diagnoselösung in der Lage, die Dateien auf das Steuergerät zu übertragen (flashen).

Viele Komfortfunktionen sind eigentlich nur noch eine Frage der passenden Software und Konfiguration. Wenn elektrische Fensterheber verbaut sind, die über ein Steuergerät kontrolliert werden, ist es kein Problem, die sogenannte Komfortschließung anzubieten. Bei ihr werden die Fenster beim Abschließen des Wagens automatisch hochgefahren. Auch eine automatische Geschwindigkeitsregelung (Tempomat) ist einfach zu realisieren, da die gesamte Motorsteuerung ohnehin rein elektronisch abläuft. Genauso verhält es sich mit Tagfahr- und Abbiegelicht mit den Nebelscheinwerfern: Es ist nur eine Frage der Programmierung. Trotzdem sind solche Funktionen oft nur in teureren Modellen oder gegen Aufpreis zu bekommen. Dabei ändert der Hersteller aber nicht etwa die Software, sondern aktiviert die entsprechende Funktion einfach nur in der Konfiguration des Steuergeräts – und lässt sich das meist teuer bezahlen. Derartige Änderungen an der Konfiguration sind auch nachträglich mit einem passenden Diagnosegerät möglich, wobei natürlich keine Funktionen aktivierbar sind, die nicht auch physikalisch verbaut sind. Manche Hersteller wie VAG sehen umfangreiche Konfigurationseinstellungen vor, während andere sich eher zurückhalten. Was eingestellt werden kann und welche Werte notwendig sind, wird natürlich nicht veröffentlicht. Aber mit der Zeit finden sich doch in einschlägigen Internetforen viele Informationen. Wenn man dann ein markenspezifisches Diagnosegerät hat (vgl. Kapitel 7.1), kann man sein Auto zum Nulltarif tunen. Manchmal will man auch Funktionen gezielt abschalten, weil sie eher stören (z. B. die Warnfunktion für den Sicherheitsgurt oder die Bremsbelag-Verschleißanzeige, weil der Belag noch in Ordnung und nur das dünne Kabel abgerissen ist). Auch das ist kein Problem und gehört in die gleiche Kategorie.

Ein immenser Vorteil von Werkstattdiagnosegeräten, die alle Steuergeräte abdecken, liegt in der geführten Fehlersuche. Nachdem alle Fehler ausgelesen wurden, kann die Software anhand der Fehler und mithilfe einer Datenbank, auf die im Hintergrund zugegriffen wird und in die bereits bekannte Probleme und Lösungen eingepflegt wurden, den Mechaniker virtuell an die Hand nehmen. Mithilfe eines Entscheidungsbaums werden ihm dann die nächsten Schritte zum Eingrenzen der genauen Fehlerursache vorgegeben. Aufgrund der immer komplexeren Elektronik und ihrem Zusammenspiel ist das oft der einzige Weg, ohne langes Rätseln zum Ziel zu kommen. Außerdem profitiert so die einzelne Werkstatt vom Wissen aller, deren Erfahrung bereits in die Datenbank eingeflossen ist. In den automobilen Anfängen gab es in Form einer losen Blattsammlung auch schon Handreichungen für die Werkstatt. Aber bei der Vielzahl von Modellen, Ausstattungsvarianten und Komponenten kann man kaum erwarten, dass ein Mechaniker stets auf dem Laufenden bleibt.

3 Einheitlicher Standard mit OBD II

Die genormte Fahrzeugüberwachung und -diagnose wird als OBD II bezeichnet und stellt eine Weiterentwicklung der bisherigen Vorgaben dar, die vom CARB angestoßen wurden, aber in der praktischen Umsetzung zu viele Schwächen hatten, um wirksam und hilfreich zu sein.

> In den Publikationen des CARB wird stets von Anfang an die Schreibweise »OBD II« benutzt, sodass diese auch hier im Buch Verwendung findet. Schreibweisen wie »OBD-II«, »OBD2« oder »OBD-2« findet man vor allem im Internet – vermutlich teilweise, weil sich die lateinische Zahl besser oder einfacher schreiben lässt als die römische und so auch keine Verwirrung aufkommt, weil eine Suchmaschine auch Resultate mit »obd ii« liefert, da dort zwischen Klein- und Großschreibung nicht unterschieden wird.

3.1 Einführung von OBD II

Nach der Einführung der ersten Richtlinien zur Abgasüberwachung im Fahrzeug zeichnete sich bald ab, dass die Vorgaben nicht ausreichend sind. Man erkannte, dass es vorteilhaft wäre, mehr Daten auszuwerten und die Überwachung technisch zu optimieren. Nur zu kontrollieren, ob die Sensoren funktionieren, genügt nicht. Für einen effektiven Umweltschutz muss auch kontrolliert werden, ob die gesetzten Grenzwerte eingehalten werden. Für Kontrollinstitutionen ist es auch nicht praktikabel, dass die Fehlercodes nicht einheitlich ausgelesen werden können und genormt sind, zumal gar nicht vorgegeben war, in welcher Form Fehler überhaupt vom System gespeichert werden sollen. Aus diesen Gründen wurde 1996 in den Vereinigten Staaten OBD II für alle neuen Fahrzeuge unter 14.000 Pfund (6,35 t) verpflichtend. Das Memo 1968.1 Titel 13 schreibt genau vor, welche Systeme zu überwachen sind und wie dies geschehen soll. Der bisher geringe Umfang wurde deutlich erweitert: Fehlzündungen des Motors wird nun eine immense Bedeutung zugeschrieben und auch die Treibstoffausdünstungen (z. B. im Benzintank) werden berücksichtigt. Systeme wie die Klimaanlage, die bisher gar nicht beachtet wurden, sind jetzt ebenso involviert, da der Austritt von Kältemittel ebenfalls als kritisch angesehen wird. Weiterhin wird auf die Normen SAE J1978 und J1979 verwiesen, womit auch das Protokoll für die Diagnosekommunikation und die Form des Steckers einheitlich festgelegt wird. So ist dem Chaos mit den herstellereigenen Steckern und Blinkcodes ein Ende gesetzt.

Fahrzeughersteller in Ländern, in denen es (noch) keine Vorgaben zur Überwachung gemäß OBD II gab, rüsteten ihre Fahrzeuge teilweise ab 1996 trotzdem mit OBD II aus, weil diese in die USA exportieren werden sollten. So kann es sein, dass Exportmodelle auch in Europa schon mit OBD II ausgeliefert wurden, weil es sich nicht lohnte, zwei verschiedene Modelle zu fertigen. Steuergeräte der in Europa ausgelieferten Fahrzeuge melden teilweise als Rückgabewert aber, dass sie offiziell kein OBD II unterstützen würden, wenn das PID 1C (OBD-Kompatibilität) über SID 01 abgefragt wird (vgl. Kapitel 4.1). Bei Typen, die ausschließlich für den europäischen, lateinamerikanischen oder asiatischen Markt gefertigt wurden, verzichtete man aus Kostengründen auf die Ausstattung mit OBD II.

Richtlinie 98|69 des Europäischen Parlaments und des Rats vom 13. Oktober 1998 über Maßnahmen gegen die Verunreinigung der Luft durch Emissionen von Kraftfahrzeugen legte für das Gebiet der EU Grenzwerte für Fahrzeugabgase fest. Sie schrieb gleichzeitig erstmals vor, dass auch hierzulande die Fahrzeuge eine On-Board-Diagnose besitzen müssen und welche Normen dafür zugrunde gelegt werden. Gleichzeitig wurden den Automobilherstellern Fristen für die Einführung gesetzt. Die Richtlinie wurde inzwischen mehrfach überarbeitet. Sie wurde den technischen Möglichkeiten und umweltpolitischen Interessen angepasst und liegt in der derzeit aktuellen Fassung 2001|100 vor. Sie enthält aber im Grunde nur Änderungshinweise zu vorherigen Fassungen, die ebenfalls nur Änderungen beinhalten. Ein kompletter Überblick ergibt sich nur, wenn man alle Fassungen zusammenfasst. Für die Einführung von OBD II orientieren sich die Richtlinien an den Fahrzeugtypen und -klassen sowie der Treibstoffart. Bei letzterer wird zwischen Otto-Kraftstoff, Diesel (in den Regelwerken wird stets von *Selbstzündungsmotoren* gesprochen) und Gas (Erd- oder Flüssiggas) unterschieden. Die EG-Fahrzeugklassen werden gemäß Richtlinie 2007|46 definiert (vereinfacht):

- *Klasse G*: Geländefahrzeuge
- *Klasse L*: zweirädrige oder dreirädrige Kraftfahrzeuge sowie leichte vierrädrige Kraftfahrzeuge
- *Klasse M*: Kraftfahrzeuge zur Personenbeförderung mit mindestens vier Rädern
    - *M1*: mit höchstens acht Sitzplätzen außer dem Fahrersitz (umgangssprachlich Pkw, Kleinbusse, Wohnmobile)
    - *M2*: mit mehr als acht Sitzplätzen außer dem Fahrersitz und einer zulässigen Gesamtmasse bis zu fünf Tonnen (Kleinbusse)
    - *M3*: mit mehr als acht Sitzplätzen außer dem Fahrersitz und einer zulässigen Gesamtmasse von mehr als fünf Tonnen (Reisebusse)
- *Klasse N*: Kraftfahrzeuge zur Güterbeförderung mit mindestens vier Rädern (umgangssprachlich Lkw, Lieferwagen)
    - *N1*: mit einer zulässigen Gesamtmasse bis zu 3,5 Tonnen (umgangssprachlich Lieferwagen)

- *N2*: mit einer zulässigen Gesamtmasse von mehr als 3,5 Tonnen bis zu 12 Tonnen (Kleintransporter)
- *N3*: mit einer zulässigen Gesamtmasse von mehr 12 Tonnen (Lkw)
- *Klasse O*: Anhänger
- *Klasse R*: Anhänger Land- oder Forstwirtschaft
- *Klasse S*: gezogene auswechselbare land- oder forstwirtschaftliche Maschinen
- *Klasse T*: Zugmaschinen für gewerbliche Zwecke
- *Klasse C*: Land- oder forstwirtschaftliche Zugmaschinen auf Gleisketten

Der Fahrzeugtyp wird aus dem Herstellerschlüssel und dem Typschlüssel eines Autos berechnet. Er steht somit für ein bestimmtes Modell eines bestimmten Herstellers, bei dem auch Motorisierung, Antriebsart und Karosserieform berücksichtigt werden. Bei den Einführungsfristen ist darauf zu achten, ob sie für ein neues Modell oder grundsätzlich alle Modelle gelten. Nur im zweiten Fall ist dann das tatsächliche Baujahr des einzelnen Fahrzeugs entscheidend.

Tabelle 3.1: Einführungsfristen für On-Board-Diagnosesysteme in der EU

OBD Pflicht ab Jahr	gilt für ... Fahrzeugtypen	Treibstoff	Fahrzeugtyp
2000	neue	Otto	M1 bis 2,5 t N1
2001	alle	Otto	M1 bis 2,5 t N1
2001	neue	Otto	M1 ab 2,5 t N2, N3
2002	alle	Otto	M1 ab 2,5 t N2, N3
2003	neue	Diesel	M1 bis 6 Sitze und/oder bis 2,5 t
2003	neue	Gas	M1 bis 2,5 t N1
2004	alle	Diesel	M1 bis 6 Sitze und/oder bis 2,5 t
2004	alle	Gas	M1 bis 2,5 t N1
2005	neue	Diesel	M1 mehr als 6 Sitze und/oder über 2,5 t N1
2006	neue	Diesel	N2, N3
2006	neue	Gas	M1 ab 2,5 t N2, N3
2007	alle	Gas	M1 ab 2,5 t N2, N3

Anhand des Jahres, in dem ein Fahrzeugmodell neu eingeführt wurde, lässt sich ungefähr abschätzen, ob OBD II bereits vorhanden ist oder noch nicht. Bei europäischen Modellen vor 2000 ist es sehr unwahrscheinlich, dass OBD II verfügbar ist. Das gilt selbst dann, wenn die genormte Diagnosebuchse (vgl. Kapitel 3.4) bereits verbaut wurde – es sei denn, das Modell ist auch mit der jeweiligen Motorisierung auf dem US-Markt erschienen. Im Internet gibt es verschiede Sammlungen von entsprechenden Informationen, die von Besitzern zusammengetragen werden, z. B. *http://carlist.blafusel.de/* oder *http://www.outilsobdfacile.fr/ liste-vehicule-compatible-obd2.php*. Listen, die allgemeine Aussagen über ein Modell oder ein Baujahr enthalten, ohne auf die eigentliche Motorisierung zu achten, sind mit Vorsicht zu benutzen. Wenn im Fahrzeugschein (alte Form) bei Antriebsart »Otto/OBD« oder »Diesel/OBD« steht, wird OBD II unterstützt.

Im Wesentlichen stimmen die europäischen Regelungen mit denen der Vereinigten Staaten zu OBD II überein. Es gelten allerdings etwas strengere Grenzwerte für die ausgestoßenen Schadstoffe. Dem wird oft mit der Bezeichnung *EOBD* oder *EOBD2* (europäische On-Board-Diagnose) Rechnung getragen, obwohl es sich dabei eher um einen Marketingausdruck und nicht um einen verbindlichen Term handelt. Er wird schließlich in keiner einzigen Richtlinie des Europäischen Parlaments genannt und kommt lediglich in der ISO 15031-5 vor.

Inzwischen haben auch andere Länder den Vorteil von OBD II für die Umwelt und die Werkstätten erkannt und eigene Vorgaben erlassen, die sich aber stets ähneln. In Japan wird das System *JOBD* genannt und in Brasilien *OBDBr-1* oder *OBDBr-2*. In Australien nennt sich das Äquivalent *ADR 79/01* (Australian Design Rule 79/01 – Emission Control for Light Vehicles) und *ADR 79/02*.

In den USA ist seit 2010 auch die teilweise Ausrüstung von sogenannten Heavy-Duty Vehicles mit OBD Pflicht. Allerdings begann damit zunächst eine Einführungsphase, die erst 2013 abgeschlossen sein soll. Erst dann müssen alle Fahrzeuge damit ausgerüstet sein. Die neuen Regelungen sind erforderlich, da in den USA – entgegen den Vorgaben in der EU – bisher Fahrzeuge mit mehr als 14.000 lbs (6,35 Tonnen) nicht berücksichtigt wurden. Grund für die schleppende Einführung (auch in der EU) ist die Meinung, dass die elektronische Motorsteuerung und Überwachung bei Dieselfahrzeugen im Allgemeinen und Lkws im Besonderen noch nicht so fortschrittlich ist wie bei Pkws. Das ist eine Annahme, an der durchaus Zweifel erlaubt sind, wenn man sich die Fahrzeuge der vergangenen Jahre ansieht. Das System wird in SAE J1939 beschrieben und ähnelt dem normalen OBD II, wird aber als *HD OBD* bezeichnet. Wesentlicher Unterschied ist, dass ausschließlich das CAN-Protokoll benutzt werden darf und der Diagnosestecker anders aussieht und über eine integrierte Verriegelung verfügt.

Um die vielen nationalen Regelungen zu vereinheitlichen, hat die Organisation der Vereinten Nationen die Entwicklung eines internationalen Standards initiiert. Unter der Bezeichnung *WWH-OBD* (World Wide Harmonized On-Board Diagnostic) soll die Fahrzeugdiagnose und Überwachung des Emissionsausstoßes harmonisiert werden. Hierbei sollen jedoch nicht die Emissionsgrenzwerte für erlaubten Schadstoffausstoß vereinheitlicht werden, sondern primär das Funktionieren der Emissionskontrolle und die Kommunikationsschnittstelle der Fahrzeuge. Mit einer Einführung für Nutzfahrzeuge wird 2015 gerechnet, und zu einem späteren Zeitpunkt sollen dann auch Pkws einbezogen werden. Das Regelwerk für den WWH-OBD-Standard wird von der International Organization for Standardization (ISO) entworfen und liegt bisher nur als Entwurf in der ISO/PAS 27145 vor. Wesentliche Merkmale stammen aus bisherigen Normen wie der ISO 15031, aus der auch die Form der OBD-II-Diagnosebuchse übernommen wurde. So wird es wohl dazu kommen, dass zukünftig in Lkws zwei Diagnosebuchsen zu finden sind, sofern die ISO nicht auch noch die Stecker nach SAE J1939 akzeptiert. Als Kommunikationsprotokoll wird zeitgemäß ausschließlich CAN benutzt.

Bild 3.1: Diagnosestecker für HD OBD gemäß SAE J1939

3.2 Permanente Überwachung und Information

Mit OBD II wurde ein Gesamtkonzept umgesetzt, das alle relevanten Bauteile im Fahrzeug überwachen kann, deren Fehlverhalten die Umwelt über das in Kauf genommene Maß hin beeinträchtigt. In den einschlägigen Regelwerken sind die technischen Mittel zur Überwachung beschrieben, und durch nationale Gesetzgebung können die Grenzwerte festgelegt werden. Das System überwacht nicht nur die elektrische Funktion der Bauteile, sondern auch die Wirksamkeit der Regelung – und das permanent während der gesamten Fahrtdauer. Nach vorgegebenen Regeln wird ein auftretender Fehler gewichtet, und wenn er entsprechend oft auftrat, wird der zugehörige Fehlercode gespeichert. Dabei ist auch eine »Heilung« des Fehlers vorgesehen: in der Regel, wenn 40 Fahrzyklen lang der Fehler nicht wieder auftrat. Dieser Fahrtzyklus ist ein genau definiertes Fahrprofil, das mindestens absolviert werden muss, damit sichergestellt ist, dass ein Fehler, wenn er denn vorhanden war, währenddessen auch wieder aufgetreten wäre. Für Europa wird dazu der Neue Europäische Fahrzyklus (NEFZ) angewendet, der ebenfalls für die Verbrauchsberechnung von Fahrzeugen gilt und in der Richtlinie 98|69 beschrieben wird. Der Fahrzyklus dauert insgesamt 1.180 Sekunden (knapp 20 Minuten). Er besteht aus einem 780 Sekunden dauernden City-Zyklus (städtische Bedingungen) und einem 400 Sekunden dauernden Überland-Zyklus (außerstädtische Bedingungen/Autobahn). Bei diesen Zyklen wird der Motor in Volllast, Teillast und Schubabschaltung betrieben.

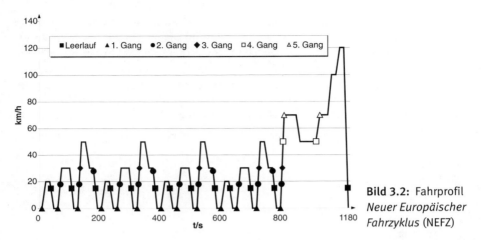

Bild 3.2: Fahrprofil *Neuer Europäischer Fahrzyklus* (NEFZ)

Natürlich muss nicht genau dieses Fahrprofil abgefahren werden, sondern es müssen nur die dort vorkommenden Lastzustände und zu erwartenden Temperaturen des Motors etc. erreicht sein. In der Regel genügt auch ein verkürztes Nutzungsprofil:

- 5 Sekunden ausgeschaltete Zündung
- 5 Sekunden Pause zwischen Schlüsselstellung *Zündung Ein* und Motorstart (Anlassen)
- Für 20 Sekunden 42 km/h im 3. Gang fahren
- Aus dem Schub heraus Vollastbeschleunigung im 3. Gang bis 3.500 upm
- Ungebremste Schubphase im 5. Gang von 2.800 auf 1.200 upm herunter

Andere Länder schreiben ebenso Fahrprofile vor, wobei das japanische Modell eher dem europäischen ähnelt. Diesem wird vorgeworfen, etwas praxisfremd zu sein. Das amerikanische FTP 72/FTP 75 hingegen entstamme einer realen Messfahrt.

Sobald eine Fehlfunktion seitens der On-Board-Überwachung erkannt wird, leuchtet die bei OBD II vorgeschriebene und einheitliche Motorkontrollleuchte (MIL – Malfunction Indicator Light) im Cockpit auf und informiert den Fahrer.

> Da das ganze OBD-System ausschließlich der Überwachung von emissionsrelevanten Bauteilen dient, signalisiert die MIL auch nur OBD-Fehler und nicht andere Defekte, die das sonstige Fahrzeug betreffen.

Bild 3.3: Motorkontrollleuchte (MIL)

Das Leuchten oder Blinken der MIL signalisiert, wie gravierend der aufgetretene Fehler ist und wie sich der Fahrer zu verhalten hat.

Tabelle 3.2: Signalisierung durch die Motorkontrollleuchte

Motorkontrollleuchte	Bedeutung
Aufleuchten beim Einschalten der Zündung	Kontrollfunktion; bleibt die MIL dunkel, ist sie defekt und es muss umgehend eine Werkstatt aufgesucht werden.
Kurzzeitiges Aufblinken	Ein temporärer Fehler wurde erkannt. Der Fehler bedarf aber keiner weiteren Aufmerksamkeit, da er nicht dauerhaft vorliegt (z. B. Wackelkontakt, einzelne Fehlzündung).
Dauerhaftes Leuchten	Ein Fehler ist aufgetreten und sollte demnächst (in einer Werkstatt) behoben werden. Es besteht keine unmittelbare Gefahr für Fahrzeug und Umwelt.
Schnelles Blinken	Ein schwerwiegender Fehler ist aufgetreten. Das Fahrzeug sollte umgehend repariert werden, um Folgefehler (z. B. für den Katalysator) zu vermeiden. Geschwindigkeit und Belastung (Beschleunigung) sind stark zu reduzieren, am besten ist der Motor abzustellen. Das Fahrzeug wird eventuell in ein Notlaufprogramm übergehen.

3.3 Standardisierte Fehlercodes

Die vom Diagnosesystem detektierten Fehler (DTC – Diagnostic Trouble Code) sind für die meisten Fahrer sicher die interessantesten Daten. Viele werden sich erst dann intensiver mit ihrem Automobil auseinandersetzen, wenn es nicht mehr einwandfrei funktioniert und vielleicht die MIL dauerhaft leuchtet oder gar blinkt. Für die Fehlersuche oder -eingrenzung ist es dann enorm praktisch, dass so viele Sensoren und Aktoren permanent von der Elektronik überwacht werden und ein Fehlverhalten umfassend und äußerst differenziert protokolliert wird. Nicht selten weist ein Fehlercode direkt den Weg zum betroffenen Bauteil und ggf. sogar zur Art des Defektes. So kann ein Wackelkontakt beispielsweise schnell lokalisiert und behoben werden oder das defekte Bauteil wird gleich ganz ausgetauscht.

OBD II kennt zwei (drei) verschiedene Arten von Fehlern, die in getrennten Speichern abgelegt werden:

- Dauerhafte oder schwerwiegende Fehler, die schon länger auftreten (die genauen Kriterien sind in den Abgasregelwerken definiert); sie können zum Aufleuchten der Motorkontrollleuchte führen und sind über den Servicemode $03 abrufbar (s. Kapitel 4.3).
- Temporäre oder aktuell aufgetretene Fehler, die entweder während des aktuellen Fahrzyklus auftraten oder sich nur zeitweise bemerkbar machen, aber noch nicht so schwerwiegend sind, dass sie gleich der ersten Fehlergruppe zugeschrieben werden müssen; sie sind über den Servicemode $07 abrufbar (s. Kapitel 4.7).

- Emissionsrelevante dauerhafte Fehlercodes, die der ersten Gruppe entsprechen, aber nicht durch ein externes Diagnosegerät gelöscht werden können, sondern nur, indem das Steuergerät über eine gewisse Zeit erkennt, dass der Fehler nicht mehr auftritt; sie sind ausschließlich bei einer Diagnose über das CAN-Protokoll über den Servicemode $0A abrufbar (s. Kapitel 4.10).

Zusätzlich wird die Möglichkeit geboten, den Betriebszustand des Fahrzeugs in dem Moment, in dem der Fehler auftritt, im Servicemode $03 zu sichern. Das geschieht über ein sogenanntes *Freeze Frame* (s. Kapitel 4.2), in dem alle verfügbaren Messwerte abgelegt werden. Damit ist später nicht nur der Fehlercode bekannt, sondern anhand der weiteren Sensordaten kann analysiert werden, wieso der Fehler gerade unter diesen Umständen auftrat.

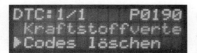

Bild 3.4: Fehler P0190 (*Schaltkreis Drucksensor A Kraftstoffverteiler*) mit einem Handheldscanner ausgelesen

Alle Fehlercodes (es gibt weit über 3.500) sind bei OBD II durch die Norm ISO 15031-6/SAE J2012-2007 definiert und beschrieben: Jeder Code besteht aus einem vorangestellten Buchstaben und einem vierstelligen Zahlenwert. Der Buchstabe am Anfang gibt an, in welchem Fahrzeugteil der Fehler auftrat/wo das defekte Bauteil ungefähr sitzen könnte.

Tabelle 3.3: Zuordnung des Buchstabenpräfixes bei Fehlercodes

Buchstabe	System
B	Fahrgestell (Body)
C	Karosserie/Aufbau (Chassis)
P	Antrieb (Powertrain), hierzu gehören die meisten Fehler
U	Netzwerk

- Fahrgestell: alle Funktionen, die sich im Allgemeinen in der Fahrerkabine befinden und für den Insassen Assistenz-, Komfort- und Sicherheitsaspekte bieten.
- Karosserie: mechanische Baugruppen wie Bremsen, Steuerung und Dämpfung, die sich typischerweise außerhalb der Fahrerkabine befinden.
- Antrieb: vor allem der Antrieb und das Getriebe und damit zusammenhängende Bauteile
- Netzwerk: deckt Funktionen ab, die dazu dienen, zwischen Computern und Systemen Daten auszutauschen

Die erste Zahl gibt an, ob es sich um einen normierten Fehlercode oder um einen handelt, den sich der Fahrzeughersteller ausgedacht hat – denn auch das ist theoretisch möglich. Für die Herstellercodes gibt es natürlich keine frei zugängliche Übersicht der Bedeutungen. Aber in der Praxis sind derartige Codes bei OBD II auch eher untypisch.

Der Hersteller kann schließlich auch über die herstellerspezifische, ungenormte Diagnose seine eigenen Fehlercodes zur Verfügung stellen.

Tabelle 3.4: Bedeutung der ersten Zahl bei Fehlercodes

Code	Fehlertyp
0xxx	Fehler nach SEA/ISO
1xxx	Fehlercode des Fahrzeugherstellers
2xxx	Fehler nach SEA/ISO
3xxx	Fehler nach SEA/ISO und für Fahrzeughersteller reserviert

Die nächste Stelle beschreibt das betroffene Subsystem. Die Zahlen werden im Hexadezimalsystem angegeben und die Gruppierung unterscheidet sich ein klein wenig – je nachdem, welche Zahl an erster Stelle steht und um welches Fahrzeugteil es sich handelt.

Tabelle 3.5: Systemzuordnung für Fehlercodes P0xxx

Code (Hex)	Subsystem
P00xx	Luft-/Kraftstoffmessungen, weitere Emissionskontrollen
P01xx	Luft-/Kraftstoffmessungen
P02xx	Luft-/Kraftstoffmessungen
P03xx	Zündsystem, Fehlzündungen
P04xx	Zusätzliche Emissionskontrollen
P05xx	Fahrzeuggeschwindigkeit, Leerlauf, weitere Eingänge
P06xx	Computer, weitere Ausgänge
P07xx	Getriebe
P08xx	Getriebe
P09xx	Getriebe
P0Axx	Hybridantrieb
P0Bxx	Hybridantrieb
P0Cxx	Hybridantrieb
P0Dxx–xFxx	Reserviert/Fahrzeugherstellercodes

Tabelle 3.6: Systemzuordnung für Fehlercodes P2xxx

Code (Hex)	Subsystem
P20xx	Luft-/Kraftstoffmessungen, weitere Emissionskontrollen
P21xx	Luft-/Kraftstoffmessungen, weitere Emissionskontrollen
P22xx	Luft-/Kraftstoffmessungen, weitere Emissionskontrollen
P23xx	Zündsystem, Fehlzündungen
P24xx	Zusätzliche Emissionskontrollen
P25xx	Zusätzliche Eingänge
P26xx	Computer, weitere Ausgänge

Code (Hex)	Subsystem
P27xx	Getriebe
P28xx	Getriebe
P29xx	Getriebe
P2Axx	Luft-/Kraftstoffmessungen, weitere Emissionskontrollen
P2Bxx	Luft-/Kraftstoffmessungen, weitere Emissionskontrollen
P0Cxx–xFxx	Reserviert

Tabelle 3.7: Systemzuordnung für Fehlercodes P3xxx

Code (Hex)	Subsystem
P30xx–P33xx	Reserviert für Hersteller
P34xx	Zylinderabschaltung
P35xx–P3Fxx	Reserviert

Tabelle 3.8: Systemzuordnung für Netzwerkfehlercodes U0xxx und U3xxx

Code (Hex)	Subsystem
U00xx	Netzwerkelektrik
U01xx	Netzwerkkommunikation
U02xx	Netzwerkkommunikation
U03xx	Netzwerk-Software
U04xx	Netzwerkdaten
U05xx	Netzwerkdaten
U3xxx	Netzwerkkontrollmodule und Energieverteilung

Tabelle 3.9: Systemzuordnung für Fehler am Fahrgestell und der Karosserie

Code (Hex)	Subsystem
B00xx	Rückhaltesysteme
C00xx	Brems- und Traktionskontrolle

Die letzten beiden Zahlen sind der genauen Fehlerbeschreibung vorbehalten und geben an, welcher elektrische Defekt vorliegt oder welches Bauteil genau betroffen ist.

Der Fehlercode P0206 lässt sich anhand der Tabellen bereits einem System zuordnen, ohne dass man den genauen Klartext zum Fehler kennt:

- P = Antriebssystem
- 0xxx = Fehler nach SAE/ISO
- x2xx = System zur Luft-/Kraftstoffmessung

Ein Blick in die Fehlercodetabelle klärt dann, welcher Fehler genau vom Steuergerät erkannt wurde: »Einspritzdüsen Schaltkreis Fehlfunktion – Zylinder 6«.

Vom Steuergerät wird der Fehlercode allerdings nicht in der gezeigten Form gesendet, sondern in zwei Bytes codiert, aus denen dann zuerst die oben genannten Informationen extrahiert werden müssen. Das erste Daten-Byte (A) liefert die Daten für den Buchstaben und die zwei ersten Zahlenstellen. Das zweite Byte steht für die letzten beiden Zahlen.

Tabelle 3.10: Auswertung erstes Daten-Byte eines DTC

Byte A								
Bit 7	Bit 6		Bit 5	Bit 4		Bit 3	Bit 2	Bit 1	Bit 0
7	6	=	5	4	=	Subsystem: x0xx–xFxx			
0	0	P	0	0	0xxx				
0	1	C	0	1	1xxx				
1	0	B	1	0	2xxx				
1	1	U	1	1	3xxx				

Tabelle 3.11: Auswertung zweites Daten-Byte eines DTC

Byte B							
Bit 7	Bit 6	Bit 5	Bit 4	Bit 3	Bit 2	Bit 1	Bit 0
Fehlercode 3. Zahl xx0x–xxFx				Fehlercode 4. Zahl xxx0–xxxF			

Wie viele Fehler vom System abgespeichert wurden und über den Service SID $03 ausgelesen werden können, kann vom Diagnosetester über den Parameter Identifier $01 des Servicemodes $01 abgefragt werden.

3.4 Genormte Diagnosebuchse

Ein wesentlicher Vorteil von OBD II gegenüber den früheren Bestimmungen ist die Einführung einheitlicher Diagnosebuchsen und Stecker (DLC – Data Link Connector). Damit wird der Praxis der Fahrzeughersteller ein Riegel vorgeschoben, den Zugang zu den Steuergeräten durch eigene Steckersysteme zu erschweren, und der Markt für Prüfgeräte wird harmonisiert. Die Regelwerke schreiben jetzt sogar vor, wo sich diese Buchse ungefähr zu befinden hat: in der Fahrerkabine in einem Umkreis von einem Meter vom Fahrer. Außerdem muss sie frei zugänglich sein, sodass kein Werkzeug notwendig ist, um sie freizulegen. Warum auch immer: Die Hersteller geben sich teilweise die größte Mühe, sich vor allem an die zweite Regel nicht zu halten. Vor allem in den ersten Jahren nach Einführung von OBD II wurde die Buchse oft versteckt und wenigstens ein Schraubenzieher war nötig, um die Abdeckung zu entfernen. Beliebte Einbauorte waren die Mittelkonsole unter dem Aschenbechereinsatz, im Sicherungskasten oder hinter Blindblenden am Armaturenbrett. Inzwischen findet man die Buchse oft im Sicherungskasten (der dann nur mit Clips geschlossen ist) oder offen direkt über der Pedalerie im Fußraum.

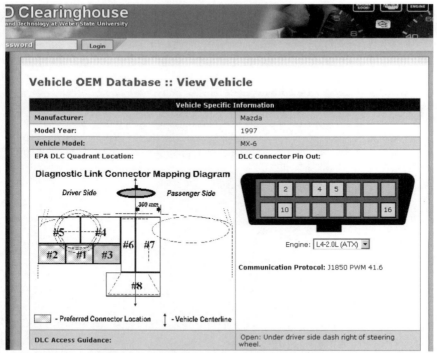

Bild 3.5: Auskunft über den Einbauort und das verwendete Diagnoseprotokoll bei http://www.obdclearinghouse.com/

Auf der Website *http://www.obdclearinghouse.com/ index.php? body=oemdb* bietet das National OBD Clearinghouse eine umfangreiche Datenbank (überwiegend nordamerikanischer Modelle), in der sich die Einbauorte nachschlagen lassen.

Bild 3.6: OBD-Buchse Typ A an der Lenksäule in einem Ford Transit

Der Diagnosestecker und die zugehörige fahrzeugseitige Buchse sind 16-polig und durch die äußere Form verpolungssicher. Damit ein Tester, der nur für den Betrieb an Pkws mit 12 V ausgelegt ist, nicht versehentlich an ein System mit 24 V (Lkw) angeschlossen wird, besitzt der Stecker zwischen den beiden Pin-Reihen einen Steg und die Buchse eine Nut. Bei der Ausführung Typ A für 12 V ist der Steg durchgehend und bei Typ B (24 V) in der Mitte unterbrochen. So passt ein Typ-B-Stecker zwar in eine Typ-A-Buchse, da die Betriebsspannung aber niedriger ist, als für das Diagnosesystem vorgesehen, ist das unkritisch. Vorsicht ist nur bei (ungenormten) Steckern ohne Mittelsteg geboten, wie man sie häufig an billigen Diagnosegeräten findet.

Die einzelnen Pins sind bei OBD II den unterschiedlichen Kommunikationsprotokollen zugewiesen und meist sind auch nur die benutzten Buchsen mit einem Kontakt bestückt. So kann man oft schon durch einen Blick auf die Buchse erkennen, welches Protokoll vom Fahrzeug benutzt wird. Es steht dem Hersteller aber frei, die nicht durch eine Norm belegten Pins für eigene Zwecke zu nutzen. Damit beim Einstecken eines Diagnosetesters schädliche Potenzialunterschiede nicht zur Beschädigung der Hardware führen, sind die Masse-Pins (4 und 5) vorauseilend. Das bedeutet, dass sie weiter als die anderen Stifte aus dem Stecker herausstehen und so beim Einstecken zuerst Kontakt haben, bevor die Datenleitungen verbunden sind. Die theoretisch vorgesehene Unterscheidung zwischen Signal- und Fahrzeugmasse (Karosserie) ist in der Praxis nicht anzutreffen. Beide Pins sind entweder fahrzeugseitig oder auf Seite des Diagnosetesters miteinander verbunden.

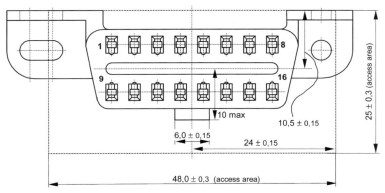

Bild 3.7: Belegung OBD-II-Buchse (Fahrzeugseite) Typ A (Pkw), Quelle: SAE J1962-2002

Tabelle 3.12: Signalzuordnung OBD-II-Stecker

Pin	Belegung
2	Bus + PWM/VPW nach SAE J1850
4	Fahrzeugmasse
5	Signalmasse
6	CAN High nach ISO 15765
7	K-Leitung nach ISO 9141/ISO 14230
10	Bus – PWM/VPW nach SAE J1850
14	CAN Low nach ISO 15765
15	L-Leitung nach ISO 9141/ISO 14230
16	Batterieplus

Die Datenverbindung für HD OBD nach SAE J1939 benutzt einen runden Stecker mit weniger Anschlüssen, da hier nur noch als einziges Protokoll CAN benutzt werden darf. Aus Gründen der Abwärtskompatibilität sind auch noch die beiden seriellen Datenleitungen für die Kommunikation nach SAE J1708 integriert. Dieses Netzwerkprotokoll dient in Nutzfahrzeugen zur Übermittlung von Diagnosedaten und Steuerungsinformationen sowohl als On-Board- als auch als Off-Board-Kommunikation und ist durch die neuere SAE J1939 obsolet. Als On-Board-Kommunikation wird der Datenaustausch innerhalb des Fahrzeugs (zwischen Steuergeräten und/oder anderen Bauteilen) bezeichnet. Um Off-Board-Kommunikation handelt es sich, wenn Daten zwischen einem Fahrzeug und einem externen Gerät (z. B. einem Diagnosetester) ausgetauscht werden.

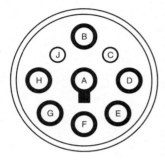

Bild 3.8: Belegung Diagnosebuchse (Fahrzeugseite) für HD OBD

Tabelle 3.13: Signalzuordnung HD-OBD-Stecker

Pin	Belegung
A	Masse
B	Batterieplus
C	CAN High nach SAE J1939
D	CAN Low nach SAE J1939
E	Abschirmung CAN
F	Data A/ATA+ nach SAE J1708
G	Data B/ATA- nach SAE J1708
H	Für herstellereigene Verwendung CAN High
J	Für herstellereigene Verwendung CAN Low

Über die OBD-II-Buchse kann bei zahlreichen Fahrzeugen auch auf andere Steuergeräte zugegriffen werden (siehe Kapitel 3.8), u. a. auch auf die Wegfahrsperre. Autodiebe machen davon teilweise Gebrauch und überlisten die Sperre, indem sie beispielsweise einen neuen Fahrzeugschlüssel anlernen. Eine einfache (wenn auch sicher nicht hundertprozentige) Möglichkeit, dem einen Riegel vorzuschieben oder den Diebstahl des Autos auf den eigenen vier Rädern zumindest zu erschweren, ist, die Diagnosebuchse lahmzulegen. Trennen Sie dazu alle Datenanschlussleitungen (bis auf Masse und Batteriespannung) einfach von hinten vor der Buchse auf.

> Es ist notwendig, dass alle vorhandenen Datenleitungen getrennt werden, da Sie nicht wissen, über welche Datenleitung der Zugriff erfolgen kann. Damit die Diagnosebuchse für einen Werkstattbesuch etc. wieder in Betrieb genommen werden kann, sollten Sie die aufgetrennten Leitungen mit einem mehrpoligen Schalter versehen, den Sie ein wenig versteckt platzieren. Solange kein Zugriff per OBD erwünscht ist, öffnen Sie alle Leitungen mit dem Schalter, und nur bei Bedarf schließen Sie ihn.

3.5 OBD-II-Diagnosefunktionen im Überblick

OBD II kennt, bis auf eine Ausnahme, lediglich lesenden Zugriff auf Daten eines Steuergeräts. Es ist also nicht möglich, Änderungen an der Software oder der Konfiguration vorzunehmen. Die einzige Ausnahme betrifft das Löschen von Fehlerdaten. Hierbei findet aber auch kein Schreibzugriff statt, sondern das Steuergerät bekommt lediglich die Anweisung zum Löschen übermittelt und kümmert sich dann selbst um den Vorgang. So hat man keinen Einfluss auf die zu löschenden Daten. Die Daten, die per OBD II bereitgestellt werden, sind in sogenannte *Service Modes* gegliedert. Sie sind in Kapitel 4 detailliert beschrieben. Jeder Anwender kann gefahrlos auf sie zugreifen. Der Zugriff auf die Diagnosefunktionen ist immer nur eine untergeordnete Funktion eines Steuergeräts, sodass es in keiner Situation seine eigentliche Aufgabe – die Steuerung und Regelung wichtiger Fahrzeugkomponenten – vernachlässigt. Es verfällt also nicht in einen »Diagnosemodus« oder Ähnliches, bei dem das Fahrverhalten des Autos unkontrollierbar wird. Teilweise sind sogar spezielle Gateways verbaut (oder es werden Steuergeräte mit dieser Zusatzfunktion beauftragt), die die Diagnosezugriffe steuern und dadurch auch das On-Board-System vor externen Schäden wie z. B. falschen Signalpegeln schützen (siehe Kapitel 2.3). In ISO 15031-3 wird die Anforderung an die Steuergeräte ausdrücklich betont: Der Anschluss externer Testhardware darf den normalen physikalischen und elektrischen Betrieb des Fahrzeugs nicht ausschließen.

> Die Aussage, dass der Anschluss von Testhardware den Betrieb des Fahrzeugs nicht gefährden darf, gilt natürlich nur für die genormten Zugriffe bei OBD II. Wenn Sie herstellerspezifische Diagnoselösungen einsetzen, sieht das ganz anders aus. Mit derartigen Mitteln können gezielt Teilfunktionen des Fahrzeugs beeinflusst werden. So ist es u. a. möglich, die Bremsen in Wartungsstellung zu fahren und so das Bremsvermögen zu verlieren, oder die Drehzahl wird automatisch kontinuierlich bis zur Abregelungsgrenze hochgefahren. Dabei bestehen erhebliche Gefahren für Sie und andere.

> Grundsätzlich sollte man beim Arbeiten mit einem Testgerät die gebotene Vorsicht walten lassen und möglichst nicht auf öffentlichen Straßen fahren. Viele Testgeräte besitzen keine Straßenzulassung (ECE-Bauartgenehmigung) und dürfen deshalb nicht auf öffentlichen Verkehrswegen benutzt werden. Während einer Probefahrt sollten Sie sich als Fahrer auch nicht von der Bedienung des Testgeräts ablenken lassen, sondern hierfür einen Beifahrer um Hilfe bitten.

Über OBD II stehen bis zu zehn Servicemodi zur Verfügung, die als SID bezeichnet werden und sedezimal durchnummeriert sind. Ein Steuergerät muss nicht alle davon unterstützen, und auch die Vielfalt an Daten pro Modus ist zwischen einzelnen Fahrzeugen und Modellen sehr unterschiedlich.

- *Diagnosedaten* ($01): Abfrage von Messwerten und Sensordaten sowie des Zustands der Motorkontrollleuchte und der Anzahl der gespeicherten Fehlercodes
- *Freeze-Frame-Daten* ($02): Messwerte aller unterstützten Sensoren, wie sie in dem Moment vorlagen, als ein Fehler auftrat, der zum Aufleuchten der MIL führte
- *Fehlercodes* ($03): Abfrage aller gespeicherten, dauerhaften Fehler
- *Fehlercodes löschen* ($04): löscht alle Fehlercodes und stellt einige interne Zähler zurück
- *Lambdasonden-Testwerte* ($05): Diagnosedaten der Lambdasonde(n)
- *Testwerte spezifischer Systeme* ($06): Überwachung und Messwerte von Systemen, die nicht unmittelbar zu OBD II gehören, aber die der Hersteller als relevant ansieht
- *Anstehende/temporäre Fehlercodes* ($07): Fehler, die im aktuellen Fahrzyklus auftraten und (noch) nicht über SID $02 verfügbar sind
- *Test der On-Board-Systeme* ($08): teilweise Deaktivierung der Überwachungssysteme
- *Fahrzeuginformationen* ($09): Angaben zur Fahrzeugidentifikation und zur benutzten Software der Steuergeräte.
- *Dauerhafte Fehlercodes* ($0A): Fehlercodes, die nicht durch externen Eingriff gelöscht werden können, sondern nur, indem das System selbstständig erkennt, dass der Fehler nicht mehr vorhanden ist.

> Über OBD II sind teilweise Messwerte verfügbar, für die es auch Anzeigen am Armaturenbrett gibt. Während die Anzeigen für den Fahrer aber teilweise manipuliert werden, sind die Diagnosedaten unverfälscht, sodass es sich lohnen kann, eine zusätzliche Anzeige für kritische Parameter im Fahrzeug einzubauen. Die Motorkühlmitteltemperatur ist ein solcher exemplarischer Wert. Bei vielen Autos aus dem Kleinwagenbereich fehlt inzwischen eine Anzeige der Temperatur komplett (wie auch für die Motordrehzahl).
> Es gibt nur noch eine Warnlampe, die eine zu hohe Temperatur anzeigt. Für einen aufmerksamen Fahrer ist das aber unbefriedigend. Wenn man nämlich sähe, dass die Temperatur kritisch ansteigt, könnte man vorzeitig reagieren und seine Fahrweise anpassen oder z. B. die Heizung einschalten, um den Kühlkreislauf zu vergrößern.

> Wird man als Fahrer erst gewarnt, wenn der Kühler bereits kocht, ist es vielleicht zu spät, Gegenmaßnahmen einzuleiten oder eine Tankstelle aufzusuchen. Aber selbst wenn es eine Temperaturanzeige gibt, zeigt sie meist gar nicht die reale Temperatur an. Bei Temperaturen zwischen ca. 75 °C und 107 °C steht der Zeiger immer bei 90 °C, und erst bei stärkeren Abweichungen bewegt er sich. Diese *Plateau-Funktion* soll den unerfahrenen Fahrer beruhigen, damit er nicht von einer ständig schwankenden Anzeige irritiert wird, wie es eigentlich normal wäre. Mit einer nachgerüsteten Temperaturanzeige per OBD II würde man den tatsächlichen Temperaturwert immer genau kennen.
>
> Auch die Geschwindigkeit ist interessant: Ein Tacho muss gesetzlich mehr anzeigen, als real gefahren wird. Die Diagnosedaten liefern aber die tatsächliche Geschwindigkeit ohne Toleranz.

3.6 Unterschiedliche Diagnoseprotokolle

Die Einführung von OBD II sollte vor allem die Kommunikation mit dem Diagnosesystem vereinheitlichen und einfacher gestalten. Durch die vorgeschriebene Diagnosebuchse und die Beschreibung der Servicemodi sowie die Definition der Fehlercodes ist dies auch gut gelungen. Einzig bei den erlaubten Diagnoseprotokollen wurde recht viel Freiraum gelassen. Grund dafür ist der Umstand, dass die Hersteller bei den früheren Diagnoseverfahren verschiedene Protokolle nutzten, eine Umstellung aufwendig gewesen wäre und die einzelnen Protokolle alle ihre eigenen Vor- und Nachteile haben.

Grundsätzlich bezeichnet man als Protokoll die Summe mehrerer Eigenschaften und Verfahrensweisen, wie Daten zwischen zwei Geräten (in diesem Fall zwischen Diagnosetester und Steuergerät) ausgetauscht werden. Für jedes Protokoll wird nach dem ISO/OSI-Schichtenmodell eine Beschreibung mehrerer Schichten (Layer) festgelegt und für jede Schicht definiert, was diese leisten soll. Einzelne Schichten können dann bei verschiedenen Protokollen gleich sein (z. B. die genormte Diagnosebuchse bei OBD II aus Layer 1), andere weichen voneinander ab. Beim OSI-Modell sind es sieben Schichten mit festgelegten Anforderungen, wobei eine untere Schicht der darüberliegenden Dienste zur Verfügung stellt. Die unterste (erste) Schicht ist nah an der Hardware und auf die oberste Schicht greift die Software zu, die der Anwender benutzt.

Tabelle 3.14: ISO/OSI-Schichtenmodell

Schicht		Funktion
7	Anwendungen (Application)	Verschafft den Anwendungen Zugriff auf das Netzwerk
6	Darstellung (Presentation)	Beschreibt u. a. die Darstellung der Daten (z. B. ASCII-Buchstaben) und ggf. Datenkompression und -verschlüsselung
5	Sitzung (Session)	Dienste für den Datenaustausch. Baut die Verbindung auf und beendet sie

Schicht		Funktion
4	Transport (Transport)	Wandelt die Datenpakete um und ordnet sie einer Anwendung zu
3	Vermittlung (Network)	Steuert den Austausch von Datenpaketen zwischen Knoten im Netzwerk
2	Sicherung (Data Link)	Sorgt für eine zuverlässige und funktionierende Verbindung zwischen Endgerät und Übertragungsmedium; enthält Funktionen zur Fehlererkennung, Fehlerbehebung und Datenflusskontrolle
1	Bit-Übertragung (Physical)	Definiert die elektrische, mechanische und funktionale Schnittstelle (z. B. Signalpegel, Steckerform)

Die ISO-Normen greifen diese Einteilung auf und verwenden sie für die einzelnen Teilausgaben zu einer Norm. So gibt es z. B. für die Norm ISO 15031 die Teile 1 bis 7, die *ISO 15031-1, 15031-2* usw. genannt werden. Um Ausgaben zu unterscheiden, die aktualisiert wurden, kann noch das Erscheinungsjahr hinten angestellt werden: z. B. ISO 14230-3:1999.

Einige Protokolle für OBD II sind nicht durch die International Organization for Standardization, sondern durch die Society of Automobile Engineers (SAE) genormt. Deren Werke sind nicht so streng gegliedert und fassen i. d. R. alle Protokollschichten in einem einzigen Werk zusammen. Wenn es mehrere Dokumente zu einer Norm gibt, werden sie durch eine zusätzlich angehängte Nummer (die nicht lückenlos fortlaufend sein muss) gekennzeichnet, wie beispielsweise »SAE J1939-21«. Zu den ältesten Normen für OBD-Protokolle gehören die SAE J1850 und die ISO 9141. Mit ISO 14230 wird das ISO-9141-Protokoll erweitert und vor allem die Kommunikation beschleunigt. Eine verbreitete Bezeichnung für dieses Protokoll ist *KW 2000* oder *KWP 2000* (Keyword Protocol 2000). All diese Protokolle sind gleichermaßen für OBD II erlaubt und bieten auch Zugriff auf die gleichen Funktionen. Unterschiede gibt es lediglich in der Übertragungsgeschwindigkeit. In einem Fahrzeug wird immer nur eines der Protokolle für die Kommunikation mit dem externen Tester benutzt. Es kann aber vorkommen, dass intern die Steuergeräte unterschiedliche Protokolle oder Übertragungsraten benutzen. Seit 2003 wurde auch der Einsatz von CAN für OBD II erlaubt und in der ISO 15031/SAE J1930 (Nutz- und Agrarfahrzeuge) normiert. Seit 2008 darf in neuen Fahrzeugmodellen in den USA ausschließlich nur noch das CAN-Protokoll eingesetzt werden. Das hat den Vorteil, dass die Kommunikation wesentlich beschleunigt wird und viele Probleme beim Verbindungsaufbau zwischen Tester und Fahrzeug der Vergangenheit angehören. Zudem ist der Leistungsumfang bei Diagnose per CAN minimal erweitert und modifiziert worden (siehe Vorwort und 4.9). Wie schon bei der grundlegenden Einführung der Fahrzeugdiagnose ist auch bei der Nutzung der Diagnoseprotokolle zu erwarten, dass die Fahrzeughersteller die für die USA geltende Einführung von CAN auch auf den europäischen Markt übertragen. Hier wird dann ebenso nur noch CAN eingesetzt.

3.6 Unterschiedliche Diagnoseprotokolle

Achten Sie beim Kauf eines OBD-II-Diagnosetesters darauf, dass er alle Protokolle beherrscht. Auch wenn Fahrzeuge, die nicht CAN nutzen, mit der Zeit vom (Gebrauchtwagen-)Markt verschwinden werden, wissen Sie nur selten im Vorfeld, welche Fahrzeuge mit welchen Protokollen Sie diagnostizieren wollen.

3.6.1 SAE J1850

SAE J1850 unterteilt sich in zwei verschiedene Bit-Übertragungsschichten. Es gibt die Pulsweitenmodulation (PWM – Pulse Width Modulation) und die variable Pulsweitenmodulation (VPW – Variable Pulse Width Modulation), die gelegentlich auch *VPWM* genannt wird. Das J1850-Protokoll ist fast ausschließlich bei Herstellern aus dem US-amerikanischen Raum anzutreffen und somit in Europa, bis auf bei Fahrzeugen von Ford, weniger verbreitet. Der Hersteller Ford setzt primär auf PWM. General Motors mit Marken wie Chevrolet, Pontiac, GMC, Cadillac etc. benutzt VPW. Für J1850 sind zwei Datenleitungen vorgesehen, die als *Bus +* und *Bus –* bezeichnet werden, wobei VPW eine Eindrahtverbindung nutzt und lediglich die Leitung Bus + benötigt. Beide Methoden nutzen eine bipolare Bit-Codierung: Die logischen Signalzustände 1 und 0 werden nicht durch verschiedene Signalpegel bei gleicher Bit-Länge dargestellt, sondern durch unterschiedlich lange Bits und abweichende Signalpegel.

Tabelle 3.15: PWM-Signalpegel

Signal	Minimalwert [Volt]	Maximalwert [Volt]
Eingang High	2,80	6,25
Eingang Low	-1,00	2,20
Ausgang High	3,80	5,25
Ausgang Low	0,00	1,20
Masse Offset absolut	0,00	1,00
Versorgung Bustreiber (+) und Busterminator (–)	4,75	5,25

Bei PWM wird das Nutzsignal aus dem Differenzpegel der zwei Datenleitungen gebildet. Das hat den Vorteil einer höheren Unempfindlichkeit gegenüber Störungen.

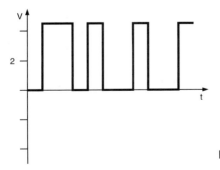

Bild 3.9: PWM-Signal Bus +

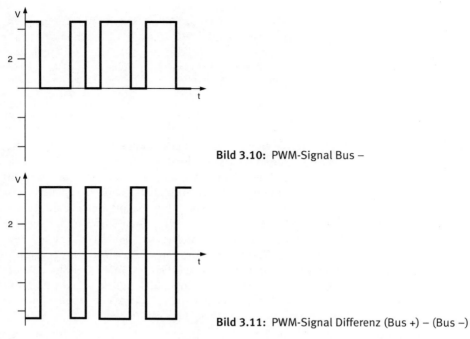

Bild 3.10: PWM-Signal Bus −

Bild 3.11: PWM-Signal Differenz (Bus +) − (Bus −)

Um ein Bit zu übertragen, erfolgt zuerst ein Wechsel von Low zu High. Soll eine logische 1 übertragen werden, bleibt der Signalpegel ein Drittel der Bit-Dauer auf High und wechselt dann für die restliche Bit-Dauer auf Low. Um eine logische 0 zu übertragen, bleibt der High-Pegel für zwei Drittel der Zeit stehen und fällt dann auf Low ab.

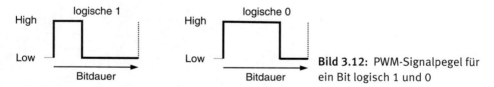

Bild 3.12: PWM-Signalpegel für ein Bit logisch 1 und 0

Die Bitrate für PWM ist mit 41,6 kbit/s vorgegeben, sodass sich eine Bit-Dauer von 24 µs ergibt. Mit dem oben gezeigten Signalpegel wird also die Bitfolge »011« übertragen. Für die Datenübertragung mit variabler Pulsweitenmodulation werden andere Signalpegel benutzt und die Codierung eines Bits ist ebenfalls anders aufgebaut.

Tabelle 3.16: VPW-Signalpegel

Signal	Minimalwert [Volt]	Maximalwert [Volt]
Eingang High	4,25	20,00
Eingang Low	-	3,50
Ausgang High	6,25	8,00
Ausgang Low	0,00	1,50
Masse Offset absolut	0,00	2,00

Bei VPW alterniert der Signalpegel bei jedem Bit. Je nachdem, ob eine logische 1 oder 0 übertragen werden soll, und in Anhängigkeit davon, ob der Signalpegel gerade High oder Low ist, liegt der Signalpegel für eine kurze oder eine lange Zeitspanne an. Die Bit-Dauer ist also variabel.

Tabelle 3.17: VPW-Codierung der Bit-Dauer

Zu übertragendes Daten-Bit	Signalpegel Ist ...	Resultierende Bit-Dauer
0	low	kurz
0	high	lang
1	low	lang
1	high	kurz

Aufgrund der schwankenden Bit-Dauer gibt es keine konstante Übertragungsrate. Es kann lediglich ein Durchschnittswert aufgrund der Wahrscheinlichkeit einer gleichen Verteilung der kurzen und langen Bit-Dauern angegeben werden, der bei 10,4 kbit/s liegt. Eine kurze Bit-Dauer ist mit 49–79 µs (typisch: 64 µs) und eine lange mit 112–145 µs (typisch: 128 µs) definiert. Das Signal in Bild 3.13 repräsentiert die Bit-Folge 01101000011010101111. Dabei ist zu beachten, dass der erste High-Signalpegel, der länger als die anderen Pegel ist, ignoriert werden muss. Er gehört zum Datenformat für SAE J1850 und repräsentiert das Signal *Start of Frame* (SOF).

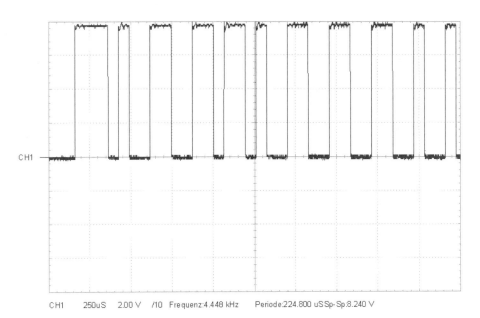

Bild 3.13: Signalverlauf VPW

3.6.2 ISO 9141 und 14230 (KW 2000)

Beide Protokolle gehören in die Gruppe der K-Leitungsprotokolle, da sie die K-Leitung nutzen. Es kann sogar noch zusätzlich die L-Leitung für die Reizung oder die Initialisierung der Datenkommunikation zum Einsatz kommen. Die L-Leitung wird dabei ausschließlich während des Verbindungsaufbaus zwischen Tester und Fahrzeug benötigt: Auf ihr wird (parallel zur K-Leitung) die Adresse des auszulesenden Steuergeräts gesendet. Anschließend verbleibt sie auf High – es werden also keine Daten von der ECU zum Tester über die L-Leitung übertragen. Einige Fahrzeughersteller missbrauchen die L-Leitung aber für eine bidirektionale Kommunikation bei der herstellerspezifischen Diagnose (nicht bei OBD II): Um bei einer hohen Anzahl verbauter Steuergeräte die elektrische Belastung der K-Leitung zu reduzieren, findet die Kommunikation mit einigen Steuergeräten nur über die L-Leitung statt.

Die Signalpegel bei den K-Leitungsprotokollen sind unipolar: Ein positives Signal wird als High bezeichnet und repräsentiert eine logische 1. Ein Low-Signal steht für eine logische 0. Da die Spannungsversorgung im Auto schwankt, sind keine absoluten Signalpegel definiert, sondern relative Pegel in Abhängigkeit von der Fahrzeugspannung.

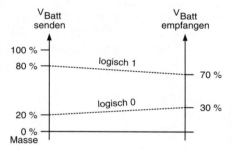

Bild 3.14: Mindestanforderung für Signalpegel beim Senden und Empfangen relativ zur Fahrzeugspannung

Die beiden Protokolle sind vor allem bei europäischen Fahrzeugherstellern im Einsatz, und selbst Opel mit dem amerikanischen Mutterkonzern GM nutzt diese anstatt VPW.

3.6.3 ISO 11898 und ISO 15765 (CAN) sowie SAE J1930

CAN für die Nutzung im Fahrzeug wird allgemein in der ISO 11898 beschrieben. Hier geht es allerdings nur die Technologie für die On-Board-Kommunikation zwischen Steuergeräten im Fahrzeug und nicht um ein Diagnoseprotokoll. Erst mit der ISO 15765 gibt es auch CAN für Diagnosezwecke nach OBD II. Für Nutz- und Agrarfahrzeuge, Anhänger und Anwendungen, die ähnliche Bauteile wie in Fahrzeugen nutzen (z. B. Generatoren oder Bootsmotoren), gibt es zusätzlich die SAE J1939. Beide Normen sind sich relativ ähnlich. Ein auffälliger Unterschied ist die Form des Diagnosesteckers (vgl. Kapitel 3.4).

Bei CAN handelt es sich um ein Zweileitersystem mit Differenzsignal. Die beiden Datenleitungen CAN High und CAN Low sind miteinander verdrillt, um Störsignale zu eliminieren. An beiden Enden des Busses befindet sich je ein Abschlusswiderstand von

120 Ω zur Terminierung. Er verhindert Signalverfälschungen aufgrund von Reflexionen, die sonst an offenen Leitungsenden auftreten können.

> Fehlende Terminierungen sind häufig Ursache für Störungen. Da ein Diagnosetester aber nicht die Bustopologie beeinflusst, sondern lediglich auf den Bus zugeschaltet wird, benötigt er keinen Abschlusswiderstand.

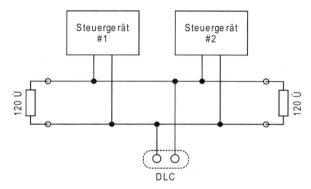

Bild 3.15: CAN-Datenbus mit Abschlusswiderständen und Diagnoseanschluss

Auf den Datenleitungen ist die Spannung entgegengesetzt zueinander: Beträgt die Spannung auf der einen Leitung ca. 1,5 V, liegt auf der anderen Leitung eine Spannung von ca. 3,5 V an und umgekehrt. Auf diese Weise ist die *Summe* der Spannungswerte immer konstant. Elektromagnetische Einflüsse, die auf beide Leitungen gleichzeitig wirken, heben sich auf. Im Ruhezustand liegen beide Leitungen auf dem gleichen Wert: dem Ruhepegel, der bei 2,5 V liegt. Der Ruhepegel wird auch als *rezessiver Zustand* bezeichnet, da er von jedem angeschlossenen Steuergerät geändert werden kann. Im dominanten Zustand steigt die Spannung auf der CAN-High-Leitung um einen voreingestellten Wert (gemäß Norm um mindestens 1 V auf 3,5 V) an. Die Spannung auf der CAN-Low-Leitung fällt um den gleichen Wert ab.

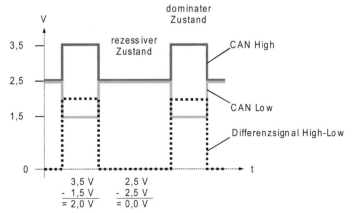

Bild 3.16: Signalpegel am CAN-Datenbus

Für die Diagnose nach SAE J1939 sind folgende Grenzwerte für die Signalpegel vorgegeben, bei denen kein Schaden an den angeschlossenen Geräten auftreten darf:

Tabelle 3.18: CAN-Signalpegel im Nutzfahrzeugbereich nach SAE J1939-11

Nennspannung / Batterie	CAN	Min [V]	Max [V]
12 Volt	Low	-3,0	16,0
	High	-3,0	16,0
24 Volt	Low	-3,0	32,0
	High	-3,0	32,0

Wie auch bei ISO 15765 liegen die rezessiven Signalpegel für das Nutzsignal für beide Leitungen zwischen 2,0 V und 3,0 V, wobei der Normwert 2,5 V beträgt. Auch der dominante Zustand wird gleich dargestellt: CAN High steigt auf 3,5 V, während CAN Low auf 1,5 V fällt.

3.7 OBD-II-gestützte Hauptuntersuchung in Deutschland

Seit Anfang 2010 gibt es die in Deutschland bisher übliche Plakette für die Abgasuntersuchung (AU) nicht mehr. Stattdessen wurde die AU in die Hauptuntersuchung (HU) integriert. Die HU-Plakette dient als alleiniger Nachweis der bestandenen Prüfung. Schrittweise wurde seit 2002 die Abgasuntersuchung modifiziert. Wurde bisher der Abgasstrom mit einer Messsonde im Auspuff überprüft (Endrohrprüfung), entfällt dies bei Neufahrzeugen, die nach dem 1.1.2006 zugelassen sind. Hier wird auf das OBD-II-System zugegriffen, um die Funktion der Abgasreinigungsanlage und die Einhaltung der Grenzwerte zu kontrollieren. Damit trägt man dem Umstand Rechnung, dass ein OBD-System das Fahrzeug bei Gebrauch permanent überwacht und Fehler protokolliert – im Gegensatz zur punktuellen Prüfung alle zwei oder drei Jahre. Für den ambitionierten Fahrzeugbesitzer bietet die neue Prüfform auch einen Vorteil: Bereits vor der kostenpflichtigen Untersuchung kann er selbst sein Fahrzeug checken. Mit einem einfachen OBD-II-Tester können die relevanten Daten ausgelesen und beurteilt werden, sodass es bei der Prüfung zu keinen Überraschungen kommen muss.

Bei der Untersuchung der Umweltverträglichkeit von Kraftfahrzeugen, die mit Fremd- oder Selbstzündungsmotor angetrieben werden, sind die schadstoffrelevanten Bauteile und die Abgasanlage einer Sichtprüfung zu unterziehen. Dazu gehört die Vollständigkeit und Dichtheit der Auspuffanlage, der Tankdeckel inklusive Sicherungseinrichtung gegen Verlust und die Funktionskontrolle der MIL (Aufleuchten bei Einschalten der Zündung). Anschließend findet die Kontrolle der Abgaswerte statt. Dazu wird ein OBD-II-Tester mit dem Fahrzeug verbunden, und der Fehlerspeicher (SID $03) wird ausgelesen. Hier dürfen keine Fehler abgelegt sein. Um sicherzustellen, dass der Fehlerspeicher nicht erst kurz vor der Untersuchung gelöscht wurde, wird ebenfalls der Readinesscode abgefragt. Alle Bits des Codes müssen auf 0 stehen, um anzuzeigen, dass genügend

Fahrstrecke zurückgelegt wurde und den On-Board-Systemen eine Kontrolle auf Fehlerfreiheit möglich war. Für Fahrzeuge mit einer Zulassung ab dem 1.1.2006 ist damit die Untersuchung beendet und bestanden, wenn keine Fehler auftraten.

Für Fahrzeuge die vor 2006 zugelassen wurden, gelten bei Vorhandensein von OBD II andere Prüfabläufe: Hier werden noch tatsächliche Messwerte ermittelt. Zuerst werden wie bei neueren Fahrzeugen der Readinesscode und der Fehlerspeicher ausgelesen. Anschließend werden die Motortemperatur und die Motordrehzahl über OBD II abgefragt, da die folgenden Messungen nur bei betriebswarmem Motor durchzuführen sind. Bei Fahrzeugen mit Ottomotoren mit On-Board-Diagnose muss der Lambda-Wert bei erhöhter Leerlaufdrehzahl zwischen 0,97 und 1,03 liegen. Der vom Hersteller angegebene Wert des Kohlenmonoxidgehalts darf nicht überschritten werden. Während Messungen bei normaler Leerlaufdrehzahl muss nur die Drehzahl eingehalten werden. Die Abgase werden nicht gemessen. Bei Dieselfahrzeugen wird die Leerlauf- und Abregeldrehzahl per OBD und der Trübungswert (k-Wert) des Abgases durch Ruß im Endrohr gemessen. Zuerst werden die Leerlaufdrehzahl sowie die Abregeldrehzahl bei einer Motortemperatur von mindestens 60 °C ermittelt. Anschließend erfolgt eine viermalige Messung der Rauchgastrübung bei freier Beschleunigung. Der gesetzliche Grenzwert liegt bei 2,5 1/m. Bei Fahrzeugen nach Euro4-Norm gilt der verschärfte Grenzwert von 1,5 1/m.

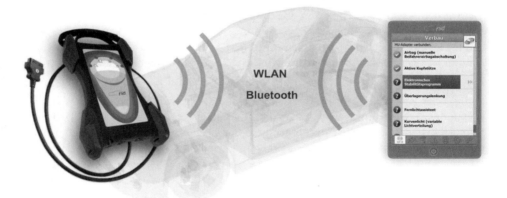

Bild 3.17: Mit dem HU-Adapter21 sollen Sicherheitsfunktionen bei der Hauptuntersuchung geprüft werden (Quelle: FSD Fahrzeugsystemdaten GmbH)

Führten in der Vergangenheit eher mechanische Mängel am Fahrzeug dazu, dass die Hauptuntersuchung nicht bestanden wurde, ist die Fahrzeugmechanik heute technisch ausgereifter, verschleißresistenter und weniger fehleranfällig. Dafür gibt es immer mehr Elektronik im Auto. Elektronische Sicherheits- und Assistenzsysteme werden verbaut und helfen, Unfälle zu vermeiden oder das Verletzungs- und Tötungsrisiko zu senken. Bisher wurden Systeme wie Airbag, ABS und ESR nur rudimentär kontrolliert – meist nur in Form einer einfachen Sichtprüfung. Die Funktionskontrolle beschränkte sich auf das Prüfen, ob die Kontrollleuchte des jeweiligen Systems nach dem Starten des Motors erlischt. Da elektronische Systeme inzwischen ebenso sicherheitsrelevant wie mechanische sind, erfolgt für alle ab dem 1. Juli 2012 neu zugelassenen Fahrzeuge die Prüfung der sicherheitsrelevanten elektronischen Fahrzeugsysteme ab 2013 mittels eines speziellen HU-Adapters. Dieser wird an die Diagnoseschnittstelle des Fahrzeugs angeschlossen und kommuniziert dann über eine drahtlose Verbindung mit einem Laptop oder PDA. Welche Baugruppen in einem Fahrzeug vorhanden sind und wie sie geprüft werden, wird anhand von Systemdaten, die die Fahrzeughersteller an die FSD Fahrzeugsystemdaten GmbH übermitteln müssen, bestimmt. Im Grunde handelt es sich um eine herstellerspezifische Diagnoselösung, denn die Mehrzahl der elektronischen Zusatzsysteme werden nicht von OBD II erfasst. Allerdings können die Fahrzeughersteller natürlich die Daten über das OBD-II-Protokoll und die für sie reservierten Funktionen bereitstellen.

3.8 Grenzen von OBD II

Steuergeräte im Fahrzeug sind im Grunde kleine Computer und untereinander vernetzt. Von außen ist ein Zugriff auf sie über die Diagnoseschnittstelle möglich. Das weckt Begehrlichkeiten, vor allem auch bei der Fraktion der Auto-Tuner. Der Gedanke liegt nah, dass man einfach mit ein paar geheimen Befehlen Zugriff auf die Software in den Steuergeräten bekommt und dann Daten ändern kann. So wäre es z. B. möglich, die Kennfelder zu ändern und mehr Leistung aus einem Motor herauszukitzeln. Üblicherweise wird dies per Chiptuning gemacht: Die Speicherchips mit den Kennfeldern in der ECU werden gegen neu programmierte ausgetauscht. Anstatt mehr Leistung herauszuholen, kann auch das sogenannte Eco-Tuning interessant sein. Hierbei werden die Kennfelder hinsichtlich des Verbrauchs optimiert, sodass bei möglichst gleichbleibender Leistung weniger Treibstoff verbraucht wird und/oder die Abgaswerte reduziert werden.

OBD II bietet allerdings keinerlei Zugriff auf derlei Funktionen, sodass ein OBD-II-Tuning oder eine Manipulation des Kilometerstands etc. nicht möglich ist. Was allerdings möglich sein kann, ist der Zugriff auf die Steuergeräte über die OBD-II-Buchse. Dazu werden dann lediglich die Anschlüsse der Diagnosebuchse verwendet, um mit entsprechender Software auf die Steuergeräte zuzugreifen. Dafür kann der Hersteller zwar auch eines der OBD-II-Protokolle wie CAN oder KW 2000 nutzen – allerdings mit einem anderen, nicht genormten Befehlssatz. Es ist also ausgeschlossen, dass bei regulärem Zugriff per OBD II Schaden an den Steuergeräten entstehen kann. Auch führt die Nutzung der Schnittstelle mit einem konformen OBD-II-Tool nicht zu Garantieverlust oder Ähnlichem.

3.9 Zukünftige Möglichkeiten der Fahrzeugdiagnose

Die sich aus OBD II ergebenden Möglichkeiten sind schon heute interessant und nützen sowohl der Industrie als auch Überwachungsinstitutionen wie dem TÜV, aber auch dem Autofahrer und nicht zuletzt der Umwelt. Eine Weiterentwicklung der Standards, um aktuellen technischen Entwicklungen gerecht zu werden, wird unumgänglich sein und findet auch laufend statt. Derzeit gibt es auch schon einige Überlegungen, wie die On-Bord-Diagnose in der Zukunft noch eingesetzt werden kann. Ein Einsatzgebiet eröffnet sich im Flottenmanagement für Speditionen und Firmen, die mehrere Fahrzeuge betreiben. Um die Fahrer zu einer sparsamen und materialschonenden Fahrweise anzuhalten, können die Daten aus der Motorsteuerung gespeichert und später am Computer ausgewertet werden. So lässt sich erkennen, ob der Fahrer rechtzeitig schaltet und mit einer angepassten Motordrehzahl fährt oder die Motorlast ständig zu hoch ist. Treten Fehler auf, können diese automatisch an eine Leitstelle gefunkt werden, von wo dann ggf. eine Reparatur beauftragt wird. Zusammen mit Daten aus dem Global Positioning System (GPS) kann dann auch ein elektronisches Fahrtenbuch geführt werden. Natürlich sind dabei datenschutzrechtliche Aspekte besonders zu berücksichtigen.

Eine andere Idee beschäftigt sich mit der fernüberwachten Fahrzeugkontrolle (Remote OBD). Anstatt das Fahrzeug in regelmäßigen, aber seltenen Intervallen nur bei der Abgasuntersuchung (oder Hauptuntersuchung) zu prüfen, soll es permanent mittels OBD überwacht werden. Dazu wird es dauerhaft mit einem Diagnosetester ausgestattet. Sobald dieser eine Fehlfunktion registriert, meldet er per Funk (z. B. über das Mobilfunknetz) die Fahrzeugdaten und den Fehler an eine Zentrale. Von dort aus wird dann der Fahrer informiert und aufgefordert, den Schaden zu beheben. Derartige Szenarien sind bisher kaum über das Stadium der Idee hinausgekommen. Problematisch an dem Konzept sind sowohl datenschutzrechtliche Aspekte als auch Überlegungen, wie das System gegen Manipulationen abgesichert werden kann, um die Korrektheit der Daten zu gewährleisten. Vor allem der zweite Punkt ist noch nicht hinreichend geklärt. Eine Arbeitsgruppe zu diesem Thema[2] führt einige Möglichkeiten auf, wie das System umgangen werden kann, sodass auch ein Fahrzeug mit Fehlern als technisch in Ordnung durchgeht:

- (Permanentes) Rücksetzen des Readinesscodes und Löschen des Fehlerspeichers
- Erzeugen eines fehlerfreien Testresultats, z. B. durch Umstecken des Testgeräts in ein fehlerfreies Fahrzeug
- Umprogrammierung der Software in der ECU
- Emulation einer Kommunikation mit einem Simulator oder einem Gerät, das zwischen ECU und Tester eingesetzt wird (Man-in-the-middle-Angriff)

Zwar nennt das Dokument auch Techniken, wie die Betrugsmethoden erkannt werden können, doch darf angezweifelt werden, ob diese ausreichen. Werkstätten muss es schließlich weiterhin möglich sein, die Diagnoseschnittstelle uneingeschränkt zu nutzen.

3.9.1 UDS und ODX

Bisher ging jeder Fahrzeughersteller bei der Umsetzung eines Diagnoseprotokolls für die nicht-genormte Anwendung mehr oder weniger eigene Wege. Durch die Entwicklung, Implementierung, Dokumentation und Pflege entstehen hohe Kosten. Ein Grund für die vielen Insellösungen war die Abschottung gegenüber Mitbewerbern und freien Werkstätten. Der Fahrzeughersteller konnte bestimmen, wer welche Informationen bekam,

---

[2] Recommended Guidance for Remote OBD I/M Programs, September 2010, http://www.obdclearinghouse.com/index.php?body=get_file&id=1466

und durch die Vorenthaltung selbiger konnten freie Diagnose-Tool-Entwickler teilweise daran gehindert werden, eigene Lösungen zu entwickeln und anzubieten. Dadurch war es für freie Werkstätten mitunter nicht möglich (oder finanziell äußerst unattraktiv), Zugriff auf die Fahrzeugdiagnosemöglichkeiten zu bekommen. Aber auch Mitbewerber hatten es so schwerer, sich das Wissen anderer Firmen anzueignen und beispielsweise komplexe Kennfelder zu analysieren. Eine veränderte Gesetzgebung sieht aber inzwischen vor, dass jedem Interessierten bei angemessenen Kosten der Zugang zu allen Serviceinformationen zu gewähren ist.

Die ISO 14299 standarisiert erstmals ein Kommunikationsprotokoll, das es erlaubt, alle in einem Fahrzeug verbauten Steuergeräte zu kontaktieren und zu warten: Unified Diagnostic Services (UDS). Mit UDS wird aber nur eine Anwendungsschicht (Layer 7) beschrieben. Das Transportprotokoll kann weiterhin frei gewählt werden. Hier bietet sich allerdings CAN an, da es alle Anforderungen an Geschwindigkeit und Verfügbarkeit erfüllt und heute ohnehin am meisten im Fahrzeug anzutreffen ist. UDS kennt verschiedene Dienste, mit denen auf die verschiedenen Funktionen oder Bereiche eines Steuergeräts zugegriffen werden kann. Mit diesen Diensten können dann beispielsweise Fehler ausgelesen oder Messwerte abgefragt werden. Es ist aber auch möglich, den Speicher auszulesen, neu zu beschreiben oder die gesamte Software im Steuergerät herunter- oder hochzuladen.

Damit die Daten, die vom Tester empfangen werden, in von Menschen lesbare Werte übersetzt werden können, wird eine Beschreibungssprache benötigt. Im Rahmen eines standardisierten Datenaustauschs wurde hierzu der ODX(Open Diagnostic Data Exchange)-Standard entwickelt und inzwischen als internationale Norm ISO 22901 veröffentlicht. ODX verwendet für die Beschreibung der Diagnosedaten XML, ein vom W3C standardisiertes Format für strukturierte Informationen. Im ODX-Datenmodell sind fünf wesentliche Informationen (Kategorien) für jedes Steuergerät vorgesehen:

- Fahrzeugspezifikationen wie FIN, Konfigurationsinformationen und Art der Netzwerktopologie
- Beschreibung der Layer 1–7 (Busparameter wie z. B. die Baudrate)
- Beschreibung der Diagnosedienste (welche Daten sind über welche Adresse verfügbar und wie wird der Wert berechnet?)
- Informationen über die Programmierung des Flash-Speichers
- Beschreibung der Diagnosedienste, die nicht nur dieses Steuergerät betreffen, sondern für mehrere benötigt werden

Mit UDS und dem ODX-Datenmodell eröffnen sich neue Möglichkeiten für die Fahrzeugdiagnose. Die bisherigen Probleme können der Vergangenheit angehören. Sobald die Konzepte bei allen Fahrzeugen umgesetzt sind, dürften Diagnosegeräte, die eine komplette Abdeckung aller Fahrzeuge anbieten, auch für Privatanwender erschwinglich werden. Das zeitaufwendige Analysieren und Reengineering der herstellerspezifischen Diagnoselösungen entfällt hier nämlich. Bis es allerdings so weit ist, wird noch einige Zeit vergehen, und OBD II wird die einzige einheitliche Möglichkeit bleiben, wenigstens auf die meisten Daten des Motorsteuergeräts zuzugreifen.

4 Die OBD-II-Servicemodi

Die Diagnosefunktionen, die per OBD II verfügbar sind, legt das Dokument SAE J1979 oder dessen europäisches Äquivalent ISO 15031-5 fest. Je nach Diagnoseprotokoll gibt es neun oder zehn sogenannte Services. Mit der Revision von Mai 2007 wurde in die SAE-Norm ein zehnter Service aufgenommen, der allerdings nur für neue Fahrzeuge mit CAN-Protokoll vorgesehen ist. Ein Steuergerät muss allerdings bei Weitem nicht alle Servicemodi unterstützen und kann auch bei jedem nur einen Teilbereich abdecken. Zusätzlich zu den in den Normen geregelten Diagnosemöglichkeiten kann jeder Fahrzeughersteller weitere Fähigkeiten implementieren. Zum Teil sind dazu innerhalb der genormten Servicemodi Erweiterungen vorgesehen. Es können auch eigene Services vorhanden sein, die allerdings nicht öffentlich dokumentiert und genormt sind. Die Definitionen sind fortlaufend mit hexadezimalen Zahlen durchnummeriert und werden als SID (Service Identifier) bezeichnet. Durch das Voranstellen eines Dollarzeichens vor die Nummer wird die Abweichung vom dezimalen Zahlensystem verdeutlicht.

> In diesem Buch werden dezimale Zahlen ohne weitere Kennung angegeben. Lediglich wenn es darauf ankommt zu verdeutlichen, dass es sich um eine dezimale Zahl handelt, wird dem Wert ein »d« nachgestellt. Hexadezimale Zahlen werden mit einem nachgestellten »h« gekennzeichnet. In den Normen werden hexadezimale Zahlen mit einem »$« am Anfang gekennzeichnet. Diese Schreibweise wird übernommen, wenn es sich um Zahlen handelt, die so auch in der Norm genannt werden (beispielsweise für die Nummerierung der Service Identifier).

Wenn Sie ein Diagnoseprogramm oder ein Handgerät benutzen, das Ihnen alle Werte bereits aufbereitet präsentiert, müssen Sie nicht tiefer in die verschiedenen Servicemodi eintauchen. Sie werden dann nicht mit der Berechnung der Werte etc. konfrontiert. Möchten Sie aber selbst eine Diagnoseanwendung entwickeln (z. B. durch Einsatz eines Protokoll-Interpreterchips), benötigen Sie die folgenden Ausführungen.

> In den Normen wird immer wieder der Begriff der *Bank* benutzt. Damit ist die Zylinderbank gemeint, die – je nach Bauweise des Motors – mehrmals vorhanden sein kann. Laut SAE J1979 wird der Zylinder eines Motors, der sich am weitesten vom Schwungrad (an der Kurbelwelle) entfernt befindet, als erster Zylinder bezeichnet. Es handelt sich also um den Zylinder, der von der Kraftabgabeseite (Kupplung/Getriebe) am weitesten entfernt ist. (Zylinder-)Bank 1 ist dann die Bank, die den ersten Zylinder beinhaltet.

4.1 SID $01: Diagnosedaten

Über diesen SID können die meisten Messwerte ausgelesen werden, die das Steuergerät bereitstellt. Die Daten sind in Echtzeit verfügbar und können je nach Geschwindigkeit des jeweiligen Diagnoseprotokolls etwa einmal bis mehrmals pro Sekunde ausgelesen werden. Die einzelnen Datentypen werden als *Parameter Identifier* (PID) bezeichnet. Die meisten Steuergeräte bieten Zugriff auf nur eine Teilmenge der möglichen PIDs. PID $00 muss aber eine Antwort liefern – zum einen, damit der Tester ermitteln kann, welche weiteren PIDs verfügbar sind, und zum anderen, weil die Abfrage von PID $00 als universelle Keep-alive-Nachricht definiert ist. Das bedeutet, dass das Diagnosegerät in regelmäßigen Abständen diesen PID abfragt, um die Datenverbindung zum Steuergerät aufrecht zu halten, wenn sonst keine weitere Kommunikation stattfinden würde. Die Übersicht im Anhang listet alle definierten Parameter Identifier und deren Funktionswerte auf. Zusätzlich ist dort die von der Norm vorgeschlagene Abkürzung für den Wert angegeben. Dieser kann beispielsweise vom Diagnose-Tool benutzt werden, um bei internationalem Einsatzfeld sicherzustellen, dass jeder Techniker den angezeigten Sensorwert eindeutig zuordnen kann.

4.1.1 Abfrage der verfügbaren Parameter Identifier

Da jede ECU nur einen Teil der möglichen Daten liefert, kann das Testgerät abfragen, welche Werte verfügbar sind. Dazu dienen die PIDs $00, $20 , $40, $60 usw. Wird eines dieser PIDs vom Tester abgefragt, erhält man als Antwort vier Daten-Bytes, die über die jeweils 32 folgenden PIDs aussagen, ob sie unterstützt werden oder nicht. Das zuerst gesendete Byte A ist das hochwertigste Byte bis hin zum letzten, niederwertigsten Byte D. Die einzelnen acht Bits der vier Bytes besagen dann, welche weiteren PIDs unterstützt werden, also abgefragt werden können. Eine 1 (logisch High) besagt, dass der entsprechende PID verfügbar ist, wobei die Bits etwas unkonventionell von links nach rechts, also vom hochwertigsten (HSB) zum niederwertigsten (LSB), zu lesen sind.

Das folgende Beispiel verdeutlicht die Auswertung der vier Bytes einer exemplarischen fiktiven Antwort:

Tabelle 4.1: Antwort mit den verfügbaren PIDs 1–32

Byte	A (1. Byte)							B							
Hex	98							AC							
Bin	1	0	0	1	1	0	0	0	1	0	1	0	1	1	0	0
Nr.	1	2	3	4	5	6	7	8	9	10	11	12	13	14	15	16

Byte	C							D							
Hex	81							21							
Bin	1	0	0	0	0	0	0	1	0	0	1	0	0	0	0	1
Nr.	17	18	19	20	21	22	23	24	25	26	27	28	29	30	31	32

Die zweite Zeile stellt die Antwort in hexadezimaler Zahlenschreibweise dar, die dritte Zeile als Binärwerte. Von links nach rechts gelesen, ergibt sich, dass diese ECU die PIDs 1, 4, 5, 9, 11, 13, 14, 17, 24, 27 und 32 unterstützt.

Da im 32. Bit eine »1« steht, bedeutet das, dass die ECU auch noch weitere PIDs beherrscht. Um die nächsten 32 vorhandenen PIDs zu ermitteln, ist deshalb eine Abfrage des 33. PIDs notwendig. Da die Zählung der PIDs bei 0 beginnt, handelt es sich um den PID mit der Nummer 32 bzw. 20h ($20). Anders ausgedrückt: Die Antwort auf PID $00 besagt, dass (auch) PID $20 unterstützt wird (einen Wert liefert). Die Antwort von PID $20 ist dann die Aussage, welche weiteren 32 PIDs im Bereich von 21h bis 40h unterstützt werden. Die Auswertung erfolgt analog zu PID $00.

4.1.2 Berechnung von Diagnosedatenwerten

Wenn der Tester einen beliebigen (von der ECU unterstützten) PID abfragt, bekommt er bis PID 63h bis zu vier Bytes als Antwort. Aus wie vielen Bytes die Antwort besteht, ist in den Normen vorgegeben und zeigt die Tabelle im Anhang. Die Tabelle gibt auch darüber Auskunft, ob aus den Daten ein Sensormesswert berechnet werden kann oder ob die Bits in einem Byte direkt eine Bedeutung haben.

PID $1C liefert beispielsweise ein einzelnes Antwort-Byte mit einer Byte-codierten Bedeutung. Der Zahlenwert der Antwort sagt direkt aus, welchen OBD-Standard das Steuergerät beherrscht.

Anders sieht es aus, wenn sich hinter den Bytes ein physikalischer Wert verbirgt. In einem solchen Fall besteht die Antwort aus einem oder zwei Bytes und muss erst über eine Formel in einen Messwert umgerechnet werden. Damit die Messwerte entsprechend dem auftretenden Wertebereich skaliert werden können, sind für jeden PID in der Tabelle im Anhang ein Minimal- und ein Maximalwert sowie die Maßeinheit angegeben. Besteht die Antwort aus nur einem Byte (z. B. bei der Fahrzeuggeschwindigkeit PID $0D), kann der Zahlenwert des Bytes direkt für die folgende Formel genutzt werden.

$$Messwert = \frac{Bytewert}{2^{Anzahl\ der\ Bits} - 1} \times (Maximalwert - Minimalwert) + Minimalwert$$

Die Anzahl der Bits dieser Antwort ist dann entsprechend mit 8 anzusetzen. Bei einer Antwort mit zwei Bytes wird das erste Byte (Byte A) mit 256 multipliziert und dazu dann das zweite Byte (B) addiert. Wenn man beide Byte-Werte in hexadezimaler Schreibweise nacheinander schreibt, ist das gleichbedeutend. Die Motordrehzahl (PID $0C) liefert zwei Bytes, von denen exemplarisch Byte A den Wert 36 (24h) und Byte B den Wert 165 (A5h) haben soll. Der Byte-Wert für diese Antwort ergibt sich dann durch die Rechnung 36 x 256 + 165 = 9.381, was 24A5h (beide Bytes hexadezimal hintereinander geschrieben) entspricht. Da die Antwort aus zwei Bytes besteht, ist die Bit-Anzahl entsprechend 16.

Wenn Sie zwischen den verschiedenen Zahlensystemen umrechnen wollen, hilft Ihnen der Taschenrechner von Windows, den Sie über *Start/Zubehör/Rechner* aufrufen können. Wenn Sie im Menü *Ansicht* die Option *Programmierer* aktivieren (unter Windows XP *Ansicht/Wissenschaftlich*), können Sie zwischen den verschiedenen Zahlensystemen umschalten. Zusätzlich wird die aktuelle Zahl noch binär angezeigt, und Sie können die einzelnen Bits durch Anklicken umschalten.

Bild 4.1: Windows Rechner

Die Tabelle im Anhang gibt als kleinsten Wert für die Drehzahl (gemessen in Umdrehungen pro Minute) 0 und als größten 16.383,75 an. Mit diesen Zahlen kann jetzt nach der universellen Formel gerechnet und eine Motordrehzahl von 2.345 upm ermittelt werden.

$$\frac{9.381}{2^{16}-1} \times (16.383,75 - 0) + 0 = 2.345,25$$

4.1.3 Mehrdeutige Auslegung der Norm

Bei einigen PIDs sind die Normen leider nicht präzise, sodass es zu mehrdeutigen Auslegungen bei den Begriffen kommt. Das liegt entweder daran, dass ein Begriff für verschiedene Bauteile benutzt wird oder daran, dass einfach nicht genau angegeben wurde, welche Messgröße gemeint ist.

Zwei der auffälligsten Vertreter sind die Kühlmitteltemperatur und die *Throttle*-Position.

PID $05 liefert im englischen Original allgemein die *Engine Coolant Temperature*. Dabei kann es sich entweder um die Temperatur des Kühlwassers oder die des Motoröls handeln, das schließlich auch zur Kühlung beiträgt. Die Normen erlauben sogar ausdrücklich, dass (vor allem bei Dieselfahrzeugen) die Öltemperatur geliefert wird. Hier ist ggf. gar kein Sensor für die Wassertemperatur vorhanden und die Kühlwassertemperatur wird ohnehin von den Werten der Öltemperatur abgeleitet. Welche Temperatur ein

Fahrzeug liefert, kann nicht über OBD II ermittelt werden. Hier hilft nur ein Blick in die Konstruktionsunterlagen oder eine Analyse des Temperaturverlaufs bei Kaltstart. Erst die Einführung von PID $5C bietet die Möglichkeit, tatsächlich gezielt die Öltemperatur auszulesen (wenn vom Steuergerät unterstützt).

Bild 4.2: Drosselklappe mit induktivem Messgeber für die Rückmeldung der Stellung (Bild: Hella)

Bei PID $11 (Absolute Throttle Position) führt der englische Begriff zu Zweideutigkeiten, da »Throttle« sowohl Drosselklappe als auch Gaspedal bedeuten kann. Die Ausführungen zu dem PID in der Norm lassen klar erkennen, dass die Drosselklappe gemeint sein muss, da von »offen« und »geschlossen« die Rede ist. Die Praxis zeigt aber, dass die Hersteller der Steuergeräte das nicht genauso auslegen und teilweise auch die Stellung des Gaspedals liefern, für die eigentlich PID $48 vorgesehen ist.

4.1.4 Neu eingeführte PIDs

Mit der Veröffentlichung der SAE J1979-2007 wurden neue Parameter Identifier eingeführt, die von der bisherigen Struktur abweichen. Zum einen bestehen die Antworten der PIDs ab Nummer $64 nun aus bis zu 21 Bytes anstatt den bisher üblichen maximal vier (wobei sich an der Auswertung der Bytes nichts ändert), zum anderen wird in Byte A ab PID $65 jetzt immer bitcodiert signalisiert, ob das Steuergerät die einzelnen Daten, die in einem PID zusammengefasst wurden, auch zur Verfügung stellt. Anstatt pro PID nur einen einzelnen Messwert eines Sensors auszugeben, kann ein einzelner PID nun eine ganze Reihe von Messwerten bieten. Es kann aber sein, dass vom Steuergerät zwar der PID an sich unterstützt wird, aber nicht alle der möglichen Werte. Am Beispiel von PID $67 wird eine exemplarische Antwort aufgeschlüsselt:

Tabelle 4.2: Antwort-Bytes für PID 67h

Byte A								Byte B	Byte C
02h								00h	75h
0	0	0	0	0	0	1	0		

Da nur Bit 1 von Byte A gesetzt (logisch 1) ist, wird nur der Motorkühlmitteltemperaturgeber Nummer 2 unterstützt. Wo dieser im Fahrzeug sitzt, ist dem Reparaturhandbuch des einzelnen Fahrzeugmodells zu entnehmen. Anhand der angegebenen Minimal- und Maximalwerte (-40 °C und +215 °C) kann mit der bereits gezeigten Formel der Temperaturwert von 77 °C berechnet werden:

$$\frac{117}{2^8-1} \times (215-(-40)) + (-40) = 77$$

Bei dieser Erweiterung sind einige Daten doppelt definiert. So kann über PID $05 aber auch über PID $67 die Kühlmitteltemperatur abgefragt werden. Die Norm sieht eigentlich vor, dass die Fahrzeughersteller sich darauf beschränken sollen, nur einen der beiden PIDs zu implementieren. Sie weist aber auch darauf hin, dass es sein kann, dass Diagnosegeräte (noch) nicht in der Lage sein können, die neu hinzugekommenen PIDs auszuwerten. Es kann deshalb sinnvoll sein, wenn beide PIDs vom Steuergerät unterstützt werden.

4.2 SID $02: Freeze-Frame-Daten

Für den Techniker in der Werkstatt kann es hilfreich sein, wenn er nicht nur den reinen Fehlercode kennt, sondern auch die Umgebungsbedingungen zu dem Zeitpunkt, zu dem der Fehler vom System erkannt wurde. Meist kann der Fahrzeugführer nicht sagen kann, unter welchen Bedingungen es zum Fehler kam. Wenn der Fehler dann in der Werkstatt erst durch aufwendige Probefahrten reproduziert werden muss, kostet das Zeit und Geld. Aus diesem Grund bietet OBD II die Möglichkeit, weitere Sensorwerte in dem Moment abzuspeichern, in dem ein gravierender abgasrelevanter Fehler auftritt und die MIL eingeschaltet wird. Der Datensatz mit den Messwerten wird als *Freeze Frame* bezeichnet. Theoretisch kann es bis zu 256 solcher Freeze Frames geben. Allerdings ist für OBD II nur das erste Frame (Adresse 00h) verbindlich vorgesehen – die anderen Frames kann der Hersteller für eigene Diagnosedaten nutzen.

Bevor der eigentliche Frame mit den Umgebungsdaten ausgelesen wird, sollte überprüft werden, ob überhaupt ein Freeze Frame abgespeichert wurde. Dazu wird über den Service $01 (Diagnosedaten auslesen) überprüft, ob die MIL eingeschaltet ist. Diese Information liefert der PID $01 (Readinesscode und Status MIL). Leuchtet die MIL, liefert PID $02 des Service $01 die nächste relevante Information: den Fehlercode zum Fehler, der dafür sorgte, dass das Freeze Frame gespeichert wurde. Der gleiche Fehlercode wird auch geliefert, wenn über Service $03 (Fehlercodes auslesen) sämtliche vorhandenen Fehler ausgelesen werden. Zu denen gehört der eine, der die Speicherung des Freeze Frames verantwortet, nun mal auch. Allerdings liefert SID $03 eventuell noch weitere Fehlercodes, die nichts mit dem Freeze Frame zu tun haben – entweder weil sie nicht gravierend genug sind, um die MIL aufleuchten zu lassen und das Abspeichern eines Freeze Frames zu verursachen, oder weil sie erst auftraten, nachdem die MIL bereits leuchtete und der eine verfügbare Freeze Frame für OBD II bereits belegt war.

Anschließend kann das Freeze Frame per SID $02 ausgelesen werden. Es handelt sich dabei um genau die gleichen Daten, wie sie auch mit dem SID $01 (Diagnosedaten) ausgelesen werden können – nur dass die Werte statisch sind. Die Herangehensweise zum

Auslesen bei SID $02 ähnelt deshalb auch der bei SID $01: Die verfügbaren Daten werden über Parameter Identifier (PIDs) angesprochen. Der Aufbau und die Auswertung hierbei sind identisch zu den PIDs von SID $01 (siehe Anhang). Es muss lediglich bei der Abfrage noch zusätzlich das Freeze Frame (0 bis 255) angegeben werden, aus dem man Daten auslesen will (stets 0 im Fall von OBD II).

Das folgende Beispiel zeigt, wie aus Frame Nr. 0 das PID $00 ausgelesen wird.

Tabelle 4.3: Abfrage der vorhandenen PIDs in Freeze Frame Nr. 0

SID $02: Freeze Frame Daten auslesen	PID, das ausgelesen werden soll (liefere die unterstützten PIDs 0 bis 32)	Welches Freeze Frame (00 bei OBD II)
02h	00h	00h

Die Antwort besteht aus vier Bytes (gem. den Ausführungen zum PID im Anhang) und liefert eine Aussage darüber, welche der ersten 32 PIDs im Freeze Frame vorhanden sind.

Um sicherzustellen, dass es sich bei dem Frame (hier Nr. 0) um den handelt, der zu dem Fehlercode gehört, den das System veranlasste, die MIL einzuschalten und der in PID $02 des SID $01 abgelegt ist, kann man PID $02 des Freeze Frames auslesen: Dieser Identifier liefert wieder den Fehlercode, der für das Schreiben dieses Frames verantwortlich zeichnet:

Tabelle 4.4: Abfrage des Fehlercodes, der zum Speichern von Freeze Frame Nr. 0 führte

SID $02: Freeze Frame Daten auslesen	PID, das ausgelesen werden soll (Fehlercode, der zum Schreiben dieses Frames führte)	Welches Freeze Frame (00 bei OBD II)
02h	02h	00h

Anschließend können alle weiteren verfügbaren PIDs des Frames beliebig ausgelesen werden. Je nach PID werden die entsprechenden Antwort-Bytes geliefert, die, genau wie in Kapitel 4.1.2 gezeigt, ausgewertet werden.

4.3 SID $03: Fehlercodes auslesen

Mit OBD II werden primär abgasrelevante Bauteile überwacht und nur Fehler gespeichert, die mittel- oder unmittelbar negativen Einfluss auf die Abgaswerte haben (können) und so die Umwelt belasten. Für den Fahrer mag es zwar bedeutender sein, wenn sein Bremssystem ausfällt, aber da die Abgase sich nicht verschlechtern, wenn er deswegen einen Unfall hat, ist dieser Fehler nicht Teil von OBD II. Das OBD-II-Diagnosesystem kennt diesen Fehler nicht und kann ihn nicht bereitstellen. Ein leerer OBD-II-Fehlerspeicher bedeutet noch lange nicht, dass nicht andere (gravierende) Fehler vorhanden sind, die vielleicht mit einem Werkstatttester des Fahrzeugherstellers ausgelesen werden könnten.

Mit dem Service Identifier $03 werden alle derzeit gespeicherten dauerhaften Fehler ausgelesen. Es gibt keine Möglichkeit, nur eine bestimmte Zahl von Fehlern abzufragen oder zu ermitteln, wann ein Fehler aufgetreten ist. Nur wenn ein Fehler so gravierend war, dass er zum Speichern eines Freeze Frames führte, kann es sein, dass in diesem Freeze Frame die Zeit seit Motorstart o. Ä. festgehalten wurde – sofern das vom Steuergerät unterstützt wird.

Die Aufforderung zum Senden aller Fehlercodes erfolgt durch einfaches Senden einer Anforderungsbotschaft für SID $03 ohne weitere Parameter. Das Steuergerät sendet dann einen Antwortblock mit bis zu drei DTCs, aufgeteilt in je zwei Bytes. Das erste Byte (Byte A) wird mit 256 multipliziert und das zweite Byte (B) hinzuaddiert. Wenn man beide Byte-Werte in hexadezimaler Schreibweise nacheinander schreibt, ist das gleichbedeutend.

Tabelle 4.5: Antwort mit gespeicherten Fehlercodes

	1. DTC		2. DTC		3. DTC	
Byte	A	B	A	B	A	B
Hex	15	42	C4	28	00	00
Codierter DTC	1542h		C428h		0000h	

Das Beispiel zeigt eine Antwort, bei der zwei Fehlercodes vorhanden sind. Da es keinen dritten Fehler gibt, sind die beiden Bytes für den dritten DTC gleich Null. Der mit 16 Bit hexadezimal codierte Fehlercode muss noch (wie in Kapitel 3.3 gezeigt) in die fünfstellige alphanumerische Darstellung decodiert werden. In dem Beispielfall handelt es sich um die Fehler P1542 und U0428. Sind mehr Fehler vorhanden, als mit einem Datenblock darstellbar, sendet das Steuergerät ohne weitere Anforderung so lange Antwortblöcke mit je sechs Daten-Bytes, bis alle Fehlercodes ausgelesen sind. Sind gar keine Fehler vorhanden, ist das Steuergerät bei den Protokollen SAE J1850 und ISO 9141 nicht verpflichtet, überhaupt eine Antwort zu liefern. Sie kann aber, wie es bei ISO 14230 vorgeschrieben ist, einen Antwortblock mit sechs Bytes à 00h senden. Durch das Auslesen der Fehlercodes wird der Speicher nicht verändert.

4.4   SID $04: Fehlercode löschen

Nach erfolgter Reparatur können die gespeicherten Fehlercodes – sowohl die permanenten (SID $03) als auch die temporären (SID $07) – gelöscht werden. Aus Sicherheitsgründen und unter Aspekten des technischen Designs kann es sein, dass ein Steuergerät das Löschen der Fehlerspeicher nicht zu jedem Zeitpunkt erlaubt (z. B. während der Motor läuft). Es ist nicht möglich, nur einen bestimmten Fehler zu löschen, sondern es wird der gesamte Fehlerspeicher mit einem Mal geleert. Lediglich die Fehler, die in SID $0A abgelegt sind, werden niemals gelöscht. Davon abgesehen werden noch andere Speicher gelöscht, die indirekt mit dem Fehlerspeicher korrelieren.

Tabelle 4.6: Vom Löschen des Fehlerspeichers betroffene Daten

Speichertyp	Wird ausgelesen über ...	
	SID (Hex)	PID (Hex)
Anzahl DTCs	01	01
Permanente Fehlercodes	03	
Freeze Frame	02	
Testwerte Lambdasonde	05	
On-board-Überwachung	06	
Temporäre Fehlercodes	07	
Status der MIL	01	01
Readinesscode	01	01
Fahrtstrecke seit Aufleuchten der MIL	01	21
Anzahl Warmlaufzyklen seit Löschen der DTCs	01	30
Fahrtstrecke seit Löschen der DTCs	01	31
Bits zum Status der Überwachungssysteme	01	41
Zeit des Motorbetriebs seit MIL an	01	4D
Betriebsdauer seit Löschen der DTCs	01	4E
Anzahl der Fehlzündungen	06	TID $0B

Ausgelöst wird der Löschvorgang durch das Senden des Service Identifier $04 ohne zusätzliche Parameter. Es ist hier Aufgabe des Diagnosetesters, den Anwender explizit zu fragen, ob die Fehlercodes tatsächlich gelöscht werden sollen.

4.5 SID $05: Testwerte Lambdasonde

> Für das Diagnoseprotokoll nach ISO 15765-4 (CAN) ist dieser Service nicht definiert. Stattdessen wurde die Funktionalität von SID $05 in SID $06 integriert.

In der Motorentechnik ist man stets bestrebt, Kraftstoff und Luft im sogenannten stöchiometrischen Verhältnis zueinander zu verbrennen. Es handelt sich dann um eine vollständige Verbrennung des Treibstoffs, bei der Sauerstoff weder fehlt noch zu viel übrig bleibt. Um 1 kg Superbenzin 95 ROZ vollständig zu verbrennen, werden 14,7 kg Luft benötigt. Das Formelzeichen für das Verbrennungsverhältnis ist Lambda (λ). Idealerweise ist die Motorsteuerung bestrebt, einen Wert von $\lambda = 1$ anzusteuern, da bei der stöchiometrischen Verbrennung am wenigstens Schadstoffe entstehen. Je nach Fahrsituation kann es aber notwendig oder unumgänglich sein, mehr oder weniger Sauerstoff als für die Verbrennung notwendig zur Verfügung zu stellen.

Tabelle 4.7: Verhältnis von Kraftstoff und Sauerstoff

Situation	Verhältnis	Gemisch	λ
Teillast (geringe Leistung, ebene Strecke)	Luftüberschuss	mager	> 1
Volllast (Beschleunigung, Höchstleistung)	Luftmangel	fett	< 1
Kaltstart	Luftmangel	fett	< 1

4.5.1 Aufgabe der Lambdasonde

Damit das Motorsteuergerät messen kann, wie die Verbrennung gerade abläuft, gibt es im Abgasstrom eine Lambdasonde (wird im Englischen als *O2-Sensor* bezeichnet), die den Restsauerstoffgehalt in den Abgasen misst. Anhand der gelieferten Spannung der Lambdasonde kann das Steuergerät je nach Fahrsituation das Gemisch nachregeln, bis der gewünschte Lambdawert erreicht ist. An einer intakten Lambdasonde kann eine Spannung im Bereich von 0,1–0,9 Volt gemessen werden.

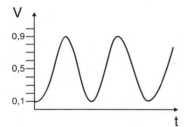

Bild 4.3: Signalverlauf an der Lambdasonde

Bei Benzinmotoren muss sich der Wert für λ im Bereich von 0,6–1,6 bewegen, da ansonsten eine regelmäßige Verbrennung nicht gewährleistet ist und es zu Aussetzern bei der Verbrennung kommt. Dieselmotoren arbeiten i. d. R. hingegen mit einem Luftüberschuss (mageres Gemisch) bei dem sich λ im Bereich von 1,3–6 bewegt. Da bei kaltem Motor die Temperatur der Lambdasonde noch weit unter den optimalen 300 °C liegt, arbeitet die Sonde und damit die Gemischregelung bei Kaltstart nicht oder nur sehr träge. Deshalb sind fast alle neueren Sonden mit einem elektrischen Heizelement ausgestattet, das die Sonde bereits kurz nach dem Motorstart auf die erforderliche Temperatur bringt. Dadurch ist es möglich, bereits in der Warmlaufphase des Motors einen emissionsoptimierten Betrieb zu gewährleisten.

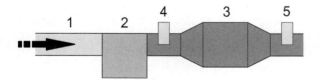

Bild 4.4: Katalysator mit zwei Lambdasonden 1 = Ansaugluft, 2 = Motor, 3 = Katalysator, 4 = Erste Lambdasonde, 5 = Zweite Lambdasonde

Da selbst bei einer optimalen Verbrennung noch Schadstoffe ausgestoßen werden, verfügt heute jedes neue Fahrzeug über einen Katalysator. Für die optimale Wirkung bei der Abgasreinigung und eine maximale Lebensdauer ist es wichtig, dass sich der Lambdawert für Benzinmotoren in einem engen Bereich von 0,97–1,03 bewegt. Das ist selbstverständlich nur bei Leerlauf oder Teillast einzuhalten. Die Lambdasonde wird üblicherweise direkt vor dem Katalysator verbaut. Damit im Rahmen der verschärften Umweltauflagen die einwandfreie Funktion der Sonde überwacht werden kann, wird nach dem Katalysator eine zweite Lambdasonde verbaut. Für das Motormanagement zur Gemischaufbereitung ist weiterhin nur die erste Lambdasonde notwendig. Die zweite Sonde liefert, genau wie die erste, eine Aussage über den Sauerstoffgehalt im Abgasstrom. Während die Werte der ersten Sonde aber entsprechend der Gemischaufbereitung schwanken, registriert die zweite Sonde nur minimale Veränderungen um den Mittelwert. Der meiste Sauerstoff wird nämlich in einem neuwertigen voll funktionsfähigen Katalysator gespeichert. Mit zunehmender Alterung (Sättigung) des Katalysators werden die Spannungsschwankungen der zweiten Sonde größer und folgen immer mehr den Messwerten der ersten Sonde. Anhand dieses Phänomens kann die Diagnoseelektronik die Reinigungsleistung des Katalysators kontrollieren. Sollte die erste Sonde ausfallen, fällt dies ebenfalls durch das Signal an der zweiten Sonde auf, sodass die gemessenen Werte unplausibel zu denen der vorderen Sonde werden. Weichen die beiden Größen voneinander ab, wird das als Fehler in der Lambdasonde erkannt. Da nun keine Regelung zur optimalen Verbrennung mehr erfolgen kann, geht das Motorsteuergerät in den Notlauf über. Es informiert den Fahrer durch Aufleuchten der MIL, und die Verbrennung wird über ein Kennfeld gesteuert. Das kann auch dazu führen, dass die maximal verfügbare Leistung des Fahrzeugs eingeschränkt wird. Damit der Katalysator nicht durch Ablagerungen von Verbrennungsrückständen beschädigt wird, sollte der Fehler zeitnah beseitigt werden.

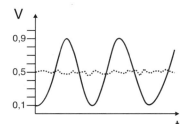

Bild 4.5: Signalverlauf der ersten und zweiten (punktierte Linie) Lambdasonde bei einem intakten Katalysator

4.5.2 Verfügbare Lambdasondendaten

Weil die Lambdasonde eine zentrale Rolle bei der Abgaskontrolle spielt, steht ein ganzer Service allein zur Abfrage aller relevanten Größen bereit. Während über den Service $01 die aktuelle Spannung (PID $24–$2B) oder der aufgenommene Strom (PID $34–$3B) der Lambdasonde und der sich daraus ergebende Wert für Lambda ausgelesen werden kann, liefert SID $05 vor allem konstante oder berechnete Werte. Sie geben an, in welchem Bereich die Lambdasonde arbeitet und wie schnell die Umschaltung zwischen magerem und fettem Gemisch abläuft. Um die Funktionsfähigkeit der Lambdasonde und der Gemischaufbereitung zu überprüfen, können die aktuellen Ist-Werte der Sonde mit den Werten aus diesem Service verglichen werden.

Wie schon beim Service $01, teilt das Steuergerät auf Anfrage mit, welche Parameter abgefragt werden können. Einziger Unterschied ist, dass die Werte nicht als PID, sondern als *Test Identifier* (TID) bezeichnet werden und weniger zur Verfügung stehen. Die wichtigsten TIDs und ihre Zuordnung zu einem Lambdasondensignalverlauf zeigen die nachfolgende Tabelle und die Grafik.

Tabelle 4.8: Test Identifier (TID) für die Lambdasonde

TID (Hex)	Bedeutung	minimal	maximal	Einheit	Skalierung
00	Unterstützte TIDs Bereich 1–32				
01	Schwellenwert vom fetten zum mageren Gemisch (konstant)	0	1,275	V	0,005
02	Schwellenwert vom mageren zum fetten Gemisch (konstant)	0	1,275	V	0,005
03	Untere Sensorspannung für Umschaltzeitberechnung (konstant)	0	1,275	V	0,005
04	Obere Sensorspannung für Umschaltzeitberechnung (konstant)	0	1,275	V	0,005
05	Umschaltzeit vom fetten zum mageren Gemisch (berechnet)	0	1,02	s	0,004
06	Umschaltzeit vom mageren zum fetten Gemisch (berechnet)	0	1,02	s	0,004
07	Minimale Sensorspannung für die Testdauer (berechnet)	0	1,275	V	0,005
08	Maximale Sensorspannung für die Testdauer (berechnet)	0	1,275	V	0,005
09	Zeit zwischen Sensorumschaltung (berechnet)	0	10,2	s	0,04
0A	Periodendauer des Sensorsignals (berechnet)	0	10,2	s	0,04

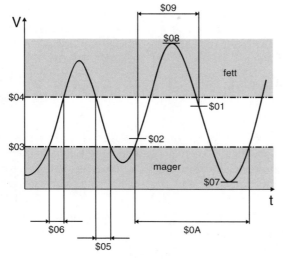

Bild 4.6: Zuordnung der Test-IDs zum Sensorsignal der Lambdasonde

4.5.3 Lambdasonde – Kommunikationsablauf

Es kann eine Vielzahl von Lambdasonden geben und diese können an unterschiedlichen Stellen im Fahrzeug verbaut sein. Deshalb muss zuerst ermittelt werden, welche Sonden wo verbaut sind und abgefragt werden können. Der Service $01 bietet zwei PIDs ($13 und $1D), die hierüber Auskunft geben. Allerdings darf das Steuergerät immer nur einen der möglichen PIDs benutzen. Es muss also zuerst einmal festgestellt werden, welcher PID benutzt werden kann. Das geschieht, indem durch Abfrage von PID $00 (mittels SID $01) die vom Steuergerät gelieferten PIDs ausgelesen werden. Anschließend kann über das korrekte PID $13 oder $1D abgefragt werden, welche Sensoren vorhanden und wo diese verbaut sind. PID $13 unterstützt mehr Sensoren pro Zylinderbank, aber nur zwei Zylinderbänke (was für Reihen- und V-Motoren ausreicht). PID $1D dagegen kennt weniger Sensoren pro Zylinderbank, aber dafür mehr Zylinderbänke (z. B. für Y-Motoren).

Tabelle 4.9: Mögliche Einbauorte für Lambdasonden und die entsprechende Codierung in Service $01

Byte A Bit	PID $13	PID $1D
0	1 = Bank 1, Sensor 1 vorhanden	1 = Bank 1, Sensor 1 vorhanden
1	1 = Bank 1, Sensor 2 vorhanden	1 = Bank 1, Sensor 2 vorhanden
2	1 = Bank 1, Sensor 3 vorhanden	1 = Bank 2, Sensor 1 vorhanden
3	1 = Bank 1, Sensor 4 vorhanden	1 = Bank 2, Sensor 2 vorhanden
4	1 = Bank 2, Sensor 1 vorhanden	1 = Bank 3, Sensor 1 vorhanden
5	1 = Bank 2, Sensor 2 vorhanden	1 = Bank 3, Sensor 2 vorhanden
6	1 = Bank 2, Sensor 3 vorhanden	1 = Bank 4, Sensor 1 vorhanden
7	1 = Bank 2, Sensor 4 vorhanden	1 = Bank 4, Sensor 2 vorhanden

Wird als Antwort für Byte A bei Abfrage von PID $13 z. B. der Wert 11h (0001 0001b) geliefert, bedeutet das, dass Sensor Nummer 1 sowohl in Bank 1 als auch Bank 2 vorhanden ist.

Nachdem ermittelt wurde, welche Sensoren verfügbar sind, kann für jeden Sensor ermittelt werden, welche Test-IDs er unterstützt. Dazu muss bei der Abfrage die Adresse des Sensors mit angegeben werden. Die Adresse wird aus dem Bit-Wert für Byte A gebildet, indem alle Bits des Bytes auf Null gesetzt bleiben und nur das Bit zu dem entsprechenden Sensor 1 wird. Sollen beispielsweise von Bank 2, Sensor 1 die möglichen TIDs abgefragt werden, sieht die Botschaft wie in der folgenden Tabelle aus.

Tabelle 4.10: Abfrage der TIDs für einen einzelnen Sensor

SID $05: Testwerte Lambdasonde	PID, das ausgelesen werden soll (liefere die unterstützten TIDs)	Welcher Sensor
05h	00h	10h (0001 0000b)

Die Antwort besteht aus vier Bytes und wird wie bei der Abfrage der Unterstützten PIDs aus Kapitel 4.1.1 ausgewertet. Um nun einen der Testwerte auszulesen, wird eine Anfrage an das Steuergerät gesendet. Diese gibt sowohl an, welcher Sensor (z. B. Bank 2, Sensor 1) gemeint ist und welcher Testwert ($04) genau interessiert.

Tabelle 4.11: Abfrage eines Testwerts der Lambdasonde

SID $05	TID	Sensor
05h	04h	10h

Die Antwort vom Steuergerät besteht entweder aus einem oder drei Daten-Bytes. Bei TIDs mit konstantem Wert (01–04h) wird nur ein Byte A geliefert. Bei berechneten Werten (TID 05–0Ah) können drei Bytes, A, B und C, geliefert werden. Bei konstanten Werten muss einfach nur der Wert des Antwort-Bytes A mit dem Skalierungsfaktor aus Tabelle 4.8 multipliziert werden, um den Messwert zu erhalten.

Tabelle 4.12: Exemplarische Antwort eines konstanten Werts

SID $05	TID	Sensor	Byte A
05h	04h	10h	5Ah

Im Beispiel wird für TID $04 der Byte-Wert 5Ah (90) geliefert. Multipliziert mit 0,005 ergibt sich ein Messwert von 0,45 V (450 mV).

Tabelle 4.13: Beispielantwort für einen berechneten Lambdawert

SID $05	TID	Sensor	Byte A	Byte B	Byte C
05h	05h	01h	12h	00h	19h

Besteht die Antwort aus drei Bytes, weicht der Hersteller von den in der Norm vorgegebenen Grenzwerten ab und liefert mit der Antwort die beiden Grenzwerte. Der eigentliche Messwert wird wie bisher durch Multiplikation des Skalierungsfaktors mit Byte A berechnet (0,004 x 18 = 72 ms). Byte B gibt den minimalen Wert an und Byte C den maximalen. Dazu werden die Werte der einzelnen Bytes ebenfalls mit dem Skalierungsfaktor multipliziert, sodass man im Beispiel 0 ms als Minimum und 100 ms als Maximum erhält. Der Hersteller dieser exemplarischen Geräte erlaubt also eine maximale Umschaltzeit vom fetten zum mageren Gemisch von 100 ms anstatt der 1,02 Sekunden, die ihm die Norm einräumt.

4.6 SID $06: Testwerte spezifischer Systeme

Zweck dieses Services ist, den Zugriff auf Werte von kontinuierlich (z. B. Fehlzündungsüberwachung) und nicht kontinuierlich (z. B. Katalysator) überwachten Systemen zu gewährleisten. Den Herstellern ist es möglich, in diesem Service eine Menge von Daten bereitzustellen, die nicht unmittelbar zum Anforderungsprofil von OBD II gehören, aber trotzdem für den Techniker interessant sein können. Über diesen Weg können die Daten nicht nur über die herstellerspezifische Diagnose (mit ihren eigenen Protokollen und ggf. teuren Diagnosetestern) ausgelesen werden, sondern auch über die standarisierte OBD-II-Schnittstelle. Welche Werte bereitstehen und wie sie zu interpretieren sind, muss aber immer noch in den Werkstattunterlagen zum Fahrzeug nachgesehen werden. Weiterhin ersetzt der Service $06 den SID $05, wenn das CAN-Protokoll zur Kommunikation eingesetzt wird.

4.6.1 On-Board-Diagnose Monitor Identifier

Der Zugriff auf die Daten ist in diesem Service stark verschachtelt und komplex, da sehr viele mögliche Daten vorhanden sein können. Um die einzelnen Komponenten im Fahrzeug zu differenzieren, gibt es die im Anhang B aufgeführten On-Board-Diagnose Monitor Identifier (OBDMID). Sie decken die abgasrelevanten Systeme ab, wie sie für OBD II relevant sind. Wie schon bei den SIDs $01 und $02 gibt es an Adresse $00, $20, $40 usw. ein OBDMID, das Auskunft darüber gibt, welche der nachfolgenden 32 OBDMIDs vom Steuergerät unterstützt werden. Die Auswertung der vier Antwort-Bytes A–D erfolgt analog zu dem bereits gezeigten Verfahren bei SID $01. Neu ist allerdings, dass mit einer einzigen Abfrage mehrere OBDMIDs (maximal sechs) ausgelesen werden können.

Tabelle 4.14: Abfrage der ersten sechs Infoblöcke über die unterstützten OBDMIDs

Daten-Byte Nr.	Beschreibung	Wert (Hex)
1	Anforderung der unterstützen OBDMID der Service Identifier $06	06
2	OBDMID $00	00
3	OBDMID $20	20
4	OBDMID $40	40
5	OBDMID $60	60
6	OBDMID $80	80
7	OBDMID $A0	A0

Um die OBDMIDs der Adressen $C1–$FF zu ermitteln, ist eine weitere Anfrage an die Adressen $C0 und $E0 notwendig. Es müssen aber auch nicht gleich alle sechs möglichen Adressen abgefragt werden, denn die Daten-Bytes 3–7 sind nur optional. Es ist also möglich, einzelne Infoblöcke auch in beliebiger Reihenfolge auszulesen.

Je nach Anforderung antwortet das Steuergerät mit den gewünschten Informationen, wobei wieder bis zu sechs OBDMIDs gleichzeitig geliefert werden können – je nachdem, wie viele Werte angefragt wurden. Wenn in einem Bereich keinerlei OBDMIDs unterstützt werden, soll das Steuergerät keine Antwort zu diesem Bereich liefern. Damit der Diagnosetester erkennen kann, zu welchem der angefragten OBDMIDs Werte kommen, wird der jeweiligen Antwort die angeforderte Adresse vorangestellt.

Tabelle 4.15: Exemplarische Antwort mit zwei Datenblöcken

Daten-Byte Nr.	Beschreibung	Wert (Hex)
1	Antwort auf Anforderung	46
2	OBDMID-Adresse $00 (Datenblock mit den unterstützten OBDMIDs $01–$20)	00
3	Unterstützte OBDMIDs (bit-codiert) Byte A	xx
4	Byte B	xx
5	Byte C	xx
6	Byte D	xx
7	OBDMID-Adresse $60 (Datenblock mit den unterstützten OBDMIDs $61–$80)	60
8	Unterstützte OBDMIDs (bit-codiert) Byte A	xx
9	Byte B	xx
10	Byte C	xx
11	Byte D	xx

Kennt der Diagnosetester die unterstützten OBDMIDs, können die jeweiligen Daten ausgelesen werden. Dazu ist lediglich eine Anforderungsbotschaft mit der Adresse des gewünschten OBDMID notwendig.

Tabelle 4.16: Beispiel zur Anforderung der Daten von OBDMID $01

SID $06	OBDMID
06h	01h

4.6.2 Test Identifier und Einheiten/Skalierungs-Identifier

Ähnlich wie beim Service $05 gibt es auch hier Test Identifier (TID), die dem Tester mitteilen, um was für Werte es sich bei der Antwort handelt. Bei Diagnose über CAN ist SID $05 nicht definiert, sondern die Abfrage der Lambdasondenwerte läuft über SID $06 ab. Deshalb sind ein paar TIDs vorgegeben, die denen aus SID $05 gleichen, diese aber etwas ergänzen. Zusätzlich gibt es einen großen Bereich von Adresse $80 bis $FE an herstellerdefinierten Test-Ids. Diese können zwar über OBD II ausgelesen werden, sind hier aber nicht spezifiziert, sodass die Werte nur mithilfe der Werkstattunterlagen des Herstellers interpretiert werden können.

Tabelle 4.17: Standarisierte und herstellerdefinierte Test Identifier für SID $06

TID (Hex)	Bedeutung
00	Reserviert
01	Schwellenwert vom fetten zum mageren Gemisch (konstant)

TID (Hex)	Bedeutung
02	Schwellenwert vom mageren zum fetten Gemisch (konstant)
03	Untere Sensorspannung für Umschaltzeitberechnung (konstant)
04	Obere Sensorspannung für Umschaltzeitberechnung (konstant)
05	Umschaltzeit vom fetten zum mageren Gemisch (berechnet)
06	Umschaltzeit vom mageren zum fetten Gemisch (berechnet)
07	Minimale Sensorspannung für die Testdauer (berechnet)
08	Maximale Sensorspannung für die Testdauer (berechnet)
09	Zeit zwischen Sensorumschaltung (berechnet)
0A	Periodendauer des Sensorsignals (berechnet)
0B	Exponentiell geglätteter Mittelwert der Fehlzündungen über die 10 letzten Fahrzyklen (berechnet, zu Ganzzahl gerundet)
0C	Anzahl der Fehlzündungen des letzten oder aktuellen Fahrzyklus (berechnet, zu Ganzzahl gerundet)
0D–7F	Reserviert
80–FE	Herstellerdefinierte Test-IDs
FF	Reserviert

Damit die zu speichernden Messwerte möglichst flexibel gestaltet werden können, gibt es keine Vorgaben für die Skalierung und die Grenzwerte für die einzelnen TIDs. Stattdessen wurden Identifier für die Maßeinheiten und die Skalierungswerte festgelegt, wie sie im Anhang C aufgeführt sind. Zusätzlich liefert das Steuergerät auch die Daten für die erlaubte untere und obere Grenze des jeweiligen Messwerts, da diese ebenfalls nicht fix vorgegeben sind. Sollte ein Messwert zwar prinzipiell unterstützt werden, aber für ihn derzeit keine Daten geliefert werden können (weil beispielsweise der Überwachungszyklus noch nicht abgeschlossen ist), sollen in der Antwort alle Daten-Bytes (auch die für die Grenzwerte) auf Null gesetzt sein.

Die Antwort auf eine Datenanforderung, wie sie in Tabelle 4.16 gezeigt ist, kann entsprechend komplex und umfangreich ausfallen, wie nachfolgende Beispielantwort zeigt.

Tabelle 4.18: Antwort mit exemplarischen Daten für ODMID $01

Daten-Byte Nr.	Bedeutung	Wert (Hex)
1	Antwort auf Anforderung für Service $06	46
2	OBDMID $01: Abgassensorüberwachung Bank 1, Sensor 1	01
3	Standarisierte Test ID $01: Schwellenwert vom fetten zum mageren Gemisch (konstant)	01
4	ID für Einheit und Skalierung: Spannung	0A
5	Messwert High Byte	0B

Daten-Byte Nr.	Bedeutung	Wert (Hex)
6	Messwert Low Byte	B1
7	Wert Minimum High Byte	0B
8	Wert Minimum Low Byte	B0
9	Wert Maximum High Byte	0C
10	Wert Maximum Low Byte	00
11	OBDMID $01: Abgassensorüberwachung Bank 1, Sensor 1	
12	Standarisierte Test ID $05: Umschaltzeit vom fetten zum mageren Gemisch (berechnet)	05
13	ID für Einheit und Skalierung: Zeit	10
14	Messwert High Byte	00
15	Messwert Low Byte	00
16	Wert Minimum High Byte	00
17	Wert Minimum Low Byte	00
18	Wert Maximum High Byte	00
19	Wert Maximum Low Byte	00
11	OBDMID $01: Abgassensorüberwachung Bank 1, Sensor 1	
12	Hersteller-Test-ID $86	86
13	ID für Einheit und Skalierung: Zählwert	24
14	Messwert High Byte	00
15	Messwert Low Byte	96
16	Wert Minimum High Byte	00
17	Wert Minimum Low Byte	00
18	Wert Maximum High Byte	FF
19	Wert Maximum Low Byte	FF

Die exemplarische ECU liefert drei Messwerte für die Lambdasonde auf die Abfrage von OBDMID $01 (Abgas-Sensorüberwachung Bank 1, Sensor 1). Beim ersten Wert handelt es sich um den genormten Schwellenwert vom fetten zum mageren Gemisch (TID $01). Die ID für die Einheit und die Skalierung lautet 0Ah. Es handelt sich also gemäß Anhang C um eine Spannung, gemessen in Millivolt, mit einem Skalierungsfaktor von 0,122. Für den Datenwert 0BB1h (2.993) ergibt sich daraus ein Messwert von 365,146 mV (2.993 x 0,122). Die untere erlaubte Grenze ist mit 0BB0h (2.992) und die obere mit 0C00h angegeben, was bedeutet, dass der Messwert im Bereich 365,024–374,784 mV liegen darf.

Der zweite (standarisierte) Messwert (Umschaltzeit vom fetten zum mageren Gemisch) wird grundsätzlich vom Steuergerät unterstützt. Derzeit liegen aber keine (gültigen) Daten für ihn vor – deshalb enthalten alle Daten-Bytes 00h.

Beim dritten Wert handelt es sich um einen vom Fahrzeughersteller definierten Test-ID mit dessen interner Kennung 86h. Anhand der ID für die Einheit und die Skalierung kann nur erkannt werden, dass es ein Zählwert ist. Momentan beträgt der Byte-Wert

0096h, was unter Berücksichtigung des Skalierungswerts einem Zählerstand von 150 entspricht. Erlaubt sind Werte von 0–65.535.

4.7 SID $07: Temporäre Fehler auslesen

Da die Fehlercodes, die über den Service $03 abgefragt werden können, lediglich Fehler sind, die als dauerhaft erkannt wurden und schon über einen gewissen Zeitraum auftraten, gibt es zusätzlich den Service $07. Über ihn sind temporäre, sich in der Schwebe befindende Fehler zugänglich. In diesem Speicher werden Fehler, die während des letzten oder dem aktuellen Fahrzyklus auftraten, umgehend abgelegt. So ist es für den Servicetechniker möglich, schon kurz nach dem Löschen des Fehlerspeichers zu erkennen, ob eine Reparatur erfolgreich war oder ob (weitere) Fehler vorhanden sind. Erst wenn ein erkannter temporärer Fehler über einen gewissen Zeitraum bestehen bleibt, wird aus ihm ein permanenter und er wird im Fehlerspeicher zu SID $03 abgelegt.

Der Zugriff auf die DTCs und deren Auswertung erfolgt in diesem Service analog zu Service $03.

4.8 SID $08: Test der On-Board-Systeme

Über diesen Service ist es dem externen Testgerät möglich, die Funktion eines On-Board-Systems, einer Testfunktion oder einer Komponente zu steuern. Es können drei Anweisungen an das betroffene Gerät gesendet werden:

- Einschalten
- Ausschalten
- Arbeitszyklus für n Sekunden

In den derzeit aktuellen Regelwerken ist nur ein einziger Test Identifier definiert, der für diesen Service zur Verfügung steht. Da aber Platz für Erweiterungen vorgesehen ist, muss der Tester zuerst ermitteln, welche TIDs tatsächlich vom Steuergerät angeboten werden. Dies erfolgt über eine Abfrage der verfügbaren TIDs, die der aus Service $06 gleicht.

Tabelle 4.19: Unterstützte Test Identifier für Service $08

TID (Hex)	Beschreibung
00	Unterstützte TIDs Bereich 01–20
01	Lecktest Kraftstoff-Verdunstungsrückhaltesystem. Es werden nur die Bedingungen aktiviert, die für einen Lecktest notwendig sind (herstellerabhängig), aber es wird kein Test durchgeführt.
02–FF	Reserviert

4.9 SID $09: Fahrzeuginformationen

Dieser Service tangiert als einziger nur wenige abgasrelevante Daten, sondern dient primär der Identifikation des Fahrzeugs/Steuergeräts. Unter anderem kann hierüber die international genormte Fahrzeug-Identifizierungsnummer (FIN) ausgelesen werden. Weiterhin stehen ggf. die Softwareversion, der Name des Steuergeräts usw. zur Verfügung. Die möglichen Daten werden als *InfoType* bezeichnet und sind in Anhang D aufgelistet.

> Da die FIN bei der Fahrzeugherstellung unabänderlich im Steuergerät hinterlegt wurde, kann ein gebrauchtes Steuergerät nicht einfach in ein anderes Fahrzeug eingebaut werden. Das würde zusammen mit der Wegfahrsperre zur Stilllegung des Fahrzeugs führen. Nur der Hersteller kann beim Kauf eines neuen Steuergeräts als Ersatzteil die FIN passend zum Fahrzeug einprogrammieren. Alternativ ist es ggf. möglich, die Wegfahrsperre neu zu codieren, indem das zum gebrauchten Ersatzsteuergerät passende Gerät bei dem Fahrzeug angelernt wird, in dem das Steuergerät eingebaut wird.

Wie schon bei anderen Services kann auch hier über die Adresse $00 ermittelt werden, welche Daten vom Steuergerät bereitgestellt werden. Wie auch beispielsweise bei Service $06 können dann mit einer Anforderung bis zu sechs InfoTypes abgerufen werden. Die Antworten sind teilweise sehr umfangreich, da für die einzelnen Informationen i. d. R. ASCII(American Standard Code for Information Interchange)-Zeichen benutzt werden.

> Beim ASCII ist jedem Byte-Wert ein druckbares Zeichen zugeordnet. Für die lateinischen Buchstaben des englischen Alphabets genügen die ersten 128 Byte. Darüber hinaus sind Sonderzeichen sowie auch die deutschen Umlaute möglich. Die Zahlen 0–9 entsprechen den Byte-Werten 48–57, die Buchstaben A–Z 65–90 und a–z den Werten 97–122.

Die Abfrage der Calbration IDs und eine dazugehörende exemplarische Antwort, die zwei CALIDs (*JMB*36761500* und *JMB*4787261111*) beinhaltet, kann dann so aussehen:

Tabelle 4.20: Abfrage der CALIDs

SID $06	InfoType
09h	04h

Tabelle 4.21: Antwort mit zwei CALIDs

Byte Nr.	Wert (Hex)	Bedeutung
1	49	Antwort auf Anfrage
2	04	Angeforderter InfoType: CALIDs

4.9 SID $09: Fahrzeuginformationen

Byte Nr.	Wert (Hex)	Bedeutung
3	02	Anzahl der Datensätze: 2
4	4A	ASCII-Zeichen »J«
5	4D	ASCII-Zeichen »M«
6	42	ASCII-Zeichen »B«
7	2A	ASCII-Zeichen »*«
8	33	ASCII-Zeichen »3«
9	36	ASCII-Zeichen »6«
10	37	ASCII-Zeichen »7«
11	36	ASCII-Zeichen »6«
12	31	ASCII-Zeichen »1«
13	35	ASCII-Zeichen »5«
14	30	ASCII-Zeichen »0«
15	30	ASCII-Zeichen »0«
16	00	Leeres Feld, Füll-Byte
17	00	Leeres Feld, Füll-Byte
18	00	Leeres Feld, Füll-Byte
19	00	Leeres Feld, Füll-Byte
0	4A	ASCII-Zeichen »J«
21	4D	ASCII-Zeichen »M«
22	42	ASCII-Zeichen »B«
23	2A	ASCII-Zeichen »*«
24	34	ASCII-Zeichen »4«
25	37	ASCII-Zeichen »7«
26	38	ASCII-Zeichen »8«
27	37	ASCII-Zeichen »7«
28	32	ASCII-Zeichen »2«
29	36	ASCII-Zeichen »6«
30	31	ASCII-Zeichen »1«
31	31	ASCII-Zeichen »1«
32	31	ASCII-Zeichen »1«
33	31	ASCII-Zeichen »1«
34	00	Leeres Feld, Füll-Byte
35	00	Leeres Feld, Füll-Byte

4.10 SID $0A: Emissionsrelevante dauerhafte Fehlercodes

Im Grunde funktioniert dieser Service genau wie Service $03 und $07: Es werden abgasrelevante Fehlercodes gespeichert. Allerdings handelt es sich um den einzigen Speicher, der nicht durch äußere Einflüsse (Anweisung eines Diagnosetesters oder Abklemmen der Versorgungsspannung am Steuergerät) gelöscht werden kann. Der Service ist auch nur bei Diagnoseverbindungen via CAN vorhanden. Aufgabe dieses speziellen Speichers ist sicherzustellen, dass kritische Fehler nicht einfach durch den Anwender gelöscht werden, ohne tatsächlich behoben worden zu sein, um so einen erledigten Werkstattservice vorzugaukeln. Dazu wird ein Fehler, der vom System als permanent erkannt und in Fehlerspeicher $03 eingetragen wurde, zusätzlich in diesem Speicher abgelegt. Lediglich das Steuergerät selbst kann einen Fehler aus diesem Speicher wieder löschen. Es handelt sich also auch nicht um einen Speicher aller jemals über die Lebenszeit des Fahrzeugs hinweg aufgetretenen DTCs.

Damit ein eingetragener Fehler vom System gelöscht wird, müssen folgende Bedingungen erfüllt sein:

- Das On-Board-Diagnosesystem erkennt, dass der Fehler, der zum Eintrag des Fehlers im Speicher führte, nicht mehr vorhanden ist und die MIL nicht mehr aufleuchten lässt. Das ist über einen Zeitraum von drei kompletten Fahrzyklen erforderlich oder zu Bedingungen, wie sie anderweitig vorgegeben sind.

- Nachdem der Fehlercode aus dem normalen Speicher gelöscht wurde (mittels Service $04), hatte das Steuergerät Zeit, alle Tests durchzuführen, die erforderlich sind, um eine qualifizierte Aussage über den Zustand des betroffenen Systems zu liefern. Dabei muss sich ergeben, dass der Fehler nicht mehr auftritt.

- Das Steuergerät mit den gespeicherten Fehlern wird umprogrammiert, und der Readinesscode der mit dem Fehlereintrag in Zusammenhang stehenden Komponenten und Systemen steht auf »noch nicht abgeschlossen«.

5 Diagnosemöglichkeiten im Heimlabor

Wenn Sie sich mit der Fahrzeugdiagnose intensiver beschäftigen wollen und nicht nur ein konkretes Problem an Ihrem Fahrzeug Ihr Interesse weckt, ist es praktisch, wenn Sie für Ihre Experimente Ihr Fahrzeug quasi »auf den Schreibtisch holen«. Dort können Sie dann gefahrlos und bequem arbeiten. Solange Sie sich mit OBD II befassen und Fertiggeräte benutzen, besteht für Ihr »echtes« Fahrzeug eigentlich keine Gefahr. Anders kann es aber aussehen, wenn Sie selbst ein Diagnose-Interface aufbauen oder Software entwickeln wollen und sich vielleicht auch mit der herstellerspezifischen Diagnose beschäftigen. In solchen Fällen kann es ratsam sein, zuerst einmal die Technik auszuprobieren, bevor eventuell teure Steuergeräte im Fahrzeug beschädigt werden.

5.1 Simulatoren

Der geringste Aufwand, um ein Steuergerät oder ein ganzes Fahrzeug am Laborplatz nachzubilden, ist ein Simulator. Hier wird kein reales Steuergerät benutzt, sondern es wird lediglich eines nachgeahmt.

Theoretisch ist es möglich, die seriellen K-Leitungsprotokolle mit einem Software-Emulator am PC nachzubilden und an der RS-232-Schnittstelle auszugeben. In der Praxis ist das Zeitverhalten (Timing) aber zu ungenau, da am PC keine Echtzeitsteuerung möglich ist und dann zu viele Ungenauigkeiten im Signalverlauf entstehen.

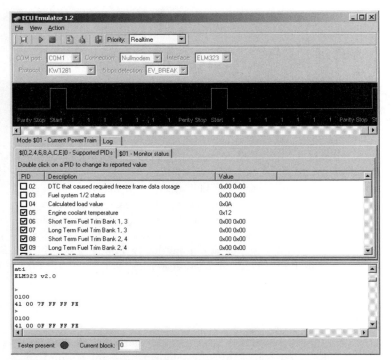

Bild 5.1: Emulation eines Steuergeräts mit dem ECU Emulator

Praxistauglicher, allerdings auch teurer, sind Hardware-Simulatoren. Dabei handelt es sich um programmierte Mikrocontroller, die an einer OBD-II-Buchse genau den Signalverlauf eines Steuergeräts simulieren. Ein angeschlossener Tester verhält sich dann so, als wäre er mit einem realen Fahrzeug verbunden.

Bild 5.2: ECU-Simulator mOByDic 1000 für ISO 9141 mit fünf einstellbaren Sensorsignalen

Es gibt Simulatoren, die nur einzelne Protokolle oder Protokollgruppen (z. B. PWM und VPW, K-Line oder CAN) beherrschen. Teurere Modelle unterstützen gleich den gesamten OBD-II-Protokoll-Stack. Damit der Simulator auch variable Messwerte abbilden kann, besitzen alle Geräte einige Potenziometer, an denen der Nutzer dann einzelne Diagnosedaten wie die Fahrzeuggeschwindigkeit, die Motordrehzahl oder die Kühlmitteltemperatur verändern kann. Zusätzlich kann meist über einen Taster das Auftreten von Fehlercodes simuliert werden. Auf Tastendruck geht die virtuelle MIL an. Einige DTCs werden dann im Speicher abgelegt und können ausgelesen oder auch gelöscht werden. Je nach Simulatormodell sind diese Fehlercodes fest vorgegeben oder lassen sich über eine PC-Software konfigurieren.

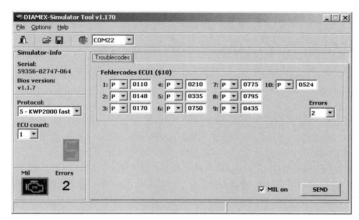

Bild 5.3: Konfigurations-Software für einen ECU-Simulator

Kritisch zu bedenken ist beim Einsatz von Simulatoren, dass diese immer nur eine ideale Umsetzung des jeweiligen Protokolls bieten. Die Umsetzung des Protokolls kann auch nur so gut sein wie der jeweilige Programmierer. In der Praxis zeigt sich aber, dass bei vielen Steuergeräten die Protokolle (vor allem die älteren Versionen K-Line und SAE J1850) bei Weitem nicht normgerecht arbeiten. Kleine Ungenauigkeiten sind an der Tagesordnung. Es kann also durchaus vorkommen, dass eine unter Laborbedingungen entwickelte oder getestete Lösung in der Praxis an einigen Fahrzeugen nicht funktioniert.

Bild 5.4: Multiprotokollsimulator Diamex

Sobald es um Fahrzeugdiagnose abseits von OBD II geht, gibt es auf dem freien Markt keinerlei Simulatoren für die herstellerspezifischen Protokolle. Der Entwicklungsaufwand dürfte für die geringen Zahlen an Abnehmern zu hoch sein. Zudem dürften die potenziellen Entwickler auch kein Interesse daran haben, dass Dritte Zugang zu solchen Simulatoren bekommen. In der Regel ist es nämlich so, dass Simulatoren von den gleichen Technikern entwickelt werden, die auch Diagnosegeräte liefern. Wenn sich jemand die Mühe macht, ein Herstellerprotokoll zu analysieren, und einen passenden Tester entwickelt, will er nicht, dass andere Entwickler leichten Zugang zu diesem Wissen finden.

5.2 Steuergeräte autark in Betrieb nehmen

Um eine tatsächlich praxisnahe Nachbildung der verschiedenen Steuergeräte aus einem Auto auch am Arbeitsplatz zu bekommen, bietet es sich an, echte Steuergeräte zu nutzen. Modelle aus älteren Fahrzeugtypen sind auf dem Schrottplatz oder in Auktionsplattformen im Internet schon für um die 50 € erhältlich. Lediglich für Steuergeräte aktueller Fahrzeuge oder exotischer Typen reichen die Preise bis an die 1.000 € heran. Für die ersten Schritte genügen aber einfache Geräte. Bei ihnen ist nicht nur der finanzielle Rahmen bei Beschädigungen überschaubar – diese Steuergeräte sind es auch, die die meisten Probleme bereiten. Während moderne Geräte meist das CAN-Protokoll nutzen, bei dem es kaum Überraschungen gibt, kommt es bei alten Typen laufend zu kleinen Abweichungen bei der Protokollimplementierung. Eine zuverlässige Diagnoselösung zeichnet sich dadurch aus, dass sie vor allem auch mit diesen Fällen gut zurechtkommt. Und auch das breite Spektrum der herstellereigenen Protokolle und deren Implementierung lässt sich nur durch den Einsatz realer Steuergeräte erschließen.

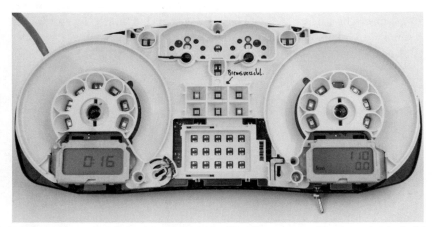

Bild 5.5: Das VAG-Kombiinstrument (ohne Blende und Zeiger) vereint gleich drei Steuergeräte: Instrumenten-Cluster, CAN Gateway und Wegfahrsperre. Mit dem Schalter (unten rechts) kann eine Unterbrechung der Stromschleife der Verschleißüberwachung für die Bremsklötze simuliert werden.

Während die Simulatoren immer nur ein Motorsteuergerät nachbilden, können Sie bei gebrauchten Steuergeräten natürlich frei wählen und so die jeweiligen Eigenarten erforschen. Für Anwendungen im Bereich OBD II benötigen Sie natürlich ein Motorsteuergerät, das auch tatsächlich OBD II implementiert hat.

Damit Sie ein Steuergerät in Betrieb nehmen können, bedarf es ein paar Informationen über die jeweiligen Anschlüsse. Sie brauchen mindestens einen Anschluss für die ca. 12-V-Versorgungsspannung und Masse. Bei den meisten Geräten sind hierfür mehrere Anschlüsse vorhanden, die dann auch alle beschaltet werden sollten. Häufig wird auch noch zwischen dem Dauerplus (Klemme 30), der Masse (Klemme 31 nach DIN 72552) und dem geschalteten Zündungsplus unterschieden. Letzteres liegt erst bei Einschalten der Zündung an und wird mit der Klemmennummer 15 bezeichnet. Für die meisten Einsatzzwecke können Sie diese Differenzierung für den Laboraufbau ignorieren und alle Plusleitungen miteinander verbinden. Achten Sie auch darauf, dass Ihr Labornetzgerät ausreichend belastbar ist: Moderne Steuergeräte benötigen durchaus einen Strom von mehr als 500 mA. Für die meisten Anwendungsfälle genügt ein einfaches Steckernetzteil mit einer Ausgangsspannung zwischen 9 V und 14 V. Die Steuergeräte besitzen ohnehin eine interne Spannungsstabilisierung, weil die Bordspannung im Auto stark schwanken kann.

Weiterhin benötigen Sie die vom jeweiligen Steuergerät benutzten Datenleitungen. Wenn Sie Zugang zu den Schaltplänen eines Fahrzeugs haben, in dem Ihr Steuergerät verbaut wurde, können Sie die notwendigen Informationen dort finden. Alternativ bietet sich die Software *Autodata* an, in der für viele (vor allem etwas ältere) Fahrzeuge auch die Pin-Pelegungen für die (Motor-) Steuergeräte aufgeführt wird. Auch im Internet lassen sich mit genügend Ausdauer einige Informationen finden. Die meisten Angaben beziehen sich auch hier auf reine ECUs, da die Daten meist von Chiptunern stammen. Vorteilhaft ist, dass viele Fahrzeughersteller immer auf den gleichen Grundtyp eines Steuergeräts zurückgreifen, die dann z. B. *EDC15* oder *ME 7.x* heißen. Einige Anlaufstellen für die Anschlussbelegungen im Web sind:

- *http://www.blafusel.de/phpbb/search.php?keywords=pinout*
- *http://wiki.obdtuning.com/?title=Flasher-Anleitung*
- *http://www.byteshooter.de/upload/download/1237842608.xls*

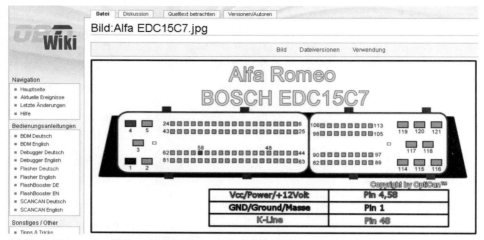

Bild 5.6: Pinout einer EDC15C7 (Quelle: *http://wiki.obdtuning.com/?title=Bild:Alfa_EDC15C7.jpg*)

Bei mehreren Steuergeräten ist es praktisch, sie nicht nur mit fliegendem Kabelwirrwarr mit dem Diagnose- oder Entwicklungs-Tool zu verbinden, sondern eine stabile und flexible Verbindungslösung zu finden. Für die optimale Simulation der Bedingungen in einem Fahrzeug mit mehreren Steuergeräten, die parallel z. B. an der K-Leitung hängen, ist es notwendig, auch das nachzubilden.

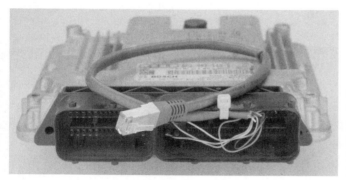

Bild 5.7: ECU mit Verdrahtung der Signalleitungen an einen RJ49-Stecker, für den ein Stück Ethernet-Patch-Kabel benutzt wurde

In der Praxis hat sich der in Bild 5.8 gezeigte kleine Verteiler bewährt. An ihn kann die Spannungsversorgung angeschlossen werden. Eine Diode sorgt für den notwendigen Schutz vor einer versehentlichen Verpolung, und die LED zeigt eine anliegende Versorgungsspannung an. Die Signalleitungen der Steuergeräte werden mit einem 8p8c-RJ49-Stecker (umgangssprachlich als *RJ45* bezeichnet) verbunden, der in den Verteiler gesteckt werden kann. Die Leitungen sind dann mit den entsprechenden Pins der OBD-II-Buchse und einer Stiftleiste (für Messzwecke) verbunden. So können die Steuergeräte schnell umgesteckt und miteinander kombiniert werden. Die bewährten Stecker, die man vor allem aus der Verbindung von Ethernet-Komponenten kennt, sind robust und lassen sich leicht umstecken. Sie sind preiswert und bieten genügend Kapazität, um alle relevanten Signalleitungen für OBD II aufzunehmen.

Bild 5.8: Verteilerplatine mit OBD-II-Buchse, RJ49-Steckplätzen und Niedervoltbuchse für Steckernetzteil

5.3 Sensoren für das Steuergerät simulieren

Steuergeräte, die losgelöst vom restlichen Auto betrieben werden, reagieren so, wie sie auch im Fahrzeug arbeiten würden: Sie prüfen, ob die angeschlossenen Sensoren etc. plausible Signale liefern, und wenn nicht, werden die entsprechenden Fehlercodes im Speicher abgelegt. Solange Sie nicht sämtliche Komponenten an Ihr Laborgerät anschließen, werden also immer ein paar Fehlercodes vorhanden sein. Diese können Sie nicht (dauerhaft) löschen, aber das stört in der Praxis nicht weiter. Für einzelne Sensoren wird das Steuergerät hingegen einen mehr oder weniger unplausiblen konstanten Messwert liefern. Auch das stört nicht weiter, denn so haben Sie Daten, die Sie auslesen können, die stets gleichbleibend sind und die sich gut analysieren lassen. Um aber auch variable Daten zu bekommen, können Sie dem Steuergerät relativ einfach (natürlich je nach Steuergerät unterschiedliche) Sensoren vorgaukeln. Da die meisten Sensoren einen veränderlichen Widerstandswert liefern, können Sie problemlos einen Festwiderstand oder ein Potenziometer anstatt des ursprünglichen Sensors mit dem Steuergerät verbinden. Man muss lediglich wissen, welcher Widerstandswert benötigt wird und an welche Pins dieser angeschlossen werden muss. Ein Blick in *Autodata* oder den Schaltplan des Fahrzeugs, in dem das Steuergerät verbaut war, kann aufschlussreich sein.

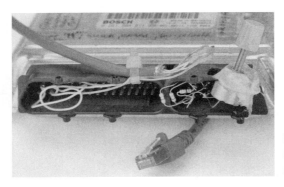

Bild 5.9: Festwiderstände und ein Potenziometer ersetzen reale Sensoren an einer ECU.

Für die in Bild 5.9 gezeigte ECU vom Typ VAG 030 906 032E wurden so mit einfachen Mitteln die Geber für die Einlassluft- und Kühlmitteltemperatur sowie den Einlassluftdruck nachgebildet. Durch den Drehwiderstand mit ca. 2,2 kΩ kann die Lufttemperatur sogar in einem (nicht ganz realistischen) Bereich von 6–129 °C variiert werden.

Tabelle 5.1: Exemplarische Beschaltung einer ECU mit Widerständen anstelle von Messwertgebern

Geber	Messwert	Widerstand	Pin	Pin
Einlasslufttemperatur	6–129 °C	0–2,2 kΩ	54	56
Motor Kühlmitteltemperatur	79 °C	330 Ω	54	74
Einlassluftdruck	590 mbar	1 kΩ	54	70
		10 kΩ	62	70

Ein wenig mehr Aufwand muss betrieben werden, wenn Signale nachgebildet werden sollen, die nicht über einen Widerstandswert, sondern durch ein Impulssignal an das Steuergerät gesendet werden. Hierzu zählen meist die Informationen zur Motordrehzahl oder Fahrzeuggeschwindigkeit, die beispielsweise durch einen Impulsgeber vom ABS-Sensor abgeleitet werden. Wenn Sie am Arbeitsplatz einen Funktionsgenerator besitzen, ist es ein Leichtes, ein Rechtecksignal mit passender Frequenz zu erzeugen und ans Steuergerät anzulegen. Für wenig Geld können Sie auch einen Multivibrator als Bausatz erwerben und sich so einen einfachen Funktionsgenerator zulegen. Die Qualität des Signals und der Tastgrad sind nicht sonderlich bedeutend, solange die Ausgangsfrequenz in etwa zwischen einigen Hertz und ca. 100 Hz einstellbar ist. Welche Frequenz für einen plausiblen Messwert notwendig ist, ist natürlich bei jedem Steuergerät anders. Aber es kann nichts passieren, wenn Sie ein wenig probieren müssen.

Bild 5.10: Einfacher Multivibratorbausatz zur Generierung von Rechtecksignalen (Quelle: Pollin Electronic GmbH)

6 Lösungen für die Diagnose nach OBD II

Der Markt für Diagnosegeräte, die OBD II beherrschen, ist in den letzten Jahren zunehmend gewachsen. Die Zahl der Geräte macht es zwar ein wenig schwieriger, die passende Lösung zu finden, hat aber auch den Vorteil, dass die Geräte erschwinglicher geworden sind. So sind günstige und dennoch brauchbare Lösungen für den Einsteiger und Bastler ebenso erhältlich wie leistungsfähige Geräte für den Werkstatteinsatz. Allerdings werden auch immer mehr extrem billig produzierte Produkte meist aus Fernost (primär bei Internetauktionshäusern) angeboten, die in Deutschland und der EU so nicht auf den Markt gelangen dürften.

Bild 6.1: Symbol zur Kennzeichnung von Elektrogeräten

Diesen Geräten fehlt die notwendige Registrierung gemäß dem Elektro- und Elektronikgerätegesetz, die die WEEE(Waste of Electrical and Electronic Equipment; Elektro- und Elektronikgeräteabfall)-Richtlinie der EU umsetzt. Für Geräte ohne eine entsprechende Registrierung und Kennzeichnung mit der durchgestrichenen Mülltonne ist dann nicht sichergestellt, dass sie die Grenzwerte für Schadstoffe einhalten und/oder verbotene Materialen gar nicht benutzt wurden. Auch die spätere Entsorgung ist nicht ohne Weiteres legal möglich.

Für den Endverbraucher vermutlich entscheidender ist aber, dass es sich bei den Billigimporten oft um illegale Nachbauten teurer Produkte handelt. Bereits bei der Einfuhr können diese vom Zoll beschlagnahmt werden. Viele Geräte funktionieren dann auch nicht hundertprozentig genau wie ein Originalmodell oder benötigen speziell illegal angepasste Software. Der Käufer handelt sich meist mehr Ärger ein, als der finanzielle Anreiz Wert ist. Vor allem der fehlende Support durch den Hersteller fehlt. Zudem ist es frustrierend, wenn die Diagnose mit dem Nachbau eventuell nicht funktioniert, während das Original kein Problem hat, weil hier die Software aktueller als die in der Firmware der Raubkopie verwendete ist.

Bild 6.2: Im Bereich der OBD-II-Diagnoselösungen werden vor allem die Produkte der Firma ELM Electronics häufig illegal kopiert und zu Schleuderpreisen angeboten.

In diesem Buch wird ausschließlich Diagnose-Software für Personal Computer mit einem MS-Windows-Betriebssystem vorgestellt. Einige Programme bereiten unter Windows Vista, 7 und 8 (vor allem als 64-Bit-Version) Probleme, sodass zur Verwendung von Windows XP zu raten ist. Wenn Ihnen das nicht möglich ist, müssen die Programme meist mit Administratorrechten gestartet werden.
Für Mac-Nutzer gibt es leider keine nennenswerte Auswahl an Diagnoselösungen. Einige Programme können in einer Windows-Emulation laufen – allerdings oft nicht sehr zuverlässig.

6.1 Funktionsweise des Diagnose-Interface

Wenn man mit einem PC OBD-II-Fahrzeugdiagnose betreiben möchte, benötigt man auf jeden Fall ein Diagnose-Interface zwischen Computer und Fahrzeug. Eine direkte Verbindung beider Systeme ist nicht möglich und kann sogar zu Schäden führen. Dem Interface kommen dann ein oder zwei Aufgaben zu:

- Wandlung der Signalpegel
- ggf. Protokollinterpretation

Die erste Funktion ist auf jeden Fall notwendig, da eine PC-Schnittstelle mit anderen Signalpegeln arbeitet als die an der OBD-II-Buchse vorhandenen. Auf der Seite des PCs gibt es verschiedene Anschlussmöglichkeiten:

- Parallelport (auch als LPT bezeichnet)
- Serielle Schnittstelle (RS-232, auch als *COM* bezeichnet)
- USB

- Bluetooth

- WLAN

Für den Parallel-Port gibt es faktisch keine Diagnoselösungen am Markt. Die serielle Schnittstelle ist eigentlich sehr praktisch, da sie als einzige Schnittstelle einem Programm erlaubt, Signalflanken relativ exakt auszugeben. Laptops und zunehmend auch Desktop-PCs verfügen inzwischen aber kaum noch über einen seriellen Anschluss (oder haben ihn nicht auf eine Slot-Blende hinausgeführt). So bleibt für die meisten Anwender nur eine der anderen drei Möglichkeiten.

Diagnosegeräte mit Bluetooth oder WLAN haben den Vorteil, dass ein Teil des anfallenden Kabelsalats entfällt. Allerdings sind entsprechende Geräte meist etwas teurer, und es handelt sich stets um Modelle mit einem Protokoll-Interpreter. Der größte Vorteil ist, dass es zwischen PC und Fahrzeug keine elektrische Verbindung gibt und beide Seiten galvanisch getrennt sind. So kann es nicht passieren, dass Ladungsunterschiede, die beim Einstecken des Interface ausgeglichen werden, die eine oder andere Komponente beschädigen. In der Regel ist das aber auch nur dann ein Problem, wenn Sie den PC (oder Laptop) über die Fahrzeugbatterie betreiben.

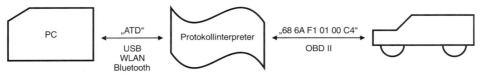

Bild 6.3: Der Interpreter im Diagnose-Interface übersetzt einfache Anweisungen vom PC in OBD-II-Protokolldaten und umgekehrt.

Zwischen Diagnose-Interface und Fahrzeug wird häufig ein OBD-Kabel zur Verbindung genutzt. Es enthält keinerlei Elektronik und darf auf keinen Fall direkt an die serielle Schnittstelle des PCs angeschlossen werden. Sonst könnte es zur Zerstörung der Computer- oder Fahrzeugelektronik kommen – auch wenn die neunpolige Sub-D-Buchse einen Anschluss ermöglicht.

Bild 6.4: Das Verbindungskabel zwischen Diagnosegerät und Fahrzeug darf nicht direkt an einen PC angeschlossen werden.

Unter einem Protokoll-Interpreter versteht man bei Diagnosegeräten, dass im Interface nicht nur eine einfache Signalpegeladaption stattfindet, sondern zusätzlich noch ein Mikrocontroller integriert wurde, der die verschiedenen OBD-II-Protokolle beherrscht. Dessen Aufgabe ist, die Diagnosesitzung mit dem Steuergerät aufzubauen, zu halten (keep alive) und die notwendigen Befehlssequenzen auszutauschen, um Zugriff auf die OBD-II-Funktionen zu bekommen. Zwischen PC und Protokoll-Interpreter findet dann nur eine relativ einfache Kommunikation statt, die nichts mit OBD II zu tun hat und lediglich dazu dient, Daten anzufordern etc. Der Interpreter spielt im Grunde die Rolle eines Übersetzers: Er kann mit einfachen Anweisungen gesteuert werden und übernimmt dann die komplizierte Abwicklung des OBD-II-Protokolls. Der Vorteil ist, dass man sich nicht mit der tatsächlichen Programmierung der verschiedenen OBD-II-Protokolle auseinandersetzen muss. Außerdem ermöglicht ein PC keinen Echtzeitbetrieb, wie er beispielsweise für CAN notwendig wäre: Es ist unmöglich, die genauen Signalzeiten etc. einzuhalten, die notwendig sind. So kümmert sich der Chip um die zeitkritischen Abläufe, und PC-seitig können die Anfragen zu beliebigen Zeitpunkten erfolgen.

Alle Interpreter-Bausteine werden auch als RS-232- oder UART-Interpreter bezeichnet, da die Kommunikation mit ihnen über eine serielle Schnittstelle abläuft. Dadurch wird es sehr einfach möglich, einen Interpreterchip in eine eigene Mikrocontroller-Applikation zu integrieren, da auch nahezu jeder Mikrocontroller über eine serielle Schnittstelle verfügt. Wenn ein fertiges Diagnosegerät USB, Bluetooth oder WLAN anbietet, funktioniert das nur, weil ein zusätzlicher Schnittstellenwandler zwischen Protokoll-Interpreter und PC verbaut wurde.

> Alle Protokoll-Interpreter und Diagnosegeräte bieten die Möglichkeit, selbstständig die unterstützten OBD-II-Protokolle am Fahrzeug auszuprobieren, um zu ermitteln, welches Protokoll die ECU nutzt. Das ist zwar praktisch, birgt aber auch die Gefahr, dass gar keine Verbindung aufgebaut werden kann. Das liegt an der Technik, mit der die Protokolle durchprobiert werden, und daran, wie viel Zeit zwischen den einzelnen Ansprechversuchen liegt. Sollte im Automatikmodus keine Verbindung zustande kommen, bieten die Geräte auch die Möglichkeit, manuell ein Protokoll vorzugeben. So kann man manuell die Protokolle durchprobieren. Wenn man zwischen den einzelnen Versuchen einige Sekunden Zeit verstreichen lässt und die Zündung aus- und wieder einschaltet, steigt die Chance, eine Verbindung aufzubauen.

Bei der Auswahl eines Diagnose-Interfaces mit Protokoll-Interpreter kommt es in erster Linie darauf an, welcher Chip im Interface verbaut wurde. Am Markt gibt es nur etwa eine Handvoll verschiedener Lösungen, die im Wesentlichen ähnliche Leistungsmerkmale bieten. Aus Kostengründen gibt es aber auch Modelle mit reduziertem Leistungsumfang, die dann nicht alle, sondern nur einzelne OBD-II-Protokolle beherrschen. Im Einzelfall kann es sein, dass eine Diagnoseverbindung mit einem Interpreterchip aufgebaut werden kann und mit einem anderen Modell nicht, da die kleinen Abweichungen bei der Protokollumsetzung dann entscheidend sind.

6.2 ELM-Protokoll-Chip

Die kanadische Firma ELM Electronics (*http://www.elmelectronics.com*) gehört zu den Pionieren im Bereich der frei verfügbaren Interpreter-Bausteine. Es handelt sich bei den Chips um programmierbare PIC(Programmable Integrated Circuit)-Mikrocontroller, die mit einer sogenannten Firmware beschrieben wurden. Um den Controller herum wird dann noch etwas analoge Elektronik aufgebaut, um die für die einzelnen OBD-Protokolle benötigten Signalformen zu generieren. Die gute Dokumentation der Bausteine und der mitgelieferte Schaltplan für ein Diagnose-Interface (der sowohl von Hobbybastlern als auch der Industrie nachgebaut wurde) waren sicherlich Gründe für den bis heute anhaltenden Erfolg der ELM-Produkte.

Bild 6.5: Eigenbau eines Diagnose-Interfaces mit ELM 323 (nur ISO 9141 und ISO 14230)

ELM bietet für jeden OBD-II-Protokolltyp einen eigenen Controller an. Lediglich der ELM 327 unterstützt alle Protokolle, sodass er auch in den handelsüblichen Fertiggeräten verbaut wird. Der Markt bietet auf ELM basierende Diagnoselösungen für jede der möglichen Verbindungsvarianten zum PC an. Sie haben alle keinen Einfluss darauf, wie gut die Diagnose funktioniert, sodass Sie hier ein Gerät wählen können, das Ihren Anforderungen am besten entspricht.

Bild 6.6: Der BT OBD 327 ist wohl das kleinste Diagnose-Interface mit Bluetooth und ELM 327

Die Art und Weise, wie vom PC aus mit dem ELM kommuniziert werden kann, ist denkbar einfach. Sie führt dazu, dass es eine Vielzahl von kostenlosen und kostenpflichtigen Programmen für die meisten Plattformen wie Windows, Windows CE und Android gibt. Sie unterscheiden sich lediglich in der Benutzeroberfläche und dem Programmumfang. Da die eigentliche OBD-II-Funktionalität vom Interpreterchip übernommen wird, spielt es im Grunde also keine Rolle, welche Software eingesetzt wird. Es ist sogar möglich, den ELM-Chip nur über ein einfaches Terminalprogramm (wie es bei Windows mitgeliefert wird) zu steuern und Zugriff auf alle Features zu bekommen. Da diese Möglichkeit auch bei allen anderen Protokoll-Interpretern besteht, wird hier die Steuerung exemplarisch ausführlich vorgestellt. Mit den gezeigten Befehlen können Sie dann auch eine eigene Software entwickeln und so den ELM in eigene Applikationen am PC oder einer Mikrocontroller-Schaltung integrieren.

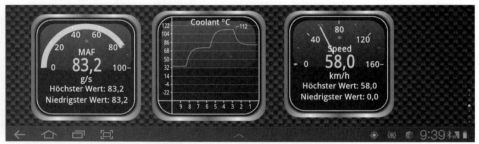

Bild 6.7: Die Android App Torque zeigt auf einem Tablet-Computer Diagnosedaten an, die von einem ELM geliefert werden.

6.2.1 Diagnose-Software für ELM

Exemplarisch wird an einer einfachen Anwendung (ScanMaster von *http://www.wgsoft.de*) gezeigt, wie eine Diagnosesitzung aussehen kann. Sollten Sie ein Diagnose-Interface mit virtuellem COM-Port benutzen und wurde ihn eine zu hohe Nummer vergeben, sehen Sie in Kapitel 7.5 nach, wie Sie die Port-Zuweisung ändern können.

Verbinden Sie Ihr Diagnose-Interface mit dem PC und dem Fahrzeug. Wenn Sie ein Interface mit Bluetooth benutzen, müssen Sie eventuell über den Bluetooth-Treiber noch einen Zahlencode eingeben, um sich beim Interface zu authentifizieren. Für viele Bluetoothgeräte ist das »1234« oder »654321« – weitere Details dazu finden Sie im Handbuch zu Ihrem Gerät.

Fahrzeugseitig müssen Sie auf jeden Fall die Zündung einschalten. Für einzelne Fälle kann auch ein Motorlauf notwendig sein – z. B. wenn Sie die Drehzahl abfragen möchten. Da die meisten Steuergeräte beim Umschalten zwischen »nur Zündung an« und Motorstart ein Reset ausführen, bricht eine bereits bestehende Diagnosesitzung meist in diesem Moment zusammen und muss neu aufgebaut werden.

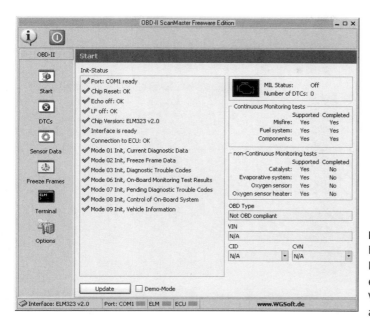

Bild 6.8: Die Software hat ein ELM-323-Interface gefunden und eine OBD-II-Verbindung zur ECU aufgebaut.

Nach dem Start der Software müssen Sie eventuell die Schnittstelle angeben, über die Ihr Interface zu erreichen ist. Manche Programme probieren auch alle verfügbaren Ports automatisch durch, ob ein ELM-Interface gefunden werden kann. Je nach Software wird die Diagnosesitzung automatisch gestartet oder Sie müssen durch Anklicken einer entsprechenden Schaltfläche o. Ä. die Verbindung manuell aufbauen.

Bild 6.8 zeigt, dass ein ELM-Chip und eine ECU gefunden wurden und welche OBD-II-Servicemodes vom Steuergerät unterstützt werden. Solange es zu keinen gravierenden Kommunikationsfehlern kommt oder die Zündung ausgeschaltet wird, bleibt die Diagnoseverbindung i. d. R. ab jetzt bestehen und wird vom Protokoll-Chip aktiv aufrechterhalten. Dazu sendet dieser in regelmäßigen Abständen eine kurze Botschaft an die ECU, was ggf. durch das Aufblinken einer LED zu erkennen ist.

Anschließend können die Messwerte abgerufen werden. Die meisten Programme bieten verschiedene Darstellungsformen wie Zahlenwerte, Diagramme oder virtuelle Kombiinstrumente an. Wenn sich die von der jeweiligen ECU nicht unterstützten PIDs ausblenden lassen, wird die Darstellung meist übersichtlicher. Die Abtastrate der ausgewählten Sensoren hängt vor allem vom OBD-II-Protokoll und der Anzahl der darzustellenden PIDs ab. Bei CAN kann ein einzelner Wert durchaus mehrmals pro Sekunde von der ECU gesendet werden.

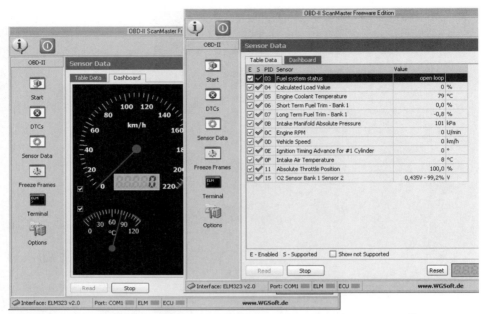

Bild 6.9: Sensordaten können sowohl als Zahlenwert als auch auf einem virtuellen Dashboard angezeigt werden.

Eine weitere wichtige Funktion ist die Anzeige der gespeicherten Fehler (DTCs). Das Programm kann alle im Steuergerät abgelegten Fehler abrufen und den dazugehörenden genormten Fehlercode anzeigen. Bei Freeware-Programmen fehlt oft die Möglichkeit einer Anzeige der Fehlerbeschreibung oder nicht für alle Codes ist eine hinterlegt. In dem Fall lassen sich aber im Internet fast alle Codes und deren Klartextbeschreibung auch in verschiedenen Sprachen finden. Wenn Sie die Fehlerursache behoben haben, können Sie die Einträge natürlich auch löschen. Bedenken Sie aber immer, dass dabei auch weitere Speichereinträge gelöscht oder zurückgesetzt werden und eventuell für eine zusätzlich notwendige Reparatur in einer Werkstatt hilfreiche Informationen verloren gehen können. Sollten nach einem Löschvorgang gleich wieder neue Fehler auftreten, war die Reparatur nicht erfolgreich oder es handelt sich um Fehler, die zuvor nicht von der ECU erkannt werden konnten.

Umfangreiche Programme bieten Ihnen natürlich auch noch Zugriff auf alle weiteren OBD-II-Funktionen. Sie können beispielsweise Freeze-Frame-Daten anzeigen, wenn ein Fehler gespeichert wurde, der zum Aufleuchten der MIL führte, oder Sie erhalten einen Überblick über die Testwerte der Lambdasonde etc.

6.2 ELM-Protokoll-Chip   133

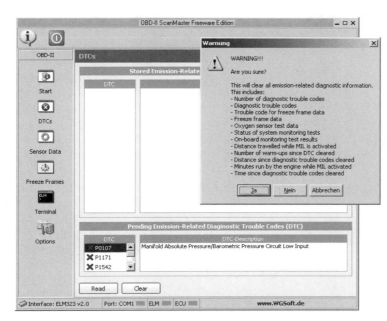

Bild 6.10: In der verwendeten ECU sind keine dauerhaften (SID $03) Fehlercodes, aber einige temporäre (SID $07) abgelegt – inkl. Sicherheitsabfrage vor dem endgültigen Löschen der Codes.

Wenn Sie mit Ihrer Diagnosesitzung fertig sind, können Sie die Verbindung zum Steuergerät über die Software abbauen. Allerdings ist das im Grunde nicht erforderlich – Sie können auch einfach die Zündung ausschalten und das Diagnose-Interface abziehen oder die Software beenden. Wenn einige Sekunden lang keine Daten an die ECU gesendet werden, beendet diese automatisch die Verbindung. Spätestens nach dem Abziehen des Zündschlüssels wird das Steuergerät sowieso weitestgehend oder komplett stromlos geschaltet. Wenn die Diagnoseverbindung auf diese etwas unsaubere, aber unschädliche Art beendet wird, kann eine anschließende neue Verbindung eventuell nicht innerhalb weniger Sekunden wieder neu aufgebaut werden, sondern benötigt etwas mehr Zeit.

6.2.2   Per Terminal-Zugriff mit einem ELM kommunizieren

Auf der PC-Seite kann der ELM mit einigen wenigen Befehlen, die aus Zeichen und Zahlen bestehen, gesteuert werden, die an ihn über die (virtuelle) serielle Schnittstelle geschickt werden. Damit verhält sich der ELM wie ein altes Modem und deshalb genügt auch ein eher historisches Terminal-Programm, wie es bei Windows XP standardmäßig installiert ist.

Verbinden Sie Ihr Diagnose-Interface mit dem Auto und schalten Sie die Zündung ein. Wenn Sie über einen virtuellen Bluetooth-COM-Port mit dem Interface kommunizieren, spielt die Baudrate zwischen PC und Interface keine Rolle. Bei einem echten seriellen Anschluss oder USB müssen Sie im Handbuch zum Interface nachlesen, mit welcher Baudrate die Schnittstelle arbeitet. Üblicherweise sind es 9.600, 19.200 oder 38.400 Baud. Bei Windows XP finden Sie das Programm *HyperTerminal* unter *Start/ Programme/Zubehör/Kommunikation*. Bei neueren Windows-Versionen ist das Programm nicht mehr enthalten.

Sie können es aber installieren, indem Sie die Dateien

- *hypertrm.exe*
- *htrn_jis.dll*
- *hypertrm.dll*
- *hticons.dll*

von einem System mit Windows XP kopieren. Oder Sie installieren ein anderes frei verfügbares Programm wie beispielsweise HTerm.

Bild 6.11: Nach dem Programmstart von HyperTerminal müssen Sie einen beliebigen Namen für die Verbindung eingeben und eines der Symbole wählen. Anschließend stellen Sie noch den richtigen COM-Port ein.

Das Programm versucht jetzt, eine Verbindung zum angeschlossenen Interface aufzubauen. Wenn das nicht klappen sollte, weil Sie z. B. die richtige Baudrate vorgeben müssen, wählen Sie ggf. den Menüpunkt *Anrufen/Trennen* und dann *Datei/Eigenschaften*.

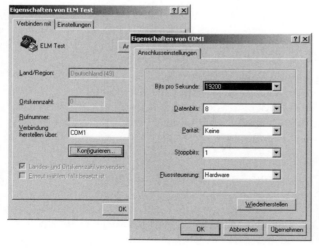

Bild 6.12: Über die Schaltfläche *Konfigurieren* kommen Sie zu den Schnittstelleneinstellungen, in denen Sie u. a. die Baudrate vorgeben können.

Bild 6.13: Nach dem Herstellen der Verbindung (Anrufen/Anrufen) meldet sich der ELM mit der Eingabeaufforderung.

Der ELM ist werkseitig so eingestellt, dass er alle eingegebenen Zeichen als Echo zurücksendet. Dann wird eine Befehlseingabe mit einem Wagenrücklauf und einem Zeilenvorschub (CR+LF) abgeschlossen, was durch Drücken der Enter-Taste am PC (beim Nummernblock) erfolgt. Das kann durch Software-Befehle auch umkonfiguriert werden. Ebenso ist es möglich, dass das Terminalprogramm die eingegebenen Zeichen selbst darstellt (lokales Echo) und selbstständig einen Zeilenvorschub sendet oder bei empfangenen Zeilen anhängt. Das können Sie einstellen, wenn Sie den Menüpunkt *Datei/Eigenschaften* aufrufen, im erscheinenden Fenster auf die Registerkarte *Einstellungen* wechseln, dort auf *ASCII-Konfiguration* klicken und dann die entsprechenden Optionen wählen.

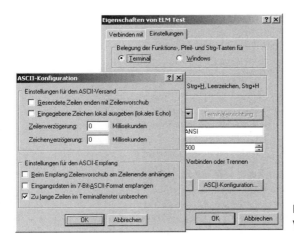

Bild 6.14: Konfiguration des Verhaltens von HyperTerm

Der ELM wartet immer auf den Empfang eines vollständigen Befehls, bevor er reagiert. Wenn der Befehl nicht korrekt ist, weil Sie sich verschrieben haben oder der Befehl derzeit nicht verfügbar ist, wird mit einem Fragezeichen geantwortet. Korrekt ausgeführte Befehle werden mit *OK* bestätigt. Anschließend signalisiert die Eingabeaufforderung > die Bereitschaft für den nächsten Befehl. Es wird nicht zwischen Groß- und Kleinschreibung unterschieden und Leerzeichen zwischen Teilen eines Befehls können weggelassen werden. Alle Befehle, die mit der Zeichenkette »AT« beginnen, steuern den Controller und haben nichts mit OBD II zu tun, sodass auch keine Diagnoseverbindung bestehen muss.

Bild 6.15: Um die Einstellungen des ELM zurückzusetzen, senden Sie am Anfang den Befehl »atz«, woraufhin sich der Controller mit seiner Typenbezeichnung und Versionsnummer meldet.

Damit der ELM eine Verbindung zum Motorsteuergerät aufbaut, brauchen Sie nur eine Datenanforderung zu senden. Wenn noch keine Verbindung besteht, versucht der ELM eine Diagnoseverbindung aufzubauen. Dazu probiert er alle Protokollvarianten durch, die er unterstützt, was natürlich ein wenig dauern kann. Steht die Verbindung erst einmal, kümmert sich der ELM selbstständig darum, die Verbindung aufrechtzuerhalten, und OBD-II-Befehle werden schneller beantwortet als bei der ersten Befehlsausführung.

Die OBD-II-Kommandos beginnen immer mit einem zweistelligen Code für den entsprechenden Servicemodus. Wenn Sie also Diagnosedaten über SID $01 abfragen wollen, geben Sie »01« ein. Je nach Servicemodus sind eventuell noch weitere Angaben erforderlich. Alle Zahlenangaben sind stets zweistellig und im Hexadezimalsystem. Um zuerst einmal eine Diagnoseverbindung aufzubauen, ist es ratsam, sich über SID $01 die PIDs liefern zu lassen, die von der ECU unterstützt werden. Informationen über die ersten 32 implementierten PIDs liefert eine Abfrage von PID $00.

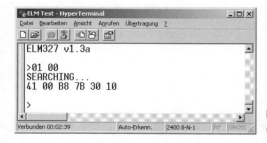

Bild 6.16: Abfrage der verfügbaren PIDs über SID $01

Die Ausgabe *SEARCHING* (bei älteren Versionen *BUS INIT: ...OK*) weist darauf hin, dass die Verbindung zum Fahrzeug aufgebaut wird. Sobald das erfolgreich abgeschlossen ist, kommt die Antwort, die aus drei Teilen besteht:

Tabelle 6.1: Exemplarische Antwort des ELM

SID / 40h	PID	Byte A–D
41	00	B8 7B 30 10

- Das erste Byte einer Antwort ist immer der Wert für den angeforderten Service (in diesem Fall SID $01), dessen zweithöchstes Bit auf 1 gesetzt wurde. Dies entspricht einer logischen Oder-Verknüpfung des SID mit dem Wert 40h. Eine solche Disjunktion wird in einigen Programmiersprachen mit einem »|« (Pipe-Zeichen) und in der Mathematik mit einem » « (das lateinische Wort für »oder« lautet »vel«) dargestellt.

- Das zweite Byte gibt in diesem Fall an, welcher PID abgefragt wurde.
- Die folgenden vier Bytes sind die Antwort-Bytes A bis D. Je nach PID (vgl. Anhang A: Definition und Skalierung der Parameter Identifier (PID)) und SID ist die Zahl der Bytes unterschiedlich.

Die vier Daten-Bytes müssen noch entsprechend ausgewertet werden. Im Fall von PID $00 müssen die hexadezimalen Werte der Bytes ins Binärsystem übertragen werden: 1011 1000 0111 1011 0011 0000 0001 0000. Jedes gesetzte Bit gibt (von links beginnend) an, welche weiteren Parameter Identifier die ECU kennt. Die ECU aus dem Beispiel unterstützt also die PIDs Nummer 1, 3, 4, 5, 10, 11, 12, 13, 15, 16, 19, 20 und 28. Nachdem Sie nun wissen, dass beispielsweise mit PID 16 (10h) der Luftdurchfluss am Luftmassensensor verfügbar ist, können Sie den aktuellen Sensorwert abfragen.

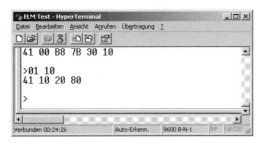

Bild 6.17: Abfrage von PID $10 über SID $01 und die exemplarische Antwort

Der Luftdurchsatz wird in g/s gemessen und liegt im Bereich von 0–655,35, wozu zwei Daten-Bytes als Antwort vorgesehen sind. Um aus den beiden Bytes einen realen Messwert zu berechnen, müssen die Zahlen erst einmal in einen Byte-Wert und ins Dezimalsystem konvertiert werden: 2080h = 8.320d. Jetzt kann mit der Formel aus Kapitel 4.1.2 der tatsächliche Wert ermittelt werden.

$$\frac{8.320}{2^{16}-1} \times (655{,}35 - 0) + 0 = 83{,}2 \ g/s$$

Wenn Sie einen anderen Wert auslesen oder den gleichen Messwertgeber erneut abfragen wollen, können Sie jederzeit eine neue Anforderung an den ELM schicken.

Das Auslesen von Fehlercodes (SID $03 und $07) ist noch einfacher, da hierbei keinerlei Parameter übergeben werden müssen. Die Rückmeldung sieht allerdings je nach Diagnoseprotokoll ein wenig unterschiedlich aus: Bei CAN wird zuerst in einer Zeile die Anzahl der Daten-Bytes angegeben (im Beispiel 10h) und anschließend über mehrere fortlaufend nummerierte Zeilen hinweg Daten-Bytes. Bei allen anderen Protokollen erfolgt die Ausgabe in Blöcken à sieben Bytes, wobei das erste Byte immer der mit 40h Oder-verknüpfte abgefragte Service Identifier ist.

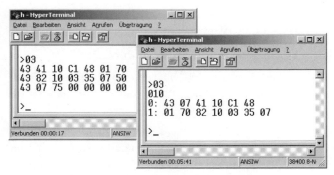

Bild 6.18: Auslesen der Fehlercodes bei ISO 9141 und CAN (rechts)

Die exemplarischen per ISO 9141 abgefragten Daten lassen sich relativ einfach interpretieren: Jeweils zwei Bytes zusammen bilden einen Fehlercode: 4110h kann (wie in Kapitel 4.3 beschrieben) zum Fehlercode C0110 übersetzt werden. Nachfolgend kommen die DTCs U0148, P0170, B0210, P0335, P0750 und P0775. Sind in der letzten Zeile weniger als drei Fehlercodes/sechs Bytes belegt, werden die letzten Bytes mit 00 gefüllt.

Etwas verwirrend ist die Ausgabe bei CAN, denn die Anzahl der Daten-Bytes wird mit 10h (16d) angegeben. Allerdings sind 13 Bytes vorhanden. Das erste Byte 43h ist wie immer die Antwortkennzeichnung, bei der der abgefragte PID $03 mit 40h Oder-verknüpft wurde. Die nächste Zahl gibt die Anzahl der tatsächlich vorhanden DTCs an: sieben. Die weiteren Bytes sind dann paarweise wieder die Fehlercodes.

Um den angeblichen 16 Daten-Bytes auf die Spur zu kommen, ist es notwendig, den ELM umzukonfigurieren und ihn anzuweisen, die Headerbytes mit auszugeben. Dies geschieht mit dem Befehl *AT H1*. Werden anschließend noch einmal die Fehler ausgelesen, sieht die Antwort ein wenig anders aus.

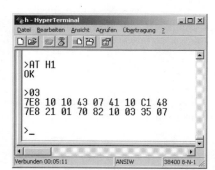

Bild 6.19: Ausgabe der Botschafts-Header bei CAN

Die erste dreistellige Zahl 7E8h ist die CAN-ID, die das abgefragte Motorsteuergerät sendet, um den Tester zu adressieren. Bei der folgenden (ersten) 10h handelt es sich um das sogenannte PCI-Byte, das anzeigt, dass die Antwort aus mehreren CAN-Botschaften besteht. Die nächste (zweite) 10h informiert über die Anzahl der tatsächlichen Nutz-Bytes (16d) und ist die Zahl, die auch bei ausgeschalteter Anzeige der Headerinformationen als Erstes ausgegeben wird. Anschließend folgt die übliche Kennung für eine OBD-II-Antwort (40h | 03h = 43h) und die Anzahl der DTCs: sieben. In den restlichen verfügbaren Bytes der ersten CAN-Nachricht folgen dann die ersten vier Bytes für die ersten zwei Fehlercodes: 4110 und C148 können schon in die DTCs C0110 und U0148 übersetzt werden. Die zweiten CAN-Botschaft wird wieder mit der Adresse 7E8h eingeleitet. Der Wert 21h des PCI-Bytes bedeutet, dass es sich hierbei um das erste sogenannte Consecutive Frame handelt – also die erste Botschaft, die zu einer vorher gesendeten gehört. Bei der zweiten Folgebotschaft würde das PCI-Byte 22h lauten usw. Anschließend folgen die Bytes für die weiteren Fehler: 0170h, 8210h, 0335h und 07h. Wenn Sie genau mitzählen, wird Ihnen auffallen, dass da etwas nicht stimmen kann: Bisher sind Bytes nur für fünf Fehler vollständig übertragen worden. Das Byte 07h gehört zu dem Fehler 0750h. Auch die Bytes 0775h fehlen noch. Eigentlich müsste deshalb noch ein weiteres Consecutive Frame kommen. Ein unbestimmter Fehler zwischen ECU (in dem Fall ein Simulator) und dem ELM unterschlägt dieses aber, sodass die Daten nicht vollständig sind.

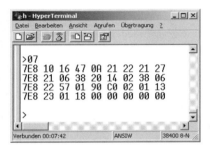

Bild 6.20: Korrekte Ausgabe aller CAN-Botschaften bei einer realen ECU mit eingeschalteter Ausgabe der Headerbytes: Um 22 (16h) Nutzdaten und alle zehn (0Ah) temporären (SID $07) DTCs auszugeben, sind zusätzlich drei Consecutive-Frames (21h–23h) notwendig.

Nachdem die Fehlercodes ausgelesen wurden, können sie natürlich auch gelöscht werden. Dabei ist zu beachten, dass dies ohne weitere Sicherheitsrückfrage geschieht. Gemäß ISO 15031-4 ist es Aufgabe einer Diagnose-Software, den Benutzer vor der endgültigen Ausführung des Befehls noch einmal zu fragen. Damit soll vermieden werden, dass nicht aus Versehen wertvolle Informationen für die Werkstatt verloren gehen oder z. B. der Readinesscode zurückgesetzt wird, wodurch anschließend eine Hauptuntersuchung beim TÜV nicht bestanden werden kann.

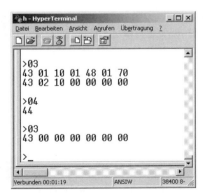

Bild 6.21: Nach dem Löschen der vier DTCs mit dem Kommando 04 sind keine Fehler mehr in der ECU gespeichert.

Die Löschanweisung wird durch Ausführen einer Anforderung an Servicemode $04 ausgeführt. Der ELM bestätigt die Durchführung lediglich mit dem üblichen Oder-verknüpften Byte der Anforderung. Es wird keine Information darüber gegeben, ob die Löschung erfolgreich war und ob jetzt alle Fehler aus dem Steuergerät entfernt wurden. Um das zu verifizieren, ist ein erneutes Auslesen aller Fehlerspeicher durch den Anwender erforderlich.

Um zu ermitteln, mit welchem Protokoll der ELM auf das Steuergerät zugreift, können Sie einen AT-Befehl nutzen, der ELM-spezifisch ist und nicht dem OBD-II-Befehlssatz entspringt: *AT DP*. Viele weitere interne Befehle werden in den sehr umfangreichen und gut verständlichen (englischsprachigen) Datenblättern der ELM-Chips aufgeführt, die Sie auf der Website von ELM Electronis finden.

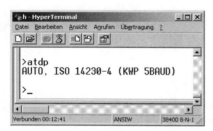

Bild 6.22: Derzeit kommuniziert der ELM mit der ECU über das automatisch erkannte (*AUTO*)-OBD-II-Protokoll ISO 14230, das mit der langsamen Initialisierung (*5BAUD*) gestartet wurde.

6.3 Weitere Protokoll-Chips

Neben den vorgestellten Protokoll-Interpretern der ELM-Familie gibt es auch einige andere Modelle weiterer Hersteller. Allen gemein ist stets, dass sie im Grunde ähnlich funktionieren: Es handelt sich um programmierte Mikrocontroller, die sich um die Interpretation der OBD-II-Protokolle kümmern und dem Anwender über einen einfachen Befehlssatz den Zugriff ermöglichen. Da sich die Steuerung der Chips über die Befehle, wie sie beim ELM benutzt werden, als praktisch bewährt hat, verwenden alle Hersteller einen ähnlichen, meist stark kompatiblen Befehlssatz. So klappt der Umstieg auf einen anderen Interpreterchip meist reibungslos. Für welchen Chip man sich entscheidet, hängt primär von einigen wenigen Faktoren ab:

- *Anschaffungspreis*: Hier muss zwischen dem reinen Interpreterchip und einem eventuell bereits aufgebauten Diagnose-Interface, bei dem der Chip schon mit der notwendigen peripheren Beschaltung versehen ist, unterschieden werden.
- *Protokoll(e):* Welche Protokolle der Interpreter beherrscht und welche tatsächlich benötigt werden, hängt von Ihrem individuellen Einsatzgebiet ab. Wenn alle ISO- und SAE-Protokolle verfügbar sind, ist das natürlich praktisch, führt aber i. d. R. dazu, dass der Chip und die zusätzliche Elektronik etwas mehr kosten.
- *Protokollqualität*: Wie gut der Interpreter ein oder mehrere Protokolle beherrscht und ob es eventuell Probleme beim (automatischen) Verbindungsaufbau oder bei kleinen Ungenauigkeiten in der normgerechten Umsetzung gibt, lässt sich nur schwer abschätzen. Einen Hinweis können die bereits vorgestellten Websites liefern, in denen Anwender ihre Erfahrungen in Datenbanken eintragen.

- *Update-Fähigkeit*: Controller neuerer Generation können häufig per Software mit einem Update versehen werden. Das geschieht über einen sogenannten Bootloader, ohne dass der Chip dazu ausgelötet werden muss o. Ä. Wenn der Hersteller einen entsprechenden Service anbietet, werden eventuelle Kommunikationsprobleme vielleicht mit einer neueren Firmware beseitigt.

- *Geschwindigkeit*: Die meisten Hersteller werben mit diesem Merkmal. In der Praxis dürfte es aber relativ unbedeutend sein, ob die Daten mit maximaler Rate verfügbar sind – zumal die Geschwindigkeit primär vom jeweiligen OBD-II-Protokoll und dem Steuergerät abhängt.

- *Software*: Die Verfügbarkeit an (kostenlosen) Diagnoseprogrammen ist entscheidend, wenn Sie nicht selbst eine Anwendung entwickeln wollen. Viele Anbieter fertiger Diagnose-Tools liefern ein Diagnoseprogramm mit – wenn Sie nur einen Interpreterchip kaufen, müssen Sie eventuell selbst noch die Software erwerben.

Da die meisten Protokoll-Interpreter mehr oder weniger kompatibel zum ELM-Befehlssatz sind, können viele Diagnoseprogramme, die für den ELM erstellt wurden, auch mit den anderen Modellen arbeiten. Je nach Software kann es allerdings sein, dass die Software-Autoren Befehle an den Chip senden und Antworten erwarten, die nur ein bestimmter Chip so beherrscht. Ein wichtiges Erkennungsmerkmal der Chips ist die Produktkennung und Versionsnummer, die beim Einschalten oder beim Reset gesendet wird. Bei ELM ist das z. B. *ELM327 v1.3a*. Um der Diagnose-Software einen ELM-Chip unterzuschieben, der kein echter ist, beherrschen die meisten Chips die Möglichkeit, ihre Kennung umzuprogrammieren. Beim BT OBD W3 funktioniert das mit dem Befehl *AXWRI*. Da der Chip die ELM-Befehle interpretieren kann, funktionieren die meisten Softwaretools anschließend mit diesem Chip, wenn man einmal manuell die Kennung per Terminalprogramm modifiziert hat.

Bild 6.23: Mit dem Befehl *AXWRI* gibt sich der BT OBD W3 anschließend als ELM-Chip aus.

Die folgenden Ausführungen zeigen einen kleinen Überblick der wichtigsten am Markt erhältlichen Interpreterchips.

6.3.1 mOByDic

Die türkische Firma Özen Electronic (*http://www.ozenelektronik.com*) produziert die mOByDic-Protokoll-Interpreterchips vom Typ OE90C2x00 und fertige Diagnosegeräte auf Basis dieser Chips. Die aktuelle Version OE90C2800 beherrscht sämtliche OBD-II-

Protokolle. Der OE90C2700 kann sogar auf einige rudimentäre Funktionen der herstellerspezifischen Diagnoseprotokolle wie KW1281, KW71 und KW82 zugreifen. Allerdings wird das von keiner OBD-II-Software unterstützt, sodass hier nur die direkte Kommunikation über ein Terminal-Programm bleibt. Der Befehlssatz des mOByDic weicht von dem bei anderen Protokoll-Interpretern stark ab und ist nicht kompatibel zu ELM, auch wenn die grundlegenden Befehle gleich funktionieren und nur anders aufgerufen werden.

Bild 6.24: Diagnose-Interface für RS-232 auf Basis des Özen-Multiprotokoll-Interpreters

Eine Eigenart der mOByDic-Interpreter ist, dass sie nicht erst auf einen Befehl zum Aufbau einer Diagnoseverbindung warten. Gleich nach Anlegen der Versorgungsspannung versuchen sie, sich mit der ECU zu verbinden. Deshalb sollte die Zündung im Fahrzeug eingeschaltet werden, bevor das Gerät eingesteckt wird.

6.3.2 STN1110

Der Interpreterchip STN1110 der amerikanischen Firma OBD Solutions (*http://www.obdsol.com*) ist relativ neu am Markt und kann vielleicht als inoffizieller Nachfolger der ELM-Chips angesehen werden. Er ist zu 100 % kompatibel mit dessen Befehlssatz, und selbst die beim Start ausgegebene Kennung gleicht der eines ELMs. Preislich liegt er allerdings deutlich unter dem, was für einen ELM bezahlt werden muss. Zusätzlich verfügt er auch über Features, die bei ELM bisher nicht integriert wurden. So kann er über einen Bootloader jederzeit mit Updates aktualisiert werden und unterstützt das OBD-II-Protokoll SAE J1939 für Nutzfahrzeuge. Da er in den drei Bauformen SPDIP, SOIC und QFN-S erhältlich ist, kann er gut in verschiedenen Hardware-Umgebungen integriert werden.

Bild 6.25: STN1110 Multiprotokoll UART Interpreter

6.3.3 Diamex und OBD-Diag

Unter den Namen *Diamex* und *OBD-Diag* werden unterschiedliche Diagnose-Interfaces angeboten. In ihnen sind verschiedene Versionen eines Protokoll-Interpreters verbaut sind, die von den Entwicklern bei den OBD-Diag-Geräten als AGV bezeichnet werden. Der Befehlssatz ist zum Teil kompatibel zu ELM. Allerdings melden sich die Geräte beim Einschalten mit einer eigenen Produktkennung, sodass die Software damit umgehen können muss, wenn sie speziell für ELM-Chips entwickelt wurde. Davon abgesehen gibt es aber auch einige Programme, die speziell für die Diamex-Interfaces entwickelt wurden, und eine Version liegt auch immer den Geräten bei.

Bild 6.26: OBD-Diag expert auf Basis eines AGV

Die OBD-Diag-Interfaces unterscheiden sich vor allem im Umfang der unterstützten Protokolle und den zusätzlichen Leistungsmerkmalen, die nicht unmittelbar für OBD II benötigt werden. Einige Geräte beherrschen nur die älteren OBD-II-Protokolle und nicht CAN und teilweise auch nicht PWM/VPW. Dadurch sind die Modelle günstiger. Der AGV 3001 dient lediglich als KKL-Interface und unterstützt OBD II gar nicht. Hier ist vor allem beim Kauf Vorsicht geboten, da dubiose Anbieter in Internetauktionen das Modell trotzdem gern als OBD-II-tauglich anpreisen. Eine solche Nutzung wäre aber nur mit einer OBD-II-Software möglich, die das Protokoll softwaremäßig implementiert hat (z. B. OBD Scan Tech). Die anderen Modelle bieten teilweise eine direkte Anzeige des erkannten OBD-II-Protokolls auf einer Sieben-Segment-LED oder unterstützen den Low-Level Zugriff auf CAN (oft *LawIcel* genannt). Wenn während des Einsteckens ins Auto der integrierte Taster am Interface gedrückt wird, schalten die meisten OBD-Diag-Interfaces in den KKL-Modus, in dem der interne Protokoll-Chip deaktiviert ist. In Einzelfällen kommt es aber vor, dass im KKL-Modus keine Verbindung zum Fahrzeug aufgebaut werden kann, während es mit einem einfachen reinen KL- oder KKL-Interface möglich ist. Das liegt dann meist daran, dass die Daten auch im KKL-Modus durch den internen Mikrocontroller laufen und von diesem kontrolliert werden, was zu minimaler Latenz führt.

In den Diamex-Geräten, zu denen auch eine Reihe an Handheld-Modellen und sogar ein Interface für den ExpressCard-Port bei Laptops zählt, arbeitet ein anderer Prozessor mit einer neu entwickelten Firmware. Diese ist bei der OBD-II-Kommunikation gegenüber den OBD-Diag-Modellen teilweise zuverlässiger.

6.3.4 Diamex DXM

Der DXM ist kein direkt nutzbares Diagnosegerät, sondern eine lediglich 21 x 36 mm kleine Modulplattform. Auf ihr wurden sämtliche Funktionen und Komponenten auf engstem Raum integriert, um das Modul in eigene OBD-II-Applikationen zu integrieren. So muss man sich keinerlei Gedanken um die OBD-II-Anbindung machen, sondern kann sich ganz auf die eigene Anwendung konzentrieren.

Bild 6.27: DXM-Modul auf einer Leiterplatte für ein Handheld-Diagnosegerät

Das Modul enthält alle Bauteile, die bei einem ELM- oder STN1110-Chip etc. erst noch an Peripherie benötigt werden. Der DXM kann direkt mit allen OBD-II-Signalleitungen und einer seriellen Schnittstelle beispielsweise eines Mikrocontrollers verbunden werden. Nur wenn das Modul mit einem PC verbunden werden soll, wird noch ein RS-232-Wandler o. Ä. benötigt. Gesteuert wird das Modul über die dem ELM bekannte Syntax mit einfachen Befehlen.

6.4 Handheld-Geräte

Von Laptop oder PC unabhängig sind tragbare unabhängige Diagnosetester als Handgerät. Ihr Vorteil liegt vor allem darin, dass sie ohne zusätzliche Software auskommen und überall eingesetzt werden können. Da sie klein sind, bietet es sich sogar an, ein solches Gerät stets im Fahrzeug mitzuführen. Dann kann man bei einer möglichen Panne oder dem Aufleuchten der MIL sofort eine erste Diagnose durchführen, ohne auf eine Werkstatt etc. angewiesen zu sein. Auch beim Kauf eines Gebrauchtwagens können solche Geräte praktisch sein. Sie können damit zumindest feststellen, ob der Wagen in Bezug auf die abgasrelevanten Baugruppen fehlerfrei ist, nachdem Sie eine Probefahrt unternommen haben.

Bild 6.28: Handgeräte wie der Diamex DX65 eignen sich gut für den mobilen Einsatz und als ständige Begleiter im Auto.

Bei der Wahl eines geeigneten Geräts ist wie bei allen OBD-II-Lösungen darauf zu achten, welche Protokolle und Funktionen unterstützt werden. Mittlerweile werden auch beim Lebensmitteldiscounter und im Baumarkt preiswerte Geräte angeboten, die aber nur bedingt geeignet sind. Diese beherrschen meist lediglich einige Protokolle und können auch nur Fehlercodes auslesen und löschen. Der DTC wird dann nur als genormter Code angezeigt, und ggf. wird ein Heft mitgeliefert, in dem die Bedeutung nachgeschlagen werden muss. Fehlt dieses, müssen Sie im Internet danach suchen, was unterwegs eventuell schwerfällt. Leistungsfähigere Geräte sind nicht wesentlich teurer, zeigen aber zu vielen DTCs auch gleich eine (ggf. sogar deutschsprachige) Beschreibung an. Zudem beherrschen sie auch weitere OBD-II-Funktionen wie z. B. die Anzeige von Messwerten inklusive Readinesscode, Freeze Frame Daten oder die Fahrgestellnummer. Letzteres kann beim Gebrauchtwagenkauf interessant sein, um Manipulationen aufzudecken.

Geräte, die im rauen Werkstatteinsatz täglich genutzt werden, sollten entsprechend robust sein und sich ggf. auch mit Handschuhen bedienen lassen. Vor allem von Touchscreens, die mit dem Finger und nicht mit einem Stift berührt werden, ist eher

Abstand zu nehmen. Oft haften aggressive Öle und andere Stoffe an den Fingern, die das Display auf Dauer beschädigen können.

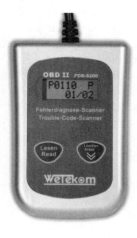

Bild 6.29: Typisches Low-Budget-Diagnosegerät, das unter diversen Marken vertrieben wird

Das Handheldgerät Moboscan 8200/8400 (vermutlich von der Firma innologic hergestellt) wird von zahlreichen Anbietern umgelabelt und als Eigenmarke vertrieben: so z. B. von Westfalia unter der Bezeichnung Wetekom FDS-5200, von Batavia unter der Nummer 5200, von Cartrend mit der Artikelnummer 80234 oder einfach als »OBD II«. Ein Blick ins Innere auf die Platine verrät aber den Ursprung. Zu beachten ist, dass es vier verschiedene Modelle gibt, die äußerlich (fast) identisch sind: 8200, 8300, 8350 und 8400. Die Modelle 83x0 eignen sich nur für Fahrzeuge von VAG. Das Modell 8200 beherrscht nicht alle OBD-II-Protokolle (alle außer CAN). Nur Modell 8400 beherrscht alle OBD-II-Protokolle inklusive CAN. Aus diesem Grund ist genau darauf achten, welche Protokolle der jeweilige Anbieter angibt. Hauptmerkmale des Geräts sind der sehr günstige Preis um die 40 Euro und das 2 x 8 Zeichen große Textdisplay.

Nachteilig bei den gängigen Handgeräten ist, dass sie keine Daten aufzeichnen können und auch keine (brauchbare) grafische Auswertung bieten. Einige Modelle zeigen zwar auf einem Grafik-Display Messkurven an, die Auflösung genügt aber eigentlich nur, um einen allgemeinen Trend abzulesen. Für genaue Analysen eignet sie sich nicht, zumal die Ausgabe meist recht langsam ist. Derartige Funktionen lassen sich eigentlich nur auf einem PC brauchbar realisieren. Einige Handmodelle können dazu auch als normales Diagnose-Interface arbeiten und zwischen Fahrzeug und PC betrieben werden. Die meisten Geräte verfügen aber nicht über diese Möglichkeit, sodass ggf. ein zweites Interface für den Einsatz am Laptop oder am PC erforderlich ist.

> Auf keinen Fall darf eine eventuell vorhandene neunpolige Sub-D-Buchse des Handhelds mit einem PC verbunden werden, wenn sie nicht explizit dafür ausgewiesen ist. Die Buchse dient lediglich zum Anschluss des bereits in Bild 6.4 gezeigten Verbindungskabels.

6.5 Weitere OBD-II-Anwendungen

Theoretisch ist es möglich, auch ohne aufwendige Hardware einige OBD-II-Protokolle in Software am Computer umzusetzen und so auf die etwas teureren Interpreterchips zu verzichten. Dafür ist dann nur ein einfaches Interface zur Wandlung der Signalpegel notwendig, um die unterschiedlichen Spannungen zwischen PC und Fahrzeug zu erzeugen. Solche Interfaces werden in den Kapiteln 7.4 und 7.5 im Detail vorgestellt. Die Schwierigkeit bei solchen Software-Projekten ist, dass ein PC keine genaue Kontrolle über die Schnittstellen und die Ausführungszeiten eines Programms erlaubt. Für Teile der Diagnosekommunikation ist es aber wichtig, dass ein bestimmter Signalpegel über eine genau definierte Zeitspanne im Millisekundenbereich erzeugt wird. Weicht das erzeugte Signalmuster nur ein wenig von den Vorgaben ab, kann die Diagnosesitzung nicht initialisiert werden. Die Leistungsfähigkeit des jeweiligen Rechners, parallel laufende Prozesse und die Art der verbauten Schnittstellenperipherie sind so vielfältig, dass eine Software-Lösung mit vielen Problemen zu kämpfen hat. Das CAN-Protokoll kann gar nicht am PC emuliert werden, da hier das Timing bei sehr kurzen Zeitabständen noch viel kritischer ist.

Aufgrund der vielen Unwägbarkeiten gibt es keine professionellen Lösungen für eine OBD-II-Diagnose nur per Software. Es gibt auch nur einige hobbymäßige Ansätze, die nur die Protokolle nach ISO 9141 und ISO 14230 implementiert haben, da nur für diese die gezeigten einfachen KL-Interfaces nutzbar sind. Die Projekte werden auch nicht gut gepflegt. Das dazu führt, dass die Websites, auf denen ein Download angeboten wird, öfter offline sind. Es gibt lediglich zwei nicht ausgereifte Programme, und sie werden hier nur der Vollständigkeit halber erwähnt: *OBD Scan Tech* und *UniDiag KWP2000*.

Bild 6.30: OBD-II-Datenrekorder Texa OBD Log

Vor allem für Werkstätten gibt es inzwischen extrem kleine OBD-II-Datenlogger, die autark arbeiten und einfach nur in die Diagnosebuchse gesteckt werden müssen. Dort eingesteckt, speichern sie automatisch in definierten Intervallen alle verfügbaren oder zuvor konfigurierten Messwerte auf einer Speicherkarte oder in einem internen Speicher. Die Daten werden mit einem Zeitstempel versehen und können dann später auf einen PC übertragen und dort bequem ausgewertet werden. Zusätzlich werden auch alle auftretenden Fehlercodes und die Messdaten im Moment des Auftretens abgespeichert – analog zur OBD-II-Freeze-Frame-Funktion. Nur liegen hier dann für jeden aufgetretenen Fehler die Daten und auch wieder ein Zeitstempel vor, sodass später genau erkannt werden kann, unter welchen Umgebungsbedingungen und zu welchem Zeitpunkt der Fehler auftrat. Diese Datenlogger sind vor allem für sporadisch auftretende Fehler bei Kundenfahrzeugen interessant. So kann auf eine längere Probefahrt verzichtet werden, und der Kunde kann weiterhin sein Auto benutzen. Anbieter solcher Spezialgeräte sind z. B. die Firma Launch mit *CRecorderII* und Texa mit *OBD Log*. Während der CRecorderII maximal 24 Stunden sämtliche Daten aufzeichnen kann, ermöglicht der OBD Log eine Aufzeichnung von bis zu 90 Stunden mit maximal acht zuvor ausgewählten Messwerten.

Auch wenn OBD II natürlich primär für die kurzzeitige Diagnose von Fehlern und Messwerten entwickelt wurde, gibt es dennoch einige Anwendungen, die darüber hinausgehen und die verfügbaren Daten für andere Anwendungen nutzen. Vor allem Fahrer, die sich für Daten interessieren, die sie auf dem werkseitig verbauten Cockpit nicht angezeigt bekommen, rüsten gern mit einem zusätzlichen Display die fehlenden Anzeigen nach. Dabei muss es sich gar nicht um exotische Daten handeln, die vielleicht nur für Motorsportinteressierte relevant sind, denn in vielen Fahrzeugen fehlen zunehmend Anzeigeelemente, die früher gängig waren. So fehlt oft eine Anzeige der Motordrehzahl oder der aktuellen Kühlmitteltemperatur. Eine interessante Anwendung kann sich auch für junge Fahranfänger ergeben, die noch auf die Begleitung durch einen erfahrenen Beifahrer angewiesen sind (begleitetes Fahren/Führerschein ab 17 Jahren): Da die Begleitperson einen gewissen erzieherischen Einfluss wahrnehmen soll, wird sie immer wieder einen Blick auf den Tacho werfen, um die Geschwindigkeit zu kontrollieren. Oft ist der aber vom Beifahrersitz nicht gut zu erkennen. So ist es notwendig, dass der Beifahrer sich merklich vorbeugt, was den Fahrer irritieren kann. Eine zusätzliche Anzeige der Fahrzeuggeschwindigkeit im Sichtfeld des Beifahrers kann die Situation entspannen – zumal die per OBD II ausgelesene Geschwindigkeit geringer aber genauer als die am Tacho angezeigte ist.

Bild 6.31: ScangaugeII mit imperialem Maßsystem (Foto: Scangauge)

Es gibt eine Reihe von Geräten, die extra für den Hobby- und Tuning-Bereich konzipiert sind und die Daten auf einem LCD anzeigen können. Bei den meisten Modellen können die anzuzeigenden Werte frei konfiguriert werden. Es gibt Geräte, die vom Design her speziell für einzelne Fahrzeugtypen gestaltet wurden, sodass sie dort in vorhandene Blenden etc. eingesetzt werden können. Einige Geräte bieten nicht nur Diagnosedaten an, sondern berechnen auch noch zusätzliche Werte wie beispielsweise den Treibstoffverbrauch oder die zurückgelegten Kilometer. Hierbei ist aber mit gewissen Ungenauigkeiten zu rechnen. Per OBD II sind derartige Daten nicht verfügbar, und die Berechnungen sind ggf. auf Zusatzangaben wie der getankten Menge Treibstoff angewiesen. Einen interessanten Mehrwert bieten einige Displays durch die integrierte Grenzwertüberwachung: Sobald ein eingestellter Messwert über- oder unterschritten wird, wird der Fahrer optisch und/oder akustisch gewarnt. Auf diese Weise kann beispielsweise eine Glatteiswarnung nachgerüstet oder vor einer zu hohen Motordrehzahl gewarnt werden.

Bild 6.32: Das SUGT-o'meter zeigt einen von fünf Werten auf einer separierbaren LED Sieben-Segment-Anzeige an.

Beim Einbau ins Fahrzeug ist zu bedenken, dass es kein bekanntes Gerät gibt, das ein ECE-Prüfzeichen besitzt. Aus diesem Grund ist ein dauerhafter Einbau im Fahrzeug nicht zulässig, wenn es im öffentlichen Straßenraum gefahren wird. Eine Montage, bei der das Gerät (ähnlich wie bei einem Navi oder Mobiltelefon) leicht wieder entfernt werden kann, wird sich in einer rechtlichen Grauzone bewegen, da das System immer noch über den Diagnoseanschluss mit dem Fahrzeug verbunden ist.

Ein interessantes, wenn auch schon älteres und nicht mehr gepflegtes Projekt kann man im Internet bei Stern Technologies (*http://www.sterntech.com/ obdii.php*) finden. Es handelt sich um ein Open-Source-Projekt für ein Handheld, bei dem Schaltung und Software sowohl für Prozessoren vom Typ AVR als auch für PIC frei verfügbar sind. Der Sourcecode eignet sich gut, um einen Einstieg in die Programmierung einer eigenen Anwendung zu finden und um zu sehen, wie andere Entwickler die verschiedenen Protokolle umsetzen. Auf der Website NerdKits (*http://www.nerdkits.com/ videos/obdii/*) wird eine sehr einfache, aber funktionierende Schaltung für VPW vorgestellt, die einzelne Daten auf einem LCD ausgibt. Auch hier ist der Sourcecode in der Programmiersprache C frei verfügbar.

7 Interface für nicht genormte Anwendungen

Für eine umfassende Fahrzeugdiagnose sind natürlich auch die herstellerspezifischen Anwendungen jenseits von OBD II sehr interessant. Nur über die Herstellerdiagnose sind Zugriffe auf alle Steuergeräte möglich und lassen sich tief greifende Untersuchungen durchführen, Serviceintervalle zurücksetzen und Software-Konfigurationen ändern. Wie viele Möglichkeiten der Diagnose und Konfiguration es bei einem Fahrzeug gibt, hängt vom Fahrzeughersteller ab. Einige Hersteller sehen zwar vor, dass Daten und Fehler ausgelesen werden können, bieten aber kaum Eingriffe in die Konfiguration. VAG beispielsweise geht bei seinen Marken (Volkswagen, Audi, Seat usw.) sehr weit. Sie ermöglicht eine sehr umfangreiche Konfiguration der Software an eigene Vorstellungen, um Funktionen zu aktivieren oder auszuschalten.

Es ist verständlich, dass die Industrie kaum ein Interesse daran hat, dass derartige Eingriffe von Personen durchgeführt werden, die nicht zum Konzern des Fahrzeugherstellers gehören. Da es für die Protokolle der Hersteller keine Normen gibt, ist es entsprechend aufwendig, eine Diagnoselösung zu entwickeln. Für beliebte Fahrzeugmarken mag sich die Entwicklung finanziell noch rechnen. Aber auch hier liegen die Preise für eine Diagnoseanwendung teilweise schon deutlich über dem, was für Hobbyschrauber noch akzeptabel ist. Für exotische Modelle gibt es häufig einfach keinen Markt, sodass es auch keine Lösungen gibt oder die Produkte so teuer sind, dass sie sich wirklich nur für den professionellen Werkstatteinsatz lohnen.

> Natürlich gibt es ein großes Angebot an vermeitlichen Schnäppchen im Internet. Diese sind aber mit Vorsicht zu sehen, denn es handelt sich oft um Produktpiraterie. Wenn das Original einen drei- bis vierstelligen Betrag kostet, kann ein Angebot für weit unter 100 Euro nicht legal sein. Beim Kauf dieser Clones ist damit zu rechnen, dass bereits die Einfuhr verboten ist und der Zoll sie konfisziert. Auch gibt es keine Updates, und der Software-Stand liegt mehrere Versionen hinter dem Originalprodukt.

7.1 Markenspezifische Diagnoselösungen

Bei den meisten Anwendungen im Hobby- und semiprofessionellen Bereich handelt es sich um Lösungen, die nur für einen einzelnen Fahrzeughersteller oder sogar nur für eine Gruppe von Fahrzeugtypen eines Herstellers entwickelt wurden. Der Vorteil ist, dass sich die Entwickler dann in der Regel gut mit den Besonderheiten dieser

Zielplattformen auskennen. Diese Anwendungen bieten eine Vielzahl von Möglichkeiten – natürlich nur im Rahmen dessen, was seitens der Automobilhersteller/Entwickler der Steuergeräte vorgesehen ist. Ein Nachteil ist natürlich, dass man ggf. mehrerer Produkte benötigt, wenn man mit seinem Equipment flexibel und breit gefächert auf verschiedene Fahrzeuge zugreifen möchte.

Für den Gelegenheitsnutzer ist vor allem die doch recht große Zahl an freien oder sehr preiswerten Programmen interessant, die nur mit einem einfachen KL-Interface auskommen. Es ist dann keine teure Hardware für ein Diagnose-Interface notwendig, sondern die ganze Protokolllogik wird softwaremäßig implementiert. Dies ist natürlich nur so weit möglich, wie keine zeitkritischen oder mit hohen Übertragungsraten arbeitenden Protokolle zum Einsatz kommen. Allerdings haben derartige Lösungen meist nur den Charakter einer Hobbyanwendung und eignen sich nicht (oder nur sehr eingeschränkt) für den professionellen Werkstattbetrieb. Die Fahrzeugabdeckung ist hier nicht umfassend oder wichtige Funktionen sind nicht implementiert. Die meisten derartigen Programme sind prinzipbedingt eher für ältere Autos geeignet, bei denen teilweise auch noch eine ungenormte Diagnosebuchse verbaut ist.

Produkte mit dem Anspruch, als Werkstattlösung eingesetzt werden zu können, benötigen grundsätzlich ein eigenes Diagnose-Interface. In diesem ist, wie auch schon bei den OBD-II-Geräten, ein Protokoll-Interpreter in Form eines programmierten Mikrocontrollers verbaut. Dank der zusätzlichen Hardware ist die Software weitgehend unabhängig von der Leistungsfähigkeit des PCs, und es können auch Protokolle wie CAN realisiert werden, die für moderne Fahrzeuge relevant sind.

Die meisten Entwickler nutzen das Interface gleichzeitig als Schutz vor Raubkopien der Software (ein sogenannter *Dongle*): Die Software kann zwar frei im Internet heruntergeladen werden, ohne das Interface ist sie aber nutzlos. Frei nutzbare Protokoll-Interpreter, die in eigene Hardware integriert und per Software angesteuert werden können, werden so gut wie gar nicht angeboten. Für einige dieser Diagnoselösungen stellen die Anbieter im Leistungsumfang eingeschränkte Demo- oder Freeware-Anwendungen bereit, die mit einem einfachen KL-Interface benutzt werden können.

Eine Besonderheit gibt es in Bezug auf Stand- oder Warmwasserzusatzheizungen: Sie werden im Grunde nur von zwei Anbietern produziert und von den Fahrzeugherstellern serienmäßig oder als Nachrüstprodukt verbaut. Sie können, wie andere Steuergeräte auch, mit entsprechender Software diagnostiziert werden.

Natürlich gibt es auch in diesem Segment Handheldgeräte, die ohne einen PC auskommen und alle Funktionen auf einem integrierten Display darstellen. Der Vorteil ist, wie auch bei den OBD-II-Handgeräten, dass man mobil ist und keine Software-Installation benötigt. Nachteilig kann sein, dass das Display recht klein ist und die Navigation durch die Funktionen dadurch erschwert wird. Weiterhin bieten viele Geräte auch keine Log-Funktion, sodass keine Messprotokolle erstellt werden können.

Die folgende Marktübersicht gibt nur einen kleinen Überblick über die angebotenen Diagnoselösungen, da die Entwicklungen ständig voranschreiten. Der Schwerpunkt wurde bewusst auf eine Übersicht über Programme gelegt, die für Fahrzeugenthusiasten interessant sind und möglichst mit einem einfachen KL-Interface funktionieren. Einige weitere Geräte runden das Bild ab.

7.1.1 Alfa Romeo

Gleich zwei Programme bemühen sich, Diagnosefunktionen nur mithilfe eines KL-Interfaces bereitzustellen. *AlfaDiag* (*http://www.alfadiag.net*) ist kostenlos und sogar als Open Source unter dem Namen *DnEcuDiag* (*http://dnecudiag.codeplex.com*) verfügbar, wobei es einige Einschränkungen beim Leistungsumfang gibt. Um eine Verbindung aufzubauen, ist es notwendig zu wissen, welche Typenbezeichnung das jeweilige Steuergerät hat.

Der zweite Vertreter heißt *TS Diag* (*http://www.alfa145.co.uk*). Das Programm für 11 britische Pfund kann sich nur mit einer ECU verbinden.

Um auf alle Steuergeräte zugreifen zu können, ist ein manueller Umschalter notwendig, der die K-Leitung an Pin 7 des Diagnosesteckers mit anderen Pins verbindet (siehe Bild 7.5). Folgende Verbindungen sind erforderlich:

Tabelle 7.1: Belegung der Pins am OBD-II-Stecker für Alfa und Fiat

Pin OBD Stecker	Steuergerät
1	ABS
3	Airbag
7	Motorsteuergerät (ECU), Getriebesteuergerät Selespeed
8	Code-Elektronik
9	Klimaanlage
11	Alarm, Fernbedienung

7.1.2 BMW

Die Firma Carsoft International (*http://www.carsoftinternational.com*) bietet mit dem Produkt Carsoft Ultimate eine Software für BMWs und Minis. Da für den Betrieb ein Dongle notwendig ist, gibt es keine Demoversion – lediglich eine Flash-Animation, die zeigt, wie das Programm bedient werden kann.

Speziell für Mini Cooper gibt es ein kleines Programm, das einige Sensorwerte grafisch aufbereitet anzeigen kann und zum Auslesen von Fehlercodes dient: *RMS-MINI Tester* (*http://www.rms-engineering.at*).

Eine bekannte Software ist *EDIABAS/INPA* von Softing (*http://www.softing.de*). Im Internet findet man viele Angebote für Soft- und Hardware-Pakete hierzu. Allerdings ist das Produkt für Privatpersonen gar nicht legal zu erwerben, sondern ausschließlich für die Industrie verfügbar, sodass davon auszugehen ist, dass es sich bei den Angeboten stets um Raubkopien handelt.

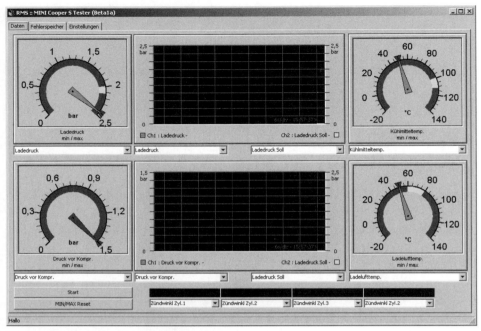

Bild 7.1: RMS-MINI Tester für Mini Cooper

Von P. A. Soft (*http://www.bmw-scanner.com*) wird der *BMW Scanner* in zwei Versionen zur Abdeckung von unterschiedlichen Fahrzeugmodellen angeboten. Die Demoversionen funktionieren mit einem KL-Interface, wohingegen für die kostenpflichtigen Vollversionen ein mitgeliefertes Gerät benötigt wird.

7.1.3 Fiat

Bisher nannte sich die einzig bekannte Diagnose-Software für Fiat *FiatECUScan*. Inzwischen nennt sie sich *Multiecuscan* (*http://www.multiecuscan.net*) und kann in Form einer Demo mit einem KL-Interface ausprobiert werden. Interessant für einige Anwendungen kann sein, dass es sogar eine Version für Windows CE gibt und so auf einem Smartphone etc. läuft. Wie für Alfa Romeo (siehe Tabelle 7.1) ist ein Umschalter am Diagnose-Interface notwendig, um auch auf andere Steuergeräte als nur die ECU zugreifen zu können.

7.1.4 General Motors

Vor allem die frühen Fahrzeuge für den US-Markt ab Mitte der 80er-Jahre verwenden die ALDL-Schnittstelle, für die ein spezielles Interface (siehe Kapitel 7.4.1) notwendig ist. Der große Markt in Nordamerika sorgt dafür, dass sich mehrere Entwickler die Mühe machen, eine Diagnose-Software zu kreieren. Diese ist teilweise frei nutzbar oder zumindest in einer Demo verfügbar, sodass man sich gut vorher ein Bild vom Leistungsumfang und der Funktionsfähigkeit machen kann.

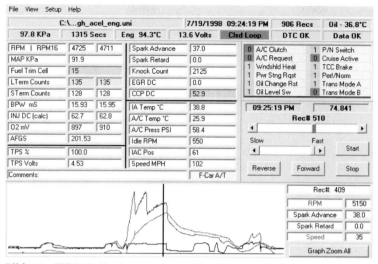

Bild 7.2: TTS DataMaster

- *WiALDL* (http://winaldl.joby.se): Freeware; für eine Auswahl an ECU-Typen geeignet
- *TTS DataMaster* (http://www.ttspowersystems.com): Demo verfügbar; individuelle Version für verschiedene Plattformen wie Ford, Dodge usw.
- *Moates Free GMECM* (http://www.moates.net/gmecm/software.html): Freeware; unterstützt nur einzelne ECUs

7.1.5 Mercedes Benz

Carsoft Ultimate nennt sich die Mercedes-Diagnoselösung wie die für BMW und wird auch vom selben Anbieter (http://www.carsoftinternational.com) vertrieben. Beim Erwerb der Lizenz kann gewählt werden, ob das Produkt nur BMW oder Mercedes oder beide Hersteller unterstützen soll. Die Einzelversionen führen den Zusatz *Home* im Namen, die Komplettversion nennt sich *Pro*.

7.1.6 Mitsubishi, Subaru

FreeSSM (http://developer.berlios.de/projects/freessm/) hat sich darauf spezialisiert, bei den Subaru-Modellen Legacy/Liberty, Outback, Baja, Impreza, Forester und Tribeca mittels KL-Interface auf das Motor- und das Getriebesteuergerät zuzugreifen. Es handelt sich um eine der wenigen (kostenlosen) Anwendungen, die nicht nur für Windows, sondern auch für Linux verfügbar ist.

Die Firma *EvoScan* (http://www.evoscan.com) bietet ihre gleichnamige Software für Mitsubishi und Subaru zum optionalen Kauf an, wenn man ein beliebiges Diagnosekabel bei ihnen bestellt.

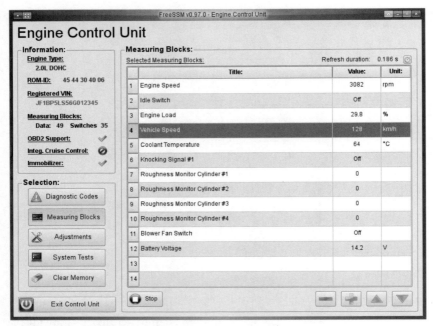

Bild 7.3: FreeSSM für Subaru

Eine eher exotische Plattform nutzt das Open-Source-Programm *MMCd Datalogger* (*http://mmcdlogger.sourceforge.net*) für Mitsubishi: Es läuft unter PalmOS und kann auf den kleinen PDAs Sensormesswerte numerisch und grafisch darstellen. Anstatt des auf der Website beschriebenen Pegelwandlers kann auch ein handelsübliches KL-Interface genutzt werden.

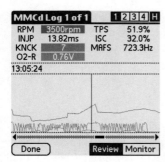

Bild 7.4: Der MMCd-Datalogger läuft auf einem Palm PDA

7.1.7 Nissan

Das Projekt, aus dem die Software *OBD ScanTech Nissan* einst entstand, ist inzwischen eingestellt worden, und es gibt auch keine offizielle Website mehr, die das Programm anbietet. Aber wenn man im Web danach sucht, findet man noch immer Download-Angebote. Das Programm bietet rudimentäre Zugriffe auf die ECU und das Getriebesteuergerät.

7.1.8 Opel

Mit *OP-COM* (*http://www.opcom-diagnose.de*) bietet die Firma Carsoft M. F. T. eine umfassende Diagnoselösung für alle Fahrzeuge dieser Marke. Für den vollen Leistungsumfang wird ein spezielles Diagnosegerät benötigt, von dem in Internetauktionen zahlreiche Plagiate angeboten werden, von denen dringend abzuraten ist. In der Version *Basic* unterstützt die Software jeweils nur eine bestimmte Auswahl an Fahrzeugmodellen. Diese Differenzierung gibt es in der Version Profi nicht mehr.

Bisher wurde offiziell eine Demoversion (die auch gelegentlich als *Opel-Tech* bezeichnet wurde) angeboten. Sie ist inzwischen aber nicht mehr bei Carsoft verfügbar, lässt sich aber im Web durchaus noch als Download finden. Hierfür ist ein einfaches KL-Interface ausreichend. Die K-Leitung muss über einen einfachen Umschalter mit den verschiedenen Pins an der Diagnosebuchse verbunden werden, da die Steuergeräte nicht alle mit Pin 7 der OBD-II-Buchse verbunden sind. Hierzu kann im Diagnose-Interface die Verbindung zwischen Pin 7 des OBD Steckers (K-Leitung) und der Platine unterbrochen werden (Pfeil A in Bild 7.5). Anschließend wird der K-Leitungskontakt auf der Platine mit einem Umschalter (S) verbunden. Die einzelnen Zuleitungen zu den Schalterstellungen werden dann mit den benötigten Pins am OBD-Stecker verbunden, sodass sie mit der Elektronik des Signaleingangs für die K-Leitung durch Umschalten verknüpft werden können.

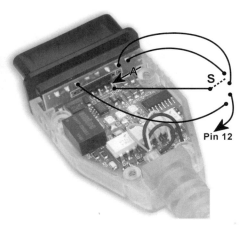

Bild 7.5: Manueller Umschalter für die K-Leitung

Tabelle 7.2: Zuordnung der Opel-Steuergeräte an der OBD-II-Buchse

Pin OBD Stecker	Steuergerät
3	Automatik, SD, ZV, WFS
7	Motorsteuergerät
8	Info-Display, DWA
12	ABS, Airbag, TC

7.1.9 Porsche

Porsche verbaut in seinen 964ern auch Steuergeräte, die aus dem VAG-Konzern kommen. So ist es nicht erstaunlich, dass sie sich auch über das bei VAG genutzte KW1281-Protokoll mit einem KL-Interface ansprechen lassen. Beim 964er wird noch eine konzerneigene Diagnosebuchse benutzt, bei der die notwendigen Verbindungen abgegriffen werden müssen.

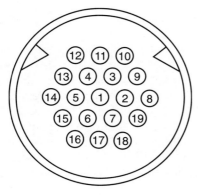

Bild 7.6: Diagnosebuchse beim Porsche 964 (Fahrzeugseite)

Tabelle 7.3: Zuordnung der Diagnoseleitungen zum DLC bei Porsche

Pin	Funktion
7	L-Leitung
8	K-Leitung
10	Masse
12	Batterie +

Das Programm *OBDPlot* (*http://pcbunn.cithep.caltech.edu/ jjb/ Porsche/ Motronic-964-Porsche.htm*) eignet sich, um alle verfügbaren Sensorwerte grafisch in einem Kurvendiagramm darzustellen. So lassen sich gut auch langsame Veränderungen beobachten und verschiedene Werte zueinander in Korrelation setzen. Auf der gleichen Website kann man auch noch das ansonsten aus dem Web verschwundene Programm ScanTool von Doug Boyce herunterladen, mit dem u. a. Fehlercodes ausgelesen und gelöscht werden können.

7.1.10 Suzuki

Für ältere Modelle wird meist ein ALDL-Interface benötigt, wie es auch für Fahrzeuge von General Motors notwendig ist. Wenn ein Steuergerät aus der Produktreihe von GM verbaut ist, sollten auch für diese Fahrzeuge geeignete Diagnoseprogramme bei Suzuki funktionieren. Eine Alternative bietet das frei verfügbare *Rhinoview* (*http://www.rhinopower.org*), das die wichtigsten Diagnosedaten darstellen kann.

7.1.11 VAG

Für Fahrzeuge aus dem VAG-Konzern, zu dem Volkswagen, Audi, Seat und Skoda sowie Nutzfahrzeuge von MAN und Scania gehören, gibt es die größte Auswahl an Diagnosemöglichkeiten. Die Volkswagen AG ist der zweitgrößte Automobilhersteller der Welt und somit existieren viele Fahrzeuge, deren Nutzer potenzielle Kunden sind. Eine Entwicklung kann hier als lohnend angesehen werden. Auch zahlreiche Nutzer haben im Internet viel geleistet, da das einfache Diagnoseprotokoll KW 1281 (basierend auf der K- und L-Leitung) von ihnen analysiert und anschließend veröffentlicht wurde. KW1281 ist seit einigen Jahren in Neufahrzeugen obsolet und wurde vom Protokoll KW 2000 abgelöst. KW 2000 wird im Zusammenhang mit der Diagnose bei VAG teilweise auch als KW 2089 bezeichnet, was aber eigentlich nicht korrekt ist. KW 2000 kann auf dem Physical Layer (vgl. Tabelle 3-14) sowohl die K-Leitung nutzen als auch das CAN-Transportprotokoll (TP) 1.6 bzw. 2.0. Für CAN ist stets ein Diagnose-Interface des Software-Herstellers erforderlich, während einige Programme die älteren KW-Protokolle auch über ein gebräuchliches KL-Interface abwickeln können.

MonoScan (*https://sites.google.com/site/monoscanen/*) ist als Freeware erhältlich und unterstützt KW 1281 und KW 2000 über die K-Leitung. Die Besonderheit ist, dass es zwei Versionen gibt: eine für Windows auf PC und eine für Windows CE auf PDAs.

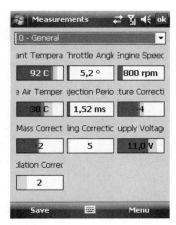

Bild 7.7: MonoScan auf einem PDA

Mit *CarPort* (*http://carport-diagnose.de*) existiert ein recht junger Anbieter am Markt, dessen Produkt in zwei Varianten verfügbar ist: Die Free-Edition ist im Leistungsumfang eingeschränkt und beherrscht nur die K-Leitung. Erst in der kostenpflichtigen Pro-Version sind alle Funktionen und CAN verfügbar. Interessant ist, dass das Programm auch beim CAN-Protokoll in der Pro-Version ohne Spezial-Interface des Anbieters auskommt. Es genügt ein CAN-Diagnose-Interface, das im sogenannten Lawicel-Modus (benannt nach der Firma, die dieses spezielle Interface zur direkten Betrachtung der CAN-Kommunikation entwickelte) arbeiten kann. Es gibt Interfaces, die sowohl K-Leitung als auch CAN-Lawicel unterstützen. Man kann aber auch, je nach Notwendigkeit, zwei separate Interfaces benutzen. Die Anschaffungskosten für die Hardware sind also zu den Kosten für die Software-Lizenz hinzuzurechnen.

VAG-Check (*http://www.arlab.it/vc/main.html*) ist eine reine Lösung für Pocket-PCs mit dem Betriebssystem Windows CE. Wie auch bei anderen Produkten ist die Nutzung der kostenlosen Software für das CAN-Protokoll nur mit einem speziellen Interface möglich, das bei SK Pang Electronics (*http://www.skpang.co.uk*) gekauft werden muss. Mit einem KL-Interface stehen nur die Protokolle KW 1281 und KW 2000 zur Verfügung.

Zu den Platzhirschen gehört *VAG-COM* der Firma Ross-Tech (*http://www.ross-tech.com*), das vor Kurzem in *VCDS* umbenannt wurde. Das Produkt deckt fast den gesamten Bereich der professionellen Werkstattdiagnosegeräte von VAG ab und wird deshalb auch viel in freien Werkstätten genutzt. Deutschsprachige Versionen sind von dessen Vertriebspartnern erhältlich. Sie unterscheiden sich aber teilweise im Umfang der Dokumentation und der Art der sprachlichen Adaption, da diese den Vertriebspartnern obliegt. Grundsätzlich wird ein Interface des Herstellers benötigt, da über dieses die Lizenzierung abläuft. Bei alten Versionen bis 409.1 konnte die Software auch mit einem KL-Interface betrieben werden. Sie stellte dann aber nur eine eingeschränkte Auswahl an Programmfunktionen bereit und diente somit als Freeware. Die in den Anfangszeiten beliebten Diagnose-Interfaces mit Optokoppler funktionierten allerdings nur bis Programmversion 311.2. Da die neuen Programmversionen nicht mehr mit einem einfachen Interface funktionieren, gibt es *VCDS-Lite*. Sie wird vom Hersteller zwar als Shareware bezeichnet, faktisch ist es aber eine Freeware mit eingeschränktem Funktionsumfang.

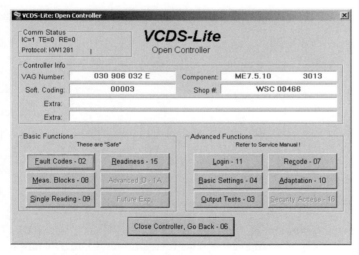

Bild 7.8: VCDS-Lite ermöglicht den Zugriff auf einige Diagnosefunktionen.

Der *WBH-Diag Pro* ist der einzige Protokoll-Interpreterchip, der wie die OBD-II-Protokoll-Interpreter arbeitet. Er bietet über eine serielle Schnittstelle und einen einfachen Befehlssatz kompletten Zugriff auf die beiden K-Leitungsprotokolle KW 1281 und KW 2000. Als fertiges Diagnose-Interface mit Bluetooth-Anbindung ist er als WBH BT4 bei OBD2-Shop.eu (*http://obd2-tools.de*) erhältlich und wird z. B. von der beliebten Android App Torque (siehe Bild 6.7) unterstützt.

Bild 7.9: WBH BT4 Diagnose-Interface für VAG mit Bluetooth

Die Reihe der *V-Checker*-Handgeräte (*http://www.v-checker.com*) kann vom Leistungsumfang nicht mit einer Anwendung auf einem PC mithalten. Sie eröffnet aber vor allem im mobilen Bereich einige interessante Möglichkeiten, wenn der Schwerpunkt primär beim Auslesen und Löschen von Fehlern oder der Anzeige von Geberdaten liegt. Bei der Wahl des passenden Geräts ist zu beachten, dass es eine Reihe ähnlich aussehender Modelle gibt, die sich aber im Leistungsumfang deutlich unterscheiden.

Bild 7.10: V-Checker-402-Handgerät für alle VAG-Protokolle

7.1.12 Volvo

Für ältere Fahrzeuge von Volvo gibt es die Software *VOL-FCR* (abgeleitet von Fault Code Reader – Fehlercodeleser). Sie greift mit einem KL-Interface vor allem auf Modelle der Baujahre vor 2000 zu und kann durchaus mehr, als nur die gespeicherten Fehler anzuzeigen. Vor dem Kauf der Software (*http://www.ilexa.co.uk*) kann man anhand der Demoversion ausprobieren, ob die eigene Hardware zuverlässig arbeitet und auf das jeweilige Fahrzeug zugegriffen werden kann.

7.2 Standheizung

Je nach Fahrzeugmodell sind die Steuergeräte der Standheizung über die herstellereigene Diagnose erreichbar oder müssen mit einer Software des Heizungsherstellers ausgelesen werden. In diesem Fall sind die Steuergeräte nicht an eine zentrale Diagnosebuchse angeschlossen, sondern besitzen entweder einen eigenen Anschluss oder es müssen die entsprechenden Kabel am Steuergerät direkt abgegriffen werden. Die Steuergeräte sind i. d. R. direkt in das Modulgehäuse der Heizung integriert.

Bei der Firma Webasto (*http://www.techwebasto.com/ heater_thermo_test.htm*) nennt sich die Software *Thermo Test*, bei Eberspächer/Espar (*http://www.espar.com/ tech_manuals/ Diagnostic %20Software/*) *EDiTH*. Beide können mit einem KL-Interface betrieben werden. Allerdings empfiehlt sich ein Break-out-Kabel, da bei den meisten verbauten Anlagen die drei oder vier notwendigen Signalleitungen K- und ggf. L-Leitung sowie Masse und Batterie direkt an Leitungen am Steuergerät angeschlossen werden müssen. Die K-Leitung wird von den Herstellern manchmal als *W-Leitung* bezeichnet, ist aber funktionell identisch und dient als bidirektionale Datenverbindung.

Bild 7.11: Bei einem Break-out-Kabel werden einzelne Pins der OBD-Buchse (in die der Diagnosetester/das Interface gesteckt wird) an Leitungen mit Bananenstecker hinausgeführt, um bequem die Signalleitungen am Steuergerät verbinden zu können.

7.3 Universelle, markenübergreifende Diagnosegeräte

Sobald man mehrere verschiedene Fahrzeuge diagnostizieren möchte (weil man vielleicht mehrere besitzt oder eine Werkstatt betreibt), benötigt man eigentlich für jedes Modell einen geeigneten Diagnosetester. Die im vorherigen Kapitel vorgestellten Lösungen sind eher Nischenprodukte, die sich auf eine Marke spezialisiert haben. Der Vorteil ist, dass die Geräte teilweise kostenlos oder relativ günstig angeboten werden. Im markenunabhängigen, professionellen Werkstatteinsatz sind die Anschaffungskosten ebenfalls relevant. Wichtiger ist hier aber, für die Kunden ein komplettes Serviceangebot bereitzustellen. Dazu gehört, dass bei möglichst allen Fahrzeugtypen eine Diagnose und auch gewisse Einstellarbeiten wie z. B. das Zurücksetzen des flexiblen Serviceintervalls möglich sind.

Erkauft wird die Leistungsfähigkeit der Multimarkentester durch recht hohe Anschaffungskosten im Bereich von ca. 3.000 bis 4.500 Euro. Damit ist es bei den meisten Geräten allerdings noch nicht getan. Die Hersteller lassen sich auch die regelmäßigen

Updates bezahlen und gehen teilweise sogar so weit, dass ein Gerät, das nicht mit Updates versorgt wird, seinen Dienst verweigert (Bosch und Gutman). Die Updates sind natürlich wichtig, um auch für Neuerscheinungen auf dem Fahrzeugmarkt gerüstet zu sein. Aber eine kleinere freie Werkstatt, die vielleicht ihr Tätigkeitsfeld mehr bei älteren Fahrzeugen sieht, hat eventuell kein Interesse an diesen Ausgaben. 2009 hat die Dekra ihren letzten umfassenden Test der damals aktuellen Geräte durchgeführt. Sie kürte die Geräte der drei großen Anbieter Bosch, Gutmann und Texa zu den Gewinnern, dicht gefolgt von Würth. Bosch hat natürlich einen erheblichen Vorteil gegenüber den Mitbewerbern. Schließlich entwickeln deren Ingenieure einen Großteil aller verbauten Steuergeräte.

Zusammen mit dem Diagnosegerät erwirbt man teilweise noch einen umfangreichen Informationsservice: Über ein Callcenter o. Ä. stehen Techniker bereit, die bei konkreten Fragen, die sich aus den im Fahrzeug gespeicherten Fehlern etc. ergeben, helfen können und Zugriff auf Serviceunterlagen haben.

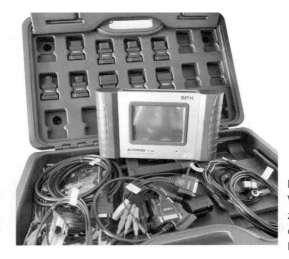

Bild 7.12: Multimarkengerät Autoboss V-30 im Werkstattkoffer mit zahlreichen Adaptern und Kabeln für die herstellerspezifischen Diagnoseanschlüsse

Die meisten Diagnosetester bestehen aus einem Handgerät, auf dem entweder ein eigenes System oder ein Standardbetriebssystem wie Embedded Windows oder Unix läuft. Bedient werden die Geräte über Tasten oder einen Touchscreen mit dem Finger oder einem Stift. Zum Set gehört meist eine umfangreiche Sammlung von Adapterkabeln und Steckern, um das Gerät an die diversen Varianten von Diagnosebuchsen anzuschließen. Gut ausgestattete Systeme verfügen auch über elektronische Multiplexer, um automatisch über die Software die Verbindung zu den Steuergeräten mit den teilweise zahlreichen Anschlüssen an den Diagnosebuchsen herzustellen. Je nach Anbieter sind derartige Zubehörteile bereits im Preis für das Diagnosegerät enthalten oder können extra erworben werden.

Diagnosegeräte asiatischer Hersteller bieten häufig gar keine oder nur eine sehr lückenhafte Übersetzung der Bedienoberfläche ins Deutsche. Schlechter Übersetzung ist eine englische Oberfläche vorzuziehen, da es zu Verständnisproblemen kommen kann, wenn falsche Begriffe benutzt werden. Die Markenabdeckung liegt bei Modellen aus Fernost meist mit einem Schwerpunkt bei asiatischen und amerikanischen Fahrzeugherstellern. Da europäische Automobilbauer aber weltweit bedeutend sind, ist für sie die Abdeckung an Diagnosemöglichkeiten kaum schlechter. Im Einzelfall bieten alle Hersteller Listen an, in denen die Abdeckung an Fabrikaten aufgeführt wird.

Wie immer bei der Anschaffung eines Diagnosegeräts ist auch in diesem hochpreisigen Segment Vorsicht beim Kauf auffallend billiger Angebote geboten. Testgeräte europäischer Anbieter können nur über den Fachhandel bezogen werden und fast nie als gebrauchtes Gerät, da sie über die Update-Lizenzen nicht reaktiviert werden können. Bei asiatischen Modellen besteht vor allem die Gefahr, eine Raubkopie zu erwerben. Diese sieht dem Original täuschend ähnlich, wird aber mit einem alten Software-Stand ausgeliefert, der nicht aktualisiert werden kann.

7.4 Serielles RS-232-Interface

Die Signalpegelwandlung zwischen Fahrzeug und Computer lässt sich relativ einfach für eine serielle RS-232-UART-Schnittstelle umsetzen. Diese verfügt direkt über eine Sende- und eine Empfangsleitung, und auch einige Steuerleitungen sind vorhanden, die für die technische Realisierung und vor allem für die spätere Ansteuerung durch die Software hilfreich sind. Von den zusätzlichen Signalleitungen wird üblicherweise RTS (Request To Send – Sendeanforderung) benutzt, um die L-Leitung anzusteuern, die nur unidirektional zum Fahrzeug hin arbeiten muss.

> Es gibt sowohl für RS-232 als auch für USB sogenannte KL- und KKL-Interfaces. Ein KL-Interface hält sich gewissermaßen an die OBD-II-Normen, die die L-Leitung nur unidirektional zur Reizung der Steuergeräte vorsehen. Bei einem KKL-Interface kann auch die L-Leitung bidirektional – sozusagen als zweite K-Leitung – genutzt werden und Daten vom Steuergerät empfangen und an den Computer weiterleiten. Für OBD II ist dies nicht erforderlich – schadet aber auch nicht, wenn das Interface dies technisch unterstützt. Für die herstellerspezifische Diagnose kann die bidirektionale L-Leitung in seltenen Einzelfällen (meist bei Fahrzeugmodellen von VAG) notwendig sein, um die Daten einiger (eher selten verbauter) Steuergeräte auslesen zu können, da diese nicht über die eigentliche K-Leitung antworten oder gar nicht erst mit dieser verbunden sind.

Im Internet veröffentlichte Jeff Noxon (http://www.planetfall.com/ cms/ content/ opendiag-obd-ii-schematics-pcb-layout) schon vor einigen Jahren einen Schaltungsentwurf für ein serielles Diagnose-Interface auf Basis von Optokopplern. Die Schaltung war sehr einfach. Dank des ebenfalls publizierten Leiterplattenlayouts erfreute sich der Entwurf großer Beliebtheit und wurde oft nachgebaut. Auch heute findet man noch gelegentlich die Angabe »Jeffs Interface«, womit ein zu dieser Schaltung kompatibles KL-Interface gemeint ist. Die Lösung mit drei Optokopplern bietet die Sicherheit, dass Fahrzeug und Computer galvanisch getrennt sind. Es gibt also keine elektrische

Verbindung zwischen beiden Seiten und so können zu hohe Signalpegel keine Beschädigungen an der Gegenseite verursachen. Vor allem beim Einsatz eines Laptops über einen DC/DC-Wandler, der aus der Fahrzeugbatterie betrieben wird, kann es andernfalls zu einem kritischen Potenzialausgleich kommen. In einigen Fällen bereitet Jeffs Schaltung allerdings Probleme bei der Kommunikation, weil die Wahl der Optokopplertypen und deren Beschaltung nicht optimal ist.

Im Prinzip kann auf die Optokoppler auch gut verzichtet und die ganze Schaltung mit ein paar Transistoren und Dioden aufgebaut werden, was auch oft genug gemacht wird. Solange die Schaltung am Fahrzeug funktioniert, spricht auch nicht viel dagegen. Allerdings sind die Signalpegel und Flanken bei den einfachen Schaltungen meist nicht regelkonform genug, um als universelles Interface eingesetzt werden zu können. Für eine bessere Signalqualität sollte ein wenig mehr Aufwand betrieben werden. Die Chip-Hersteller bieten aus diesem Grund sogar spezielle ISO-Bus-Transceiver wie den L9637 von STMicroelectronics oder den Si9243 von Vishay, die zudem die Schaltung kurzschlusssicher machen und vor Verpolung schützen. Zusätzlich kann der typische Schnittstellenwandler MAX232 eingesetzt werden, der die TTL-Signalpegel an die +/- 12 V der RS-232-Schnittstelle anpasst.

Bild 7.13: KL-Interface mit Optokoppler, Transceiver, MAX232 und gekapseltem DC/DC-Wandler

Für den Transceiver und den MAX232 ist eine Betriebsspannung von um die 5 V notwendig. Soll zudem eine galvanische Trennung realisiert werden, ist es notwendig, die Fahrzeugspannung von ca. 12 V auf 5 V zu reduzieren und einen Gleichspannungswandler (DC/DC-Wandler) einzusetzen. So können die Fahrzeugseite und die Computerseite galvanisch voneinander getrennt mit 5 V versorgt werden. Werden bei der Auswahl und der Beschaltung der Optokoppler die elektrischen Gegebenheiten beachtet, arbeitet das Interface zuverlässig und weist nicht die Nachteile von Jeffs Schaltungsentwurf auf. Da die Schaltung auch nicht wie bei Jeff Noxon über die DTR(Data Terminal Ready)-Leitung versorgt wird, was eine entsprechende Ansteuerung seitens der Software voraussetzt, gelten keinerlei Einschränkungen, wie sie bei einigen Programmen (z. B. VAG-COM) vorkommen.

166 Kapitel 7: Interface für nicht genormte Anwendungen

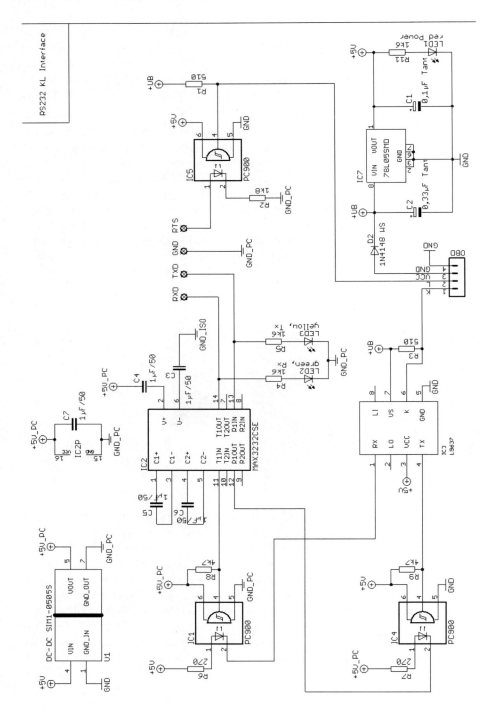

Bild 7.14: Schaltplan für ein serielles Interface

Der gezeigte Schaltplan enthält alle Bauteile für ein komplettes serielles KL-Diagnose-Interface. Der ISO-Bus-Transceiver benötigt lediglich einen Pull-up-Widerstand, dessen Dimensionierung in der ISO 9141 vorgegeben ist und davon abhängt, wie hoch die Batteriespannung des Fahrzeugs ist. Beim Pkw mit 12 V beträgt der Widerstand 510 Ω und beim Lkw mit 24 V ist ein Wert von 1 kΩ vorgesehen. Der gleiche Widerstandswert wird für die L-Leitung verwendet, die über die RTS-Leitung der seriellen Schnittstelle angesteuert wird. Die rote Low-Current-LED signalisiert die anliegende Betriebsspannung, die aus der OBD-II-Buchse bezogen wird. Die zwei anderen LEDs blinken, sobald Daten empfangen (an den PC gesendet) oder vom PC gesendet (Tx) werden. Beim Nachbau ist die strikte Trennung der zwei Massen und 5 V Versorgungsspannungen zu beachten, da nur dann eine hundertprozentige galvanische Trennung vorliegt.

Die Schaltung eignet sich auch sehr gut für die Eigenentwicklung von Hardware, die mit einer OBD-Buchse verbunden werden soll. Wenn in dem Entwurf ein Mikrocontroller vorgesehen ist, der über die OBD-Buchse mit den Steuergeräten kommunizieren soll, kann in den meisten Fällen auf den Einsatz des MAX232-Pegelwandlers verzichtet werden. Der L9637 liefert nämlich 5 V TTL-Pegel, wie sie die meisten Prozessoren an ihren I/O-Ports verwenden. Eine alternative Schaltung für die Umsetzung der KL-Signalpegel nach TTL und umgekehrt lässt sich mit wenigen Standardbauteilen realisieren: Anstatt des integrierten Bus-Transceivers wird hierbei einer der zwei Komparatoren benutzt, die in einem LM393 vorhanden sind.

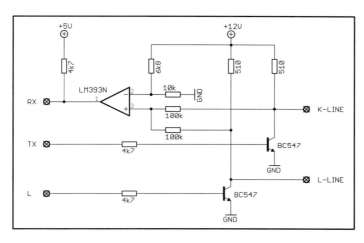

Bild 7.15: Einfaches KL-Interface mit Komparator

7.4.1 ALDL-Diagnosekabel

General Motors nutzte in seinen frühen Fahrzeugen zwischen ca. 1982 und 1995 eine herstellerspezifische Diagnose, die den sogenannten Assembly Line Diagnostic Link (ALDL) nutzt. Bei diesem gibt es eine Signalleitung für 160 Baud, die mit 12-V-Signalpegeln arbeitet, und eine Leitung für 8.192 Baud mit 5 V Pegel. Aufgrund dieser Besonderheit kann ein normales KL-Interface hier nicht eingesetzt werden, und es ist eine andere Schaltung erforderlich, um die Signalpegel zwischen Fahrzeug und PC zu konvertieren.

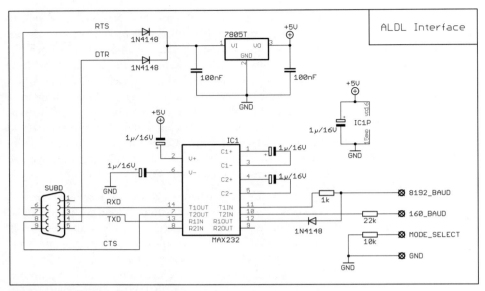

Bild 7.16: ALDL-Interface

Die Schaltung bezieht die notwendige Spannung aus den RS-232-Signalleitungen DTR und/oder RTS vom PC, da die alten Modelle der Diagnosebuchse keine Batteriespannung bereitstellen. Sollte die Versorgungsspannung nicht ausreichen, können stattdessen auch 12 V vom Fahrzeug (z. B. vom Zigarettenanzünder) an Pin 1 des 7805 eingespeist werden. Dazu muss aber die Verbindung zu den seriellen Leitungen DTR und RTS unterbrochen werden. Die Verbindung auf der Fahrzeugseite erfolgt entweder über die in Bild 2.23, Bild 2.30 oder Bild 2.31 gezeigten Pins oder über eine OBD-II-Buchse.

Tabelle 7.4: Anschlüsse für ALDL-Interface

Signal	Buchse Pin Opel Europa	Buchse Pin GM Australien	Buchse Pin GM USA	Buchse Pin OBD II
GND	A	A	A	4 oder 5
160 Baud	-	E	-	-
8.192 Baud	G	-	M	9
Mode Select	B	B	B	-
+12 V	-	H	-	16

7.5 USB-Interface

Aktuelle Laptop-Modelle verfügen bedauerlicherweise nicht mehr über eine serielle Schnittstelle. Auch bei den meisten Desktopgeräten wurde diese eingespart, sodass im Grunde nur noch USB als Verbindungsmöglichkeit zu einem Diagnose-Interface bleibt. Bei USB (Universal Serial Bus) handelt es sich zwar um eine serielle Schnittstelle, aber es gibt nicht mehr die von RS-232 bekannten Steuerleitungen. Hier gibt es nur noch eine bidirektional arbeitende Datenleitung und eine zweite Signalleitung, auf der das invertierte Signal übertragen wird.

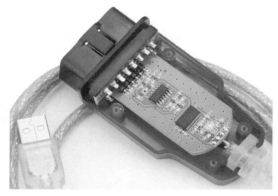

Bild 7.17: Typisches chinesisches USB-KKL-Diagnose-Interface

Viele Probleme, die beim Verbindungsaufbau zwischen PC und Fahrzeug bei Verwendung von USB etc. entstehen, haben ihre Ursache darin, dass nur mit einer seriellen Schnittstelle die zeitkritische Initialisierung der Steuergeräte zuverlässig realisiert werden kann, da hierbei der USART im PC relativ hardwarenah angesteuert wird. Bei USB erfolgt die Steuerung immer über einen Software-Treiber. Das ist bei gängigen Übertragungsraten auch gar kein Problem, stört aber teilweise bei der Fahrzeugdiagnose, da für einige Protokolle ein sogenanntes *SlowInit* mit 5 Baud notwendig ist. Die einzelnen Signalimpulse sind dabei mit 200 ms ungewöhnlich lang. Sie müssen aber ziemlich exakt eingehalten werden, da andernfalls die Steuergeräte nicht initialisiert werden und auch keine weitere Kommunikation (die dann mit unkritischen Baudraten zwischen 4.800 und 10.400 Baud stattfindet) möglich ist. Ob eine Initialisierung Erfolg hat, hängt von vielen Faktoren ab: Die Leistungsfähigkeit des Computers, die Anzahl auf ihm laufender Prozesse, der verbaute USB-Controller und die Erwartungen des jeweiligen Steuergeräts an die Präzision des Timings sind nur einige Faktoren.

Wenn Ihr Diagnose-Interface keinen Protokoll-Interpreter beinhaltet und Sie Verbindungsprobleme haben, können Sie eine serielle Schnittstelle nachrüsten. Für Desktop-PCs gibt es entsprechende I/O-Steckkarten. Vielleicht hat Ihr Mainboard sogar einen seriellen Anschluss, der nur nicht hinausgeführt wurde. Für Laptops gibt es PCMCIA- oder ExpressCard-Steckkarten für den Erweiterungsschacht, die eine echte serielle Schnittstelle bieten. Achten Sie aber darauf, dass diese tatsächlich die PCI-E Schnittstelle benutzen und nicht doch auf USB basieren. Auch ein USB-RS-232-Adapter für wenige Euro bringt nicht den gewünschten Erfolg, da in ihm die gleiche Technik steckt wie in dem nachfolgend gezeigten USB-Diagnose-Interface: Sämtliche Interfaces mit USB simulieren einfach nur eine serielle Schnittstelle. Manche Hersteller kaschieren das ein wenig, indem sie eigene Treiber erstellen, aber es handelt sich dennoch stets um einen sogenannten virtuellen COM-Port. Sinn der Sache ist, dass die Diagnose-Software auf dem PC die Daten über eine COM-Schnittstelle austauschen kann. Sie ist einfach zu programmieren und auch ältere Programme, die USB gar nicht kennen, funktionieren problemlos. Sobald Sie das erste Mal Ihr Diagnose-Interface (nur) an den PC anschließen, werden Sie unter Windows aufgefordert, einen Treiber für die virtuelle serielle Schnittstelle zu installieren. Es kann sein, dass Sie diesen schon mit einem anderen Gerät installiert haben und er mitbenutzt werden kann. Beim Interface sollte der passende Treiber auch dabei sein. Es gibt weltweit nur einen bedeutenden Hersteller für Chips (die Firma FTDI), die an einem PC per USB angeschlossen werden und serielle Signalleitungen nachbilden. Von daher ist es sehr wahrscheinlich, dass auch in Ihrem Interface ein ein FTDI-Chip verbaut ist. Dann können Sie die aktuellen Treiber auch bei FTDI downloaden: *http://www.ftdichip.com/Drivers/VCP.htm*.

> Achten Sie möglichst beim Kauf des Interfaces darauf, dass ein FTDI-Chip verbaut wurde. Schnittstellenwandler anderer Hersteller sind zwar ein wenig billiger, bereiten aber mehr Probleme beim Verbindungsaufbau. Vor allem in älteren USB-Interfaces wurden die billigen gern verbaut, da sich so die Herstellungskosten noch ein wenig senken ließen.

Während der Installation des USB-Treibers wird dem Gerät ein freier COM-Port zugeordnet, über den die Software mit dem Interface kommuniziert. Das Diagnoseprogramm stellt erst beim Start fest, welche Ports auf dem System vergeben sind. Es sollte deshalb erst gestartet werden, nachdem der Port eingerichtet wurde und die Hardware eingesteckt ist, da die meisten Programme die Liste der verfügbaren Ports nicht zur Laufzeit aktualisieren und dann auf einen neu hinzugekommenen Port nicht zugreifen können. Einige Programme ignorieren die Möglichkeit, dass die Nummerierung der Ports weit über vier hinausgehen kann, und bieten grundsätzlich keine Möglichkeit, einen höher nummerierten Port anzusprechen. In solchen Fällen ist es erforderlich, den automatisch vergebenen Port umzuändern. Um festzustellen, welche Nummer vergeben wurde und diese ggf. zu ändern, gehen Sie folgendermaßen vor:

1. Entfernen Sie das Interface aus der USB-Buchse des PC.
2. Öffnen Sie die Einstellungen *Systemeigenschaften*, indem Sie gleichzeitig die Tasten <Windows>+<Pause> drücken.
3. Wechseln Sie dann auf die Registerkarte *Hardware* und klicken Sie auf *Geräte-Manager*, um das gleichnamige Fenster zu öffnen.
4. Öffnen Sie die Rubrik *Anschlüsse* durch Anklicken des Plus-Symbols vor dem Eintrag. Welche Geräte angezeigt werden, kann individuell variieren.
5. Stecken Sie das Interface wieder in einen USB-Port.
6. Nach einigen Sekunden sollte ein Signalton aus Ihrem PC-Lautsprecher ertönen, und im Geräte-Manager wird der Eintrag *USB Serial Port* gezeigt. Welche COM-Portnummer dahinter in Klammern steht, ist egal. Diese Nummer (hier: COM6) benötigen Sie ggf. für Ihre Diagnose-Software.
7. Der Test war erfolgreich. Sie können den *Geräte-Manager* und die *Systemeigenschaften* nun schließen, wenn Sie die Port-Nummer nicht ändern wollen. Andernfalls geht es weiter.

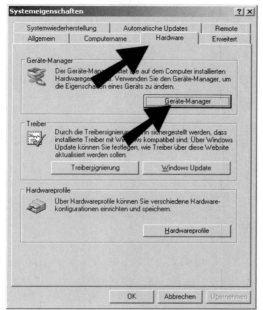

Bild 7.18: Systemeigenschaften

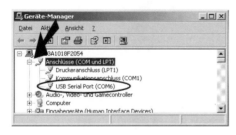

Bild 7.19: USB Serial Port

8. Klicken Sie doppelt auf den Eintrag *USB Serial Port*, sodass sich das Fenster *Eigenschaften* öffnet, und wechseln Sie auf die Registerkarte *Anschlusseinstellungen*, auf der Sie dann auf *Erweitert* klicken. Je nach Treiber können die Texte auch *Port Settings* und *Advanced* lauten.

9. Wählen Sie eine gewünschte (niedrige) *COM-Anschlussnummer* (*COM Port Number*). Ggf. wird in Klammern angezeigt, dass dieser Port bereits belegt ist (*in use*). Dies können Sie ignorieren, wenn Sie kein anderes Gerät mit einem virtuellen COM-Port nutzen.

10. Wählen Sie aus der Liste bei *Wartezeit* (*Latency Timer*) den Eintrag »1« aus und klicken Sie dann auf *OK*.

11. Ist der gewählte Port bereits belegt, erscheint eine Hinweismeldung, die Sie mit *Ja* bestätigen können.

12. Die Port-Zuweisung ist nun dauerhaft geändert, Sie können die Änderung der Eigenschaften mit *OK* bestätigen und den Geräte-Manager schließen. Ab sofort können Sie Ihr Diagnose-Interface über den neu eingestellten Port ansprechen.

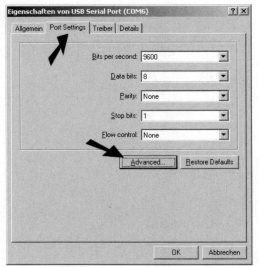

Bild 7.20: USB-Anschlusseinstellungen

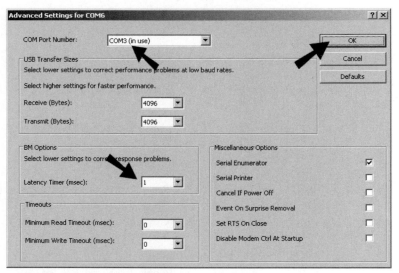

Bild 7.21: Erweiterte Einstellungen

Schaltungstechnisch sind die weitverbreiteten USB-Interfaces, die meist aus China stammen, sehr einfach aufgebaut. Sie bestehen nur aus einem FTDI-Chip als USB/UART-Konverter, einem LM339 mit vier integrierten Komparatoren sowie ein paar Widerständen und Kondensatoren. Anstatt der gemäß ISO 9141 vorgegebenen Widerstände mit 510 Ω sind meist welche mit 1.000 Ω verbaut. Das ist zwar in den meisten Anwendungsfällen eher unkritisch, kann aber bei problematischen Steuergeräten prekär sein. Auch die einfache Beschaltung der Komparatoren führt dazu, dass die Signalpegel nicht besonders akkurat sind.

7.5 USB-Interface 173

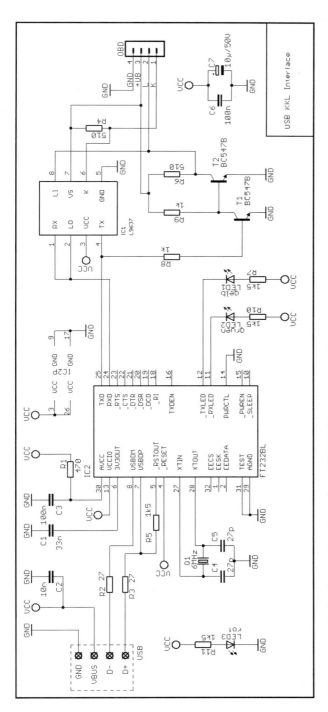

Bild 7.22: Schaltplan für den Eigenbau eines USB-KKL-Diagnose-Interface

Vor allem fehlt eine Schutzfunktion gegen Überlastung. Solange die Diagnose mit einem solchen Interface funktioniert, ist das alles unerheblich. Anders sieht es aus, wenn die Verbindung nicht aufgebaut werden kann oder aufgrund zu vieler Übertragungsfehler immer wieder zusammenbricht. Abhilfe kann ein serielles Interface oder der Aufbau eines eigenen Geräts schaffen, bei dem mehr Wert auf die korrekte Anpassung der Signalpegel gelegt wird.

Die Schaltung ist nicht sonderlich kompliziert, da nur ein paar externe Bauteile für den FTDI-Konverter und den Bus-Transceiver L9637 erforderlich sind. Ein wenig kniffelig ist eher das Löten der 32 Anschlüsse des FTDI232BL im LQFP-Gehäuse. Da es sich um ein KKL-Interface handelt, ist auch eine Rückführung von Signalen über die L-Leitung an den PC integriert, wobei auch dies über den L9637 abläuft. Die drei LEDs signalisieren wie beim Schaltplan für das serielle Interface die Versorgung mit Spannung über die Diagnosebuchse und den ein- und ausgehenden Datenverkehr.

Bild 7.23: Aufgebauter Bausatz auf Basis des gezeigten Schaltplans

8 OBD-II-Diagnoseroutinen

In Kapitel 4.1 wurde bereits der Servicemodus SID $01 zur Abfrage von Diagnosedaten vorgestellt. Die zu den entsprechenden Parameter Identifiern (PID) gehörenden Skalierungswerte und Kurzbeschreibungen bedürfen allerdings einiger Erläuterungen, um deren Bedeutung und Interpretation besser verstehen zu können. Ihm Rahmen dieses Buchs kann keine komplette Einführung in die Motorentechnik gegeben werden, um alle Aspekte bis ins Detail zu beleuchten. Eine allgemeine Einführung wird aber nützlich sein, und Sie können Ihr Wissen mithilfe einschlägiger Fachliteratur vertiefen.

8.1 Systemstatus und Readinesscode

Die Abfrage von PID $01 liefert vier Bytes, die den Systemstatus repräsentieren und den Readinesscode beinhalten. Im ersten Byte (A) wird mitgeteilt, wie viele Fehlercodes im Steuergerät gespeichert sind und über SID $03 ausgelesen werden können. Dafür werden die ersten sieben Bits des Bytes herangezogen. Im achten Bit (HSB) stet der Status der MIL: Wenn die Motorkontrollleuchte derzeit eingeschaltet ist, steht das Bit auf 1.

Tabelle 8.1: Byte A Systemstatus

Bit	Bedeutung
0 (LSB)	
1	
2	
3	Anzahl der DTCs
4	
5	
6	
7 (HSB)	Status der MIL: 1 = An

Wird beispielsweise der Byte-Wert 82h ausgelesen, bedeutet das, dass die MIL eingeschaltet ist und zwei permanente Fehler im System gespeichert sind: 82h ist binär 1000 0010b. Bit 7 ist gesetzt, also leuchtet die MIL. Durch eine Und-Verknüpfung mit 7Fh wird das Bit 7 entfernt und es verbleibt 0000 0010b, was mit 2d der Anzahl der Fehler entspricht.

Die drei weiteren Bytes sind für den Readinesscode vorgesehen, wobei bei vielen Anwendungen lediglich das erste dieser drei Bytes berücksichtigt wird. Der Readinesscode dient dazu, dem Tester mitzuteilen, welche Baugruppen im Fahrzeug vorhanden sind und überwacht werden und ob die Selbstdiagnose für die Baugruppe abgeschlossen ist. Nur wenn für alle verbauten Komponenten die Diagnose durchlaufen wurde, ist sichergestellt, dass alle möglicherweise im System vorhandenen Fehler aufgespürt wurden. Die Aussage, ob die Eigendiagnose für eine Komponente durchlaufen wurde, ist keinerlei Angabe darüber, ob das System fehlerfrei ist oder nicht. Sie sagt nur, dass genügend Fahrstrecke mit dem Auto zurückgelegt wurde und alle notwendigen Fahrsituationen vorkamen, die notwendig sind, um eventuelle Fehlfunktionen zu erkennen. Durch Abfahren des NEFZ (vgl. Kapitel 3.2) sollten alle Systemtests abgeschlossen sein. Ist das nicht der Fall, kann davon ausgegangen werden, dass es einen gravierenden Fehler im System der Eigendiagnose gibt. Durch Ausführen des SID $03 (Löschen aller DTCs) wird auch der Readinesscode zurückgesetzt. Danach muss also wieder eine gewisse Strecke gefahren werden, bis alle Überprüfungen durchlaufen sind und der Readinesscode komplett ist. Dieser Mechanismus verhindert u. a., dass kurz vor einer Hauptuntersuchung einfach der Fehlerspeicher gelöscht wird und das Fahrzeug den Anschein von Fehlerfreiheit im Motorsteuergerät erweckt. Nur mit komplettem Readinesscode kann die Untersuchung überhaupt stattfinden, und während dieser erstellt wird, werden die gelöschten Fehler auch wieder abgespeichert.

Grundsätzlich gibt es beim Readinesscode zwei Aussagen pro Baugruppe:

- In einem Bit wird gespeichert, ob das System im Fahrzeug überhaupt vorhanden ist und überwacht wird. Dieses Bit wird automatisch auf 1 gesetzt, wenn eine Überwachung dieses Moduls unterstützt wird – andernfalls steht das Bit auf 0.
- Ein zweites Bit besagt, ob die Diagnose der Baugruppe abgeschlossen wurde oder noch nicht. Solange die Diagnose noch nicht fertig ist (u. a. nach dem Löschen der DTCs), steht das Bit auf 1. Erst nach ausreichend Fahrstrecke und wenn die Überwachungsfunktion korrekt arbeitet, wird das Bit auf 0 gesetzt. Für Baugruppen, die nicht vorhanden sind oder nicht kontrolliert werden, steht das Bit von Anfang an auf 0. Das bedeutet, dass der Readinesscode erst dann vollständig ist, wenn all diese Bits auf 0 stehen.

Tabelle 8.2: Byte B Readinesscode

Bit	Bedeutung
0 (LSB)	Fehlzündungsüberwachung vorhanden?
1	Kraftstoffsystemüberwachung vorhanden?
2	Überwachung abgasrelevanter Bauteile vorhanden?
3	Selbstzündungsüberwachung wird unterstützt 0 = Fremdzündungsüberwachung 1 = Selbstzündungsüberwachung
4	Diagnose Fehlzündungsüberwachung abgeschlossen?
5	Diagnose Kraftstoffsystemüberwachung abgeschlossen?
6	Diagnose Überwachung abgasrelevanter Bauteile abgeschlossen?
7 (HSB)	Reserviert (= 0)

Eine Besonderheit stellt Bit 3 dar: Es wurde erst mit der Novellierung der SAE J1979-2007 eingeführt und war zuvor unbenutzt. Jetzt gibt es an, ob es sich um einen Selbstzündungsmotor (Diesel) oder einen mit Zündkerzen fremdgezündeten (Benziner) handelt. Parallel dazu wurde auch bei den PIDs eine Differenzierung vorgenommen: Bisher wurde für die folgenden Bytes C und D bei beiden Antriebsarten die gleiche Funktionsbeschreibung benutzt. In der neuen Fassung ist diese nun unterschiedlich ausgeführt, und es wird abhängig vom Wert in Bit 3 entschieden, welche anzuwenden ist.

Auch bei PID $41 gibt es dieses Bit, das herangezogen wird, um die während des aktuellen Fahrzyklus überwachten Baugruppen in zwei Gruppen zu klassifizieren.

Während Byte B Systeme beinhaltet, die kontinuierlich überwacht werden, sind die beiden Bytes C und D Systemen vorbehalten, die pro Fahrt mindestens einmal getestet werden.

Tabelle 8.3: Byte C gibt Auskunft darüber, welche Systeme vorhanden sind

Bit	Bedeutung Benzin	Bedeutung Diesel
0 (LSB)	Katalysatorüberwachung	Überwachung Nichtmethan.kohlenwasserstoff(NMHC)-Katalysator
1	Überwachung Katalysatorheizung	Überwachung NOx Nachbehandlung
2	Überwachung Kraftstoffverdampfungssystem	Reserviert (= 0)
3	Überwachung Zweitluftzuführungssystem	Überwachung Turbolader
4	Reserviert (= 0)	Reserviert (= 0)
5	Überwachung Lambdasonde	Abgassensorüberwachung
6	Überwachung Lambdasondenheizung	Feinstaubfilterüberwachung
7 (HSB)	Überwachung Abgasrückführung	Überwachung Abgasrückführung

Tabelle 8.4: Byte D informiert darüber, welche der verbauten Systeme (gemäß Byte C) mit der Eigendiagnose fertig sind (= 0)

Bit	Bedeutung Benzin ... Eigendiagnose fertig	Bedeutung Diesel ... Eigendiagnose fertig
0 (LSB)	Katalysatorüberwachung	Überwachung Nichtmethankohlenwasserstoff(NMHC)-Katalysator
1	Überwachung Katalysatorheizung	Überwachung NOx Nachbehandlung
2	Überwachung Kraftstoffverdampfungssystem	Reserviert (= 0)
3	Überwachung Zweitluftzuführungssystem	Überwachung Turbolader
4	Reserviert (= 0)	Reserviert (= 0)
5	Überwachung Lambdasonde	Abgassensorüberwachung
6	Überwachung Lambdasondenheizung	Feinstaubfilterüberwachung
7 (HSB)	Überwachung Abgasrückführung	Überwachung Abgasrückführung

8.2 Status Einspritzsystem

Der Status des Einspritzsystems bezieht sich auf die Wechselwirkung zwischen Motorsteuergerät und Lambdasonde. Um den idealen Mix aus angesaugter Luft und Treibstoff bei einem Benzinmotor zu berechnen, ist eine Rückmeldung der Lambdasonde erforderlich (vgl. Kapitel 4.5). Solange der Katalysator und zumindest die erste Lambdasonde noch nicht auf Betriebstemperatur sind, können die Messwerte nicht benutzt werden, da sie verfälscht sind. Damit auch schon bei niedriger Motor- und Abgastemperatur eine Abgasregelung möglich ist, können die Lambdasonden vorgeheizt werden (wobei die zweite meist erst beheizt wird, wenn die warme Abgasluft mögliche Kondensatreste weggetrocknet hat). Doch auch dies greift erst nach etwas Fahrzeit. Solange die Regelung nicht durch Messwerte optimiert werden kann, arbeitet das Motorsteuergerät daher mit vorgegebenen Einspritzwerten, die u. a. von der Luft- und Motortemperatur abhängen. Diesen Zustand bezeichnet man in der Regelungstechnik als einen offenen (Regel-)Kreislauf, da eine der Messgrößen für die Regelung fehlt. Sobald die Werte der Lambdasonde ausgewertet werden können und die Abgasregelung den Idealwert $\lambda=1$ ansteuern kann, spricht man von einem geschlossenen Kreislauf.

Zu einem offenen Regelkreislauf kann es auch kommen, wenn Sensoren ausfallen oder unplausible Signale liefern. Auch in diesem Fall werden wieder im Motorsteuergerät abgelegte Standardwerte für das Luft-Treibstoffgemisch benutzt. In den meisten Fällen wird dann auch die Motorkontrollleuchte aufleuchten und ggf. der Motor sogar in ein Notlaufprogramm versetzt, bei dem weniger Leistung zur Verfügung steht und ein festgelegter Drehzahl- und Geschwindigkeitsbereich nicht überschritten werden kann.

Über den Status des Einspritzsystems informiert PID $03: Je nach Situation kann der Regelkreislauf offen oder geschlossen und ein Fehler kann detektiert worden sein. Da bei starker Beschleunigung und Schubabschaltung keine sinnvolle Regelung der Abgase möglich ist, gibt es hierfür einen gesonderten Status in Bit 2: Im Prinzip findet eine Regelung statt (geschlossener Kreislauf) aber derzeit treten Fahrbedingungen auf, die eine Regelung nicht ermöglichen.

8.3 Motorlast

Die Motorlast gibt als Prozentwert an, wie viel Leistung vom Motor im Moment abgerufen wird. Bei Beschleunigung oder Berganfahrt steigt die Motorlast und damit einhergehend auch der Verbrauch, während die Last bei etwa einem Drittel liegt, wenn das Fahrzeug gleichmäßig rollt, wobei dieser Wert auch von der Wahl der eingelegten Schaltstufe und der allgemeinen Größe des Motors abhängt. Wenn der Wagen bei eingelegtem Gang verzögert, wird die Schubabschaltung aktiviert und die Motorlast sinkt auf 0 %: Es wird kein Treibstoff mehr eingespritzt und der Motor wird lediglich durch die Vorwärtsbewegung des Fahrzeugs durchgedreht, weil sich die Drehbewegung der Räder über das Getriebe auf die Kurbelwelle überträgt. Sobald die Kupplung getreten wird oder der Motor stottert und ggf. die Leerlaufregelung eingreift, wird wieder Treibstoff verbraucht und die Motorlast steigt an.

An der Motorlast kann der reale Verbrauch zwar nicht direkt abgelesen werden, aber sie stellt einen guten Anhaltspunkt für die Tendenz dar: Je niedriger die Motorlast, desto weniger Treibstoff wird verbraucht. Eine entsprechende Anzeige kann also helfen, das eigene Fahrverhalten zu kontrollieren und Sprit zu sparen.

8.4 Kraftstoff-Einspritzkorrektur

Um eine ideale, möglichst schadstoffarme Verbrennung zu erreichen, verfügt das Motorsteuergerät über verschiedene Kennfelder für Zündzeitpunkt, Einspritzzeitpunkt und Einspritzdauer, die bei der Entwicklung des Motors durch Versuchsreihen etc. aufgestellt wurden. Zusätzlich gibt es die Lambdasonde, die Rückschlüsse auf die Abgaswerte zulässt. Im Regelbetrieb wird bei warmem Motor anhand der Lambdawerte die Gemischzusammensetzung festgelegt. Die ermittelten Parameter werden zusätzlich mit den Kennfeldern verglichen und bewertet. Stellt das Steuergerät fest, dass die notwendigen Werte, wie sie sich durch die Lambdaregelung ergeben, von den Kennfeldern abweichen, wird dies für spätere Diagnosezwecke gespeichert. Über die PIDs $06–09 kann dann eine Abweichung ausgelesen werden, wobei es zum einen Werte für die kurzzeitige Korrektur gibt und welche für die langfristige. Kurzzeitige Abweichungen sind völlig normal und ergeben sich allein schon aus den unterschiedlichen Fahrbedingungen wie Volllast, Leerlauf und Schubabschaltung. Registriert das Steuergerät permanent notwendige Abweichungen, wird das im Speicher für die langfristige Einspritzkorrektur festgehalten, da die anhaltende Abweichung von den idealisierten Kennfeldern Rückschlüsse auf defekte Bauteile zulässt.

Ein positiver Prozentwert gibt an, dass das laut Kennfeld aufbereitete Gemisch zu mager ist und für eine optimale Verbrennung angefettet werden muss. Auf Dauer bedeutet das bei einer langfristig notwendigen Korrektur auch einen höheren Treibstoffverbrauch. Grund für einen solchen Fehler kann z. B. Falschluft sein, wie sie ins System gelangt, wenn eine Ansaugrohrdichtung defekt oder lose ist.

Der Fahrzeughersteller sieht einen gewissen Toleranzbereich für die langfristige adaptive Einspritzkorrektur vor, weil jeder Motor und das Gesamtsystem Fertigungstoleranzen unterworfen sind und auch die Umgebungsbedingungen wie Höhe über dem Meeresspiegel und Treibstoffqualität nicht einheitlich sind. In diesem Toleranzbereich gleicht das Steuergerät die Regelung einfach aus. Erst wenn der Grenzbereich dauerhaft über- oder unterschritten wird (das kann bei einem Wert von ca. 30 % sein), werden entsprechende Fehlercodes in der ECU abgespeichert.

8.5 Kraftstoffdruck

Der Kraftstoffdruck im Hochdruckteil des Einspritzsystems am Kraftstoffverteilerrohr/der Kraftstoffverteilerleiste (dem sogenannten Rail) wird vom Motormanagement überwacht, da seine genaue Einhaltung den Schadstoffausstoß und die Geräuschemission beeinflusst. Ist ein entsprechender Messwert per OBD II abfragbar, erspart das erheblich Aufwand bei der Diagnose. Man käme nur schwer an die Zuleitungen heran und ein Manometer mit entsprechenden Adaptern wäre notwendig.

Es gibt mehrere PIDs, über die der Kraftstoffdruck theoretisch abgefragt werden kann. PID $6D liefert die meisten Informationen: Wenn beispielsweise in Byte A die Bits 0 und 1 gesetzt sind, liefern die Bytes B und C den Sollwert für den Druck und die Bytes D und E den derzeitigen Istwert. Wird dieser PID nicht unterstützt, ist lediglich der Istwert abfragbar (der Sollwert muss dann dem Reparaturhandbuch entnommen werden) und es darf nur eins der PIDs $0A, $22, $23 oder $59 einen Wert liefern, wobei diese extra unterschiedlich skaliert sind, damit auch die höheren Drücke eines Dieselsystems dargestellt werden können.

Die verbreitete angloamerikanische Angabe in Pound-force per square inch (PSI) kann in die SI-Einheit Pascal mit dem Umrechnungsfaktor 1 psi = 6,8948 kPa umgerechnet werden.

8.6 Absolutdruck – Ansaugrohr

Der MAP(Manifold-Absolute-Pressure)-Sensor dient der Erfassung des Saugrohr-Absolutdrucks bei Benzinmotoren oder Dieselmotoren mit Turbolader. Bei Benzinern fließt der Messwert in die Steuerung der elektronischen Einspritzung ein und beim Turbodiesel wird u. a. der variable Turbolader in Abhängigkeit des Signals angesteuert.

Der Sensor kann direkt am Ansaugtrakt des Motors angeflanscht sein oder ist mit diesem über eine dünne Luftleitung verbunden.

8.7 Zündwinkel

Für die Verbrennung benötigt ein Kraftstoff-Luft-Gemisch etwa zwei Tausendstel Sekunden. Außerdem tritt ein Zündverzug vom Zündzeitpunkt bis zur Entflammung des Gemischs in Höhe von etwa einer Millisekunde auf. Der Zündzeitpunkt kennzeichnet die Kurbelwellenstellung eines Verbrennungsmotors mit Ottomotor, bei der der Zündfunke an der Zündkerze ausgelöst wird. Der optimale Zündzeitpunkt hängt von der Drehzahl und der Last ab. Der obere Totpunkt (OT) stellt die Position der Kurbelwelle dar, in der der Kolben die höchste Stellung im Kolben erreicht hat und keine axiale Bewegung mehr erfährt. Die Drehpunkte vom Achslager der Kurbelwelle, der Pleuelstange und des Kreuzkopfs am Kolben liegen dann in einer Linie.

Da die Flammenausbreitungsgeschwindigkeit von der Drehzahl unabhängig ist, wird der Zündzeitpunkt mit steigender Drehzahl nach »Früh« verlegt. Bei Leerlauf und Schubabschaltung (Nulllastbereich) wird die Zündung in den Bereich »Spät« verschoben, wodurch eine vollkommenere Verbrennung und der Ausstoß giftiger Gase bewirkt wird. Die Zündvoreilung, also die vor dem OT liegende Zündung, wird bei OBD II mit positiven Werten angegeben. Negative Zahlen bedeuten eine Zündung nach dem OT.

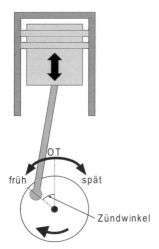

Bild 8.1: Zündwinkel

8.8 Ansauglufttemperatur

Die Temperatur der durch den Luftfilter etc. angesaugten Luft ist entscheidend für die Berechnung der angesaugten Luftmasse. Nur wenn die Luftmasse und die Treibstoffmenge exakt berechnet und aufeinander angepasst werden können, ist eine ideale Verbrennung möglich. Bei dieser werden wenig Schadstoffe ausgestoßen und der Motor erbringt die optimale Leistung. Auch beim Turbodieselmotor ist die Lufttemperatur wichtig, da sich die Luft bei der Kompression im Turbolader erwärmt und anschließend wieder mit einem Ladeluftkühler abgekühlt werden muss. Kalte Luft enthält nämlich bei gleichem Volumen eine größere Luftmenge als warme. Gemessen wird die Temperatur entweder über einen separaten Sensor oder durch Interpolation der Messwerte des Luftmassensensors.

Die Ansauglufttemperatur ist bei Fahrt nicht direkt gleich der Luftaußentemperatur, da sie im Ansaugtrakt gemessen wird und sich die Luft durch die Wärme im Motorraum etc. bereits etwas erwärmt hat. Nur bei kaltem Motor sind beide Temperaturen in etwa gleich groß.

8.9 Luftdurchfluss – Luftmassensensor

Mit dem Luftmassensensor (LMM oder englisch MAF für Mass Air Flow Meter) wird die Masse der pro Zeiteinheit durch den Ansaugtrakt eingezogenen Luft bestimmt. Aus dem gemessenen Massestrom kann die Menge des angesaugten Sauerstoffs bestimmt werden, der für eine stöchiometrische Verbrennung benötigt wird.

Frühere Geber wurden als Luft*mengen*messer bezeichnet und arbeiteten mechanisch, wozu beispielsweise eine Stauklappe von der angesaugten Luft weggedrückt wurde. Die Stellung der Klappe wurde als Widerstandswert mit einem Potenziometer aufgenommen und an das Motorsteuergerät gemeldet. Aufgrund der Mechanik ist diese Technik aber fehleranfällig und nicht präzise genug.

Bild 8.2: Luftmassensensor im Gehäuse mit elektrischem Steckverbinder

Moderne Luftmassenmesser arbeiten mit einem Heizdrahtsensor, der in den Luftstrom der Ansaugluft (meist nach dem Luftfilter) ragt. Die vorbeiströmende Luft kühlt den beheizten Sensor ab. Eine Regelelektronik sorgt aber dafür, dass die Temperatur des Sensors wieder auf den Sollwert ansteigt (diese liegt etwa bei 160 °C über der Temperatur der angesaugten Luft). Je nach Menge der vorbeiströmenden Luft wird für die Erhaltung der Solltemperatur ein größerer oder kleiner Strom benötigt. Die Größe dieses Stromflusses dient als Maß für die Masse der vorbeiströmenden Luft. Eine andere Bauform benutzt zwei Heizelemente, von denen eins in den Luftstrom ragt und abgekühlt wird und das andere abgeschirmt ist. Durch den elektrischen Stromfluss erhitzen sich beide Widerstandselemente, die vorbeiströmende Ansaugluft kühlt das nicht abgeschirmte Heizelement jedoch stärker als das von der Ansaugluft abgeschirmte. Dieses heizt sich daher stärker auf und wird dadurch hochohmiger. Aus den Widerstandswerten der beiden Heizelemente und deren Differenz lassen sich mittels eines Kennfelds unter Einbeziehung weiterer Motorkenndaten folgende Werte ableiten: Temperatur, Luftfeuchtigkeit und Massestrom der Ansaugluft.

Karman-Vortex-Luftmassenmesser, die besonders von japanischen Automobilherstellern verbaut werden, arbeiten mit Ultraschallmessungen. Dazu wird die Ansaugluft eingangs beruhigt und dann durch Störelemente gezielt verwirbelt. Die Ultraschallsensoren erfassen das Geräuschmuster, wodurch der exakte Luft-Volumenstrom erfasst werden kann. Ergänzt durch einen Temperaturfühler und einen Drucksensor, wird die aktuell durchgesetzte Luftmasse ermittelt.

Luftmassenmesser sind relativ empfindlich gegenüber kleinsten Verschmutzungen, wie sie durch Wassereintritt (bei Starkregen oder aufspritzende Gischt), dem Zurückströmen von Öldämpfen aus der Kurbelgehäuseentlüftung oder durch verschmutzte Luft (beschädigter Luftfilter, Undichtigkeit auf der Reinluftseite nach dem Luftfilter) auftreten können. Die auftretenden Symptome können vielfältig sein und hängen auch davon ab, wie die Motorsteuerung programmiert wurde. Bei Ausfall des Signals läuft der Motor mit Ersatzwerten (abhängig von Drosselklappenposition und Drehzahl). Ein Ausgleich ist in Grenzen über die λ-Regelung möglich. Es kann zu einer verminderten Leistung des Motors in bestimmten Drehzahlbereichen bis hin zum Aktivieren des Notlaufprogramms kommen. Bei kalter und nasser Außenluft kann die Leistung schlechter als sonst sein oder die Leerlaufdrehzahl schwankt und wird vom Motorsteuergerät kontinuierlich im Sekundentakt gesteigert und wieder gesenkt.

Eine Reinigung des Sensors mit Bremsenreiniger oder einem anderen rückstandsfreien Mittel ist zwiespältig zu betrachten: Kurzzeitig kann das Abhilfe schaffen, aber der Sensor kann auch beschädigt werden. Die meisten Sensoren altern einfach prinzipbedingt und sind nach ca. 100.000 km fällig für einen Austausch.

Mit den Werten für die angesaugte Luftmasse (PID $10) und der aktuellen Fahrzeuggeschwindigkeit (PID $0D) kann bei Benzinmotoren der aktuelle Treibstoffverbrauch im Regelbetrieb berechnet werden. Voraussetzung für eine genaue Berechnung ist, dass das Einspritzsystem mit geschlossenem Regelkreislauf arbeitet (PID $03), da dann die Motorsteuerung eine schadstoffarme (stöchiometrische) Verbrennung mit λ = 1 ansteuert. Um 1 kg Superbenzin vollständig zu verbrennen, werden 14,7 kg Luft benötigt. Die angesaugte Luftmasse und die Strecke, die das Fahrzeug mit der jetzigen Geschwindigkeit in einer Stunde (3.600 s) zurücklegt, sind bekannt. Somit kann errechnet werden, wie viel Benzin mit einer Dichte von 740 kg/m³ die Einspritzung dafür zur Verfügung stellt.

Formel 8.1: Berechnung des Momentanverbrauchs

$$Verbrauch = \frac{\left(\frac{Luftmasse}{14,7}\right)}{740} \times 3600 \times 100 \frac{l}{100\ km}$$

Da bei Selbstzündern die Verbrennung stets mit einem Sauerstoffüberschuss abläuft, der meist sogar noch über einen Turbolader erhöht wird, kann der Verbrauch an Dieselkraftstoff nicht über den Messwert des Luftmassensensors bestimmt werden.

8.10 Zweitluftsystem

Das Sekundärluftsystem wird nur während des Kaltstarts und im Leerlauf nach einem Warmstart aktiv. Während dieser Phasen tritt im Abgas ein erhöhter Anteil unverbrannter Kohlenwasserstoffe auf. Diese kann der Katalysator nicht verarbeiten, da das Gemisch angefettet ist und Sauerstoff fehlt, um eine Oxidation einzuleiten. Um die Abgase mit Sauerstoff anzureichern, wird nach den Auslassventilen zusätzlich Umgebungsluft eingeblasen. So findet eine Nachverbrennung bisher unverbrannter Abgasbestandteile statt, und der Katalysator erreicht zudem seine ideale Betriebstemperatur schneller.

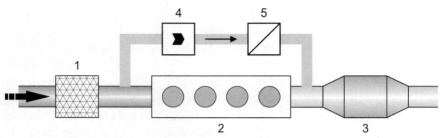

Bild 8.3: Sekundärluftsystem: 1 = Luftfilter, 2 = Motorblock, 3 = Katalysator, 4 = Sekundärluftpumpe, 5 = Sekundärluftventil

8.11 Nebenantrieb

Bei Pkws sind Nebenantriebe, die auch als *Zapfwelle* oder *PTO* (Power Take-off) bezeichnet werden, eher selten anzutreffen. Bei Nutz- und vor allem Agrarfahrzeugen sind sie hingegen gängig. Je nach Bauart ist die Zapfwelle direkt oder über ein Getriebe mit dem Motor verbunden und dreht sich mit dem Fahrzeugmotor mit, sobald sie (über eine zusätzliche Kupplung) eingekuppelt wird.

Genutzt wird der Nebenantrieb, um weitere mechanische Geräte ohne zusätzlichen Motor nur mit der Leistung des Fahrzeugmotors zu betreiben. Bei Geländefahrzeugen oder im Katastrophenschutz wird z. B. eine fest eingebaute Seilwinde häufig über die Zapfwelle betrieben. Dadurch kann ein zusätzlicher Elektromotor eingespart werden und die Zapfwelle bietet mehr Drehmoment. Die Zapfwelle ist dann nur für diesen Zweck vorhanden und nicht frei zugänglich. Bei Traktoren befindet sich meist eine Zapfwelle am Heck und ggf. auch an der Front. Über diese werden die meisten landwirtschaftlichen Geräte wie Schneidwerke und Pumpen mit mechanischer Energie versorgt und angetrieben. Ob der Nebenantrieb genutzt wird, ist für OBD II interessant, weil es notwendig sein kann, den Motor außerhalb der λ-Regelung zu betreiben, um eine bestimmte Drehzahl und Kraft an der Zapfwelle zu erreichen.

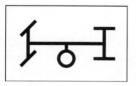

Bild 8.4: Typisches Symbol zur Kennzeichnung des Schalters für die Zuschaltung des Nebenantriebs

9 CAN-OBD-II-Diagnoseprotokoll ISO 15765

Der Einsatz verschiedener CAN-Datenbussysteme im Kfz und die gemeinsame Nutzung von Daten in den verschiedenen Netzwerken stellen neue Anforderungen an die Diagnose und die Fehlersuche. Durch die Vorgabe, dass OBD II seit 2008 nur noch über das CAN-Protokoll ablaufen darf, nimmt die Verbreitung stetig zu. Die Bedeutung der anderen Protokolle wird mit den rückläufigen Zulassungszahlen von Altautos in Europa und den USA zunehmend marginal – auch wenn die Fahrzeuge teilweise in Entwicklungsländer exportiert werden und dort noch gute Dienste verrichten.

9.1 Überblick über den CAN-Datenbus

Die in den Kapiteln 2.3.1 und 3.6.3 vorgestellten Angaben zu den Signalpegeln gelten ausschließlich für die genormte Diagnose mit OBD II. Den Fahrzeugherstellern ist es natürlich freigestellt, im Fahrzeug weitere CAN-Netzwerke zu verbauen und für diese andere Parameter zu nutzen. Gängig ist ein High-Speed-Bus mit 250 kBit/s oder 500 kBit/s für den Antriebsstrang, der den ISO-15765-Vorgaben folgt. Ein Low-Speed-Bus für Komfort- und Infotainmentgeräte nutzt eine andere Topologie und arbeitet mit einer niedrigeren Baudrate (kleiner/gleich 125 kBit/s).

Beim Low-Speed-Bus sind einige Änderungen gegenüber dem CAN-Bus für den Antrieb vorgenommen, um die Störanfälligkeit mit erhöhter Ausfallsicherheit und geringem Stromverbrauch zu kombinieren:

- Die beiden CAN-Signale Low und High wurden durch unabhängig voneinander arbeitende Treiber autark gemacht.
- Die beiden Signalleitungen sind nicht mehr über Widerstände zur Terminierung miteinander verbunden und beeinflussen sich so nicht mehr gegenseitig.
- Es wird auf eine gemeinsame Mittelspannung verzichtet.

Durch diese Modifikationen kann der Bus auch im Eindrahtmodus arbeiten: Wenn eine Signalleitung durch Unterbrechung oder falsche Beschaltung (Kurzschluss etc.) ausfällt, können die Daten immer noch übertragen werden.

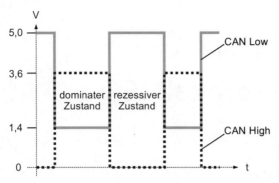

Bild 9.1: Signalverlauf des CAN-Datenbus Low Speed nach ISO 11898-3

Eine Kopplung von CAN-Datenbusantrieb und CAN-Datenbus-Komfort/Infotainment ist aufgrund der unterschiedlichen Spannungspegel und Widerstandsanordnung nicht möglich.

Möchte man sich näher mit dem CAN-Protokoll beschäftigen, ist entweder der Aufbau eines eigenen CAN Transceivers oder die Nutzung eines CAN Sniffers, der die Daten auf dem Bus im Lowlevel-Modus (auch LawIcel genannt) mitprotokollieren und ggf. senden kann, notwendig. Im nächsten Kapitel wird der Aufbau eines typischen CAN Transceivers vorgestellt. Am Markt werden auch einige fertige Geräte und Bausätze angeboten. Besonders praktisch ist ein OBD-Diagnose-Interface wie der *OBD-Diag expert*, das die Sniffer-Funktion bereits integriert hat. Mithilfe eines Y-Kabels kann sowohl der Sniffer als auch ggf. ein weiteres Diagnose-Interface an die Diagnosebuchse im Fahrzeug angeschlossen werden. Mit diesem Aufbau ist es möglich, die Kommunikation auf dem CAN-Bus zwischen ECU und Diagnosegerät zu protokollieren und zu analysieren.

Bild 9.2: OBD-II-Y-Kabel

Wird nur der Datenlogger benutzt, können von diesem per Software auch CAN-Daten an das Steuergerät gesendet werden. Alle Botschaften werden auf dem Bus angezeigt, sofern der CAN-Bus nicht an der OBD-II-Buchse angezapft wird (sondern an anderer Stelle zwischen zwei Steuergeräten) und die Software entsprechend eingestellt ist (die Daten nicht zu filtern). Dabei handelt es sich um die zahlreichen Nachrichten, die zwischen den Steuergeräten ausgetauscht werden. Ein reines Abhören des Busses ist nicht weiter kritisch. Aber das Senden von Nachrichten kann zu Störungen und Fehlfunktionen führen, wenn der Inhalt der Botschaft nicht korrekt ist oder ein Steuergerät auf die Mitteilung mit einer ungewollten Aktion reagiert.

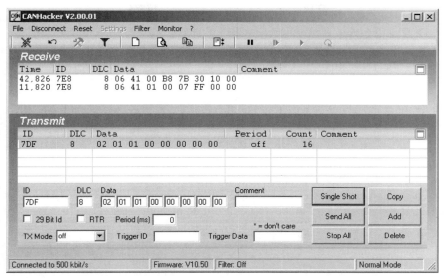

Bild 9.3: Mit der Software *CANHacker* kann der Datenverkehr auf dem CAN-Bus abgehört werden, und einzelne Nachrichten können gesendet und empfangen werden.

9.2 Bit-Übertragungsschicht Physical Layer

Von den ersten Entwicklungsschritten von Bosch zum CAN-Protokoll bis zum heutigen Einsatz im Fahrzeug hat sich einiges an neuen Anforderungen ergeben, die immer wieder in die Spezifikation aufgenommen wurden. Die erste Version TP (Transportprotokoll) 1.6 hat für OBD II keine Relevanz und findet maximal im Segment der herstellerspezifischen Diagnose Anwendung. Technisch ähnelt es zwar der neuen Version, doch gibt es einige Unterschiede:

- Es können keine Broadcast-Nachrichten verschickt werden, die für alle angeschlossenen Geräte gültig sind.
- Die Verbindung kann nicht per Steuersequenz beendet werden.
- Die Verbindung kann nicht getestet werden.
- Es findet ein ständiger Wechsel zwischen Anforderungs- und Antwortbotschaft statt. Eine Antwort kann nicht aus mehreren Botschaften bestehen.

Für OBD II sind die beiden Versionen CAN 2.0A und CAN 2.0B erlaubt, bei denen u. a. die gezeigten fehlenden Funktionen von TP 1.6 implementiert wurden. Der Unterschied zwischen den beiden Versionen liegt in der Länge des Message Identifiers: Bei CAN 2.0A besteht er aus 11 Bit und bei CAN 2.0B kann er auch 29 Bits lang sein. Dadurch steigt die Anzahl maximal möglicher Teilnehmer im Bus von 2.048 auf 536.870.912 an.

Der Message Identifier ist streng genommen nicht die Adresse eines einzelnen Geräts, sondern kennzeichnet den Inhalt der Nachricht. Deshalb wurde auch die erhöhte Zahl an Identifiern mit CAN 2.0B eingeführt. In einem Bus kann so jedem Messsignal (Temperatur, Druck, Volumen etc.) und jedem Befehl (Stellglied 1 Öffnen, Schließen, Einschalten etc.) usw. ein eigener Identifier zugewiesen werden. Der kann dann von allen angeschlossenen Empfängern und Sendern genutzt werden. Während der Entwicklung einer Bustopologie muss deshalb viel Wert auf eine stringente Vergabe der IDs gelegt werden, da möglichst keine IDs doppelt belegt sein sollten. Auch regelt der Identifier die Priorisierung der einzelnen Nachrichten: Je kleiner die ID, desto höher ist die Priorität gegenüber anderen Botschaften.

Die Priorisierung geschieht über die sogenannte Arbitrierung (lat. arbiter: Richter, zu lat. arbitor: beobachten, meinen). Bei gleichzeitigem Sendeversuch mehrerer Steuergeräte würde es zwangsläufig zu einer Datenkollision auf den Busleitungen kommen. Um das zu vermeiden, wird bei CAN eine Kollisionsüberwachung angewendet: Jedes Steuergerät, das etwas senden möchte, beginnt mit dem Sendevorgang durch Bit-weises Senden des Identifiers, wobei mit dem höchstwertigsten Bit begonnen wird. Alle Steuergeräte am Bus verfolgen die Daten auf dem Bus, indem sie über ihre jeweilige Dateneingansleitung (Rx) den Zustand auf dem Bus erfassen. Jeder der aktiven Sender vergleicht zusätzlich bitweise den Zustand der Ausgangsleitung (Tx) mit dem Zustand der Eingangsleitung. Ist ein 1-Bit-Wert am Eingang nicht gleich dem gesendeten 1 Bit am Ausgang, hat ein anderer Sender die rezessive 1 durch eine dominante 0 aus seiner ID überschrieben. Das Gerät, dessen Ausgangssignal mit einer Null überschrieben wurde, stellt daraufhin die weitere Sendung der ID ein und probiert später eine erneute Sendung.

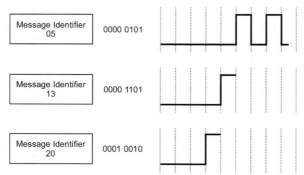

Bild 9.4: Kollisionsvermeidung durch Arbitrierung: Es wird versucht, mehrere Nachrichten (mit einer exemplarischen Identifier-Länge von nur acht Bit) gleichzeitig zu senden. Die Übertragung der Botschaft mit ID 20 wird beim vierten Bit abgebrochen. Das Bit von ID 13 und 5 ist nämlich Null und somit dominant und löscht die Eins von ID 20. Mit dem fünften Bit scheidet auch die ID 13 aus, und die Botschaft mit dem Identifier 05 kann gesendet werden.

SAE J1939 für Nutz- und Agrarfahrzeuge schreibt vor, dass ausschließlich CAN 2.0B mit 29 Bit bei 250 kBit/s eingesetzt wird – im Gegensatz zu OBD II nach ISO 15765. Hier besteht mehr Spielraum und ein Diagnosegerät muss entsprechend flexibel sein, um sich unter allen Umständen mit der ECU verbinden zu können.

9.2 Bit-Übertragungsschicht Physical Layer

Bei CAN erfolgt die gesamte Botschaftsübertragung am Bit-Strom orientiert autark durch von der Industrie fertig angebotene CAN-Controller-Bausteine, die neben dem üblichen UART auch schon in einigen Prozessoren integriert sein können. An sie muss lediglich der Inhalt der Botschaft übergeben werden, dann übernehmen sie die Signalaufbereitung für den Bus. Auch der Datenempfang erfolgt von den Controllern automatisch: Wenn ein entsprechender Filter gesetzt wurde, werden nur die für den Empfänger interessanten Botschaften identifiziert und deren Inhalt in einem Eingangspuffer zwischengespeichert, bis sie dort abgeholt werden.

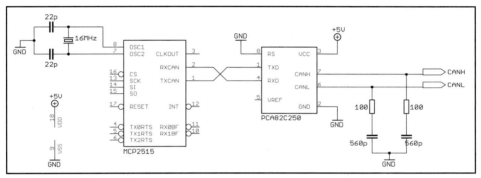

Bild 9.5: CAN-Bustreiber und Controller

Der MCP2515 ist ein beliebter CAN Controller mit SPI (Serial Programming Interface), der nur einer minimalen externen Beschaltung bedarf. Die Daten werden mit einem Mikrocontroller über die verbreitete SPI-Schnittstelle ausgetauscht:

- CS (Chip Select) wird mit einem freien I/O-Port am Mikrocontroller verbunden, um dem MCP2515 zu signalisieren, wenn Daten für ihn auf dem SPI-Bus gesendet werden.
- SCK ist der SPI-Takteingang.
- SI ist der Dateneingang, der bei Mikrocontrollern oft auch *MOSI* genannt und mit diesem verbunden wird.
- SO stellt den Datenausgang dar (MISO).
- INT signalisiert dem Mikrocontroller, dass CAN-Daten empfangen wurden, die ausgelesen werden können.

Der MCP2515 verwaltet nur das CAN-Protokoll (Data Link Layer), aber nicht die physikalische Anbindung an den Bus. Deshalb wird noch ein Schnittstellenbaustein wie der MCP82C250 benötigt, der für High Speed CAN die notwendigen Signalpegel generiert.

9.3 Daten-Frames im Data Link Layer

Bei CAN gibt es keine Initialisierung der (OBD II-) Kommunikation, wie es bei anderen Protokollen üblich ist. Der Diagnosetester braucht nur seine Datenanforderung zu senden und bekommt dann die gewünschte Antwort, wenn kein Fehler auftritt. Da keine Diagnosesitzung aufgebaut werden muss, ist das sonst übliche periodische *Keep alive* ebenso wenig notwendig wie ein explizites Beenden der Diagnose.

Für OBD II können die Motorsteuergeräte über die funktionale oder eine physikalische Adresse angesprochen werden. Die physikalische Adresse ist für jedes Steuergerät fest und individuell vom Hersteller vorgegeben. Nach außen hin muss dem Anwender die genaue Adresse nicht bekannt sein. Die funktionale Adressierung bedeutet, dass die Steuergeräte je nach Aufgabengebiet (Motor, Getriebe usw.) Adressen zugeteilt bekommen, die einheitlich vorgegeben sind. So kann der Tester die ECU 1 unter einer funktionalen Adresse ansprechen, ohne zu wissen, welche physikalische Adresse das Gerät hat. Bild 9.6 verdeutlicht das Verfahren: Die physikalischen Adressen sind die Hausnummern und die funktionalen die Bezeichnung für die ansässigen Geschäfte. So kann man sagen, dass man Hausnummer 21 oder das Café sucht.

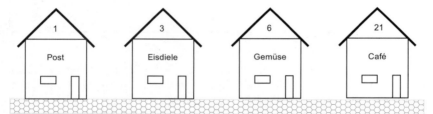

Bild 9.6: Physikalische und funktionale Adressen

In ISO 15765-4 sind die Adressen für den Tester und die Motorsteuergeräte je nach Länge des Message Identifiers vorgegeben.

Tabelle 9.1: CAN-Adressierung mit 11 Bit

11 Bit CAN Identifier (Hex)	Beschreibung
7DF	Funktionelle Adresse der ECU; der externe Diagnosetester verwendet diese Zieladresse für Anforderungsbotschaften an eine (unbestimmte) ECU.
7E0–7E7	Physikalische Adresse der ECU 1–8; der externen Diagnosetester verwendet diese Adressen für Anforderungsbotschaften an die ECU 1–8.
7E8–7EF	Physikalische Adresse des Diagnosetesters; die ECU verwendet diese Zieladressen für die Antwortbotschaft an den Tester.

Die Norm empfiehlt, dass die physikalische Adressierung zu bevorzugen ist und die Adressen 7E0h und 7E8h für die Kommunikation zwischen Diagnosetester und ECU 1 benutzt werden sollen. Die Adressen 7E1h und 7E9h sollen, wenn möglich, für das Getriebesteuergerät benutzt werden. Auch wenn der Diagnosetester die funktionale Adresse 7DFh für seine Anforderungen benutzt, wird die erste ECU mit ihrer physikalischen Adresse (i. d. R. 7E0h) antworten.

Tabelle 9.2: CAN-Adressierung mit 29 Bit

29 Bit CAN Identifier (Hex)	Beschreibung
18 DB 33 F1	Funktionelle Adresse der ECU; der externe Diagnosetester verwendet diese Zieladresse für Anforderungsbotschaften
18 DA xx F1	Physikalische Adresse der ECU xx: der externe Diagnosetester verwendet diese Adressen für Anforderungsbotschaften an die ECU xx.
18 DA F1 xx	Physikalische Adresse des Diagnosetesters; die ECU verwendet diese Zieladresse für die Antwortbotschaft an den Tester.

Bei CAN 2.0B ist die maximale Anzahl an ECUs ebenfalls auf acht begrenzt. Für das »xx« der Adresse in der Tabelle kann also 0–7 benutzt werden.

Eine CAN-Botschaft (auch *Frame* oder *Telegramm* genannt) besteht aus Steuer- und Nutz-Bits. Die Steuer-Bits enthalten neben dem Message Identifier auch noch Informationen über die Anzahl an Bits, aus der die Botschaft besteht, eine Prüfsumme, Start- und End-Bits und weitere Daten, um die sich der CAN-Controller kümmert. Pro Botschaft können maximal acht Daten-Bytes (64 Bit) transportiert werden. Sind mehr Nutzdaten zu übertragen, müssen mehrere CAN-Botschaften generiert werden.

Da sich der CAN-Controller um die Generierung des Frames kümmert, ist der genaue Aufbau nur für Entwickler eines solchen interessant. Der Anwender benötigt lediglich einen groben Überblick und dürfte vor allem am Inhalt der Daten interessiert sein, die für OBD II wichtig sind.

9.4 Messwerte (PIDs) abfragen

Die folgende Tabelle zeigt, welche Daten für eine Diagnoseanforderung benötigt werden.

Tabelle 9.3: CAN-Beispielkommunikation 11 Bit zur Datenanforderung

FrameDaten	Anforderung (Request)	
ID	7DF	Funktionale Adresse ECU
DLC	08	Fix
Byte 0	02	PCI-Byte
Byte 1	01	SID (Diagnosedaten)
Byte 2	0D	PID (Geschwindigkeit)
Byte 3	00	
Byte 4	00	
Byte 5	00	
Byte 6	00	
Byte 7	00	

Die ID 7DFh weist darauf hin, dass der Diagnosetester die funktionale Adressierung mit 11 Bit Message Identifier benutzt. Bei OBD II CAN ist der Data Length Code (DLC) stets 8. Es werden also immer alle acht Nutzdaten-Bytes übertragen, wobei nicht benötigte Bytes mit 00 gefüllt werden.

> Rein theoretisch können ungenutzte Bytes mit jedem beliebigen Wert gefüllt werden. Der Empfänger wird sie sowieso ignorieren, da ihm durch das PCI-Byte mitgeteilt wird, wie viele Daten tatsächlich zur Diagnoseantwort gehören.

Anschließend folgt im ersten Nutzdaten-Byte das PCI (Protocol Control Information) Byte, das angibt, wie viel Daten in diesem Frame tatsächlich genutzt werden: Es sind zwei Bytes, die noch folgen. Dem PCI-Byte kommen noch weitere Bedeutungen hinzu, die für dieses Beispiel erst einmal nicht relevant sind und später noch erläutert werden. In Byte 1 wird dann der OBD II Service Identifier angegeben. Für das Auslesen von Messdaten ist ein Zugriff auf SID $01 notwendig, und von diesem soll der Messwert PID $0D (Fahrzeuggeschwindigkeit) abgerufen werden.

Tabelle 9.4: CAN-Beispielkommunikation 11 Bit Antwort

FrameDaten	Antwort (Response)	
ID	7E8	Physikalische Adresse Tester
DLC	08	Fix
Byte 0	03	PCI-Byte
Byte 1	41	Response Typ
Byte 2	0D	PID

FrameDaten	Antwort (Response)	
Byte 3	51	Wert
Byte 4	00	
Byte 5	00	
Byte 6	00	
Byte 7	00	

Bei der Antwort nutzt die ECU die physikalische 11 Bit lange Adresse des Testers. Auch eine Antwort besteht stets aus acht Bytes, weshalb im DLC Byte erneut »8« steht. Als Nächstes kommt wieder das PCI-Byte, das im Beispiel lediglich die Anzahl der folgenden Bytes angibt. Der angeforderte Service Identifier wird bei einer erfolgreichen Abfrage und gültigen Antwort mit 40h oder-verknüpft: 01h I 40h = 41h. Dem folgt die Wiederholung des abgefragten Parameter Identifiers. Anschließend kommen die Bytes für den Wert passend zum PID, die dann in einen Messwert oder eine Aussage umgerechnet werden müssen (siehe Kapitel 4.1.2).

Handelt es sich um eine Botschaft vom Typ *negative response*, wird der Wert 7Fh gesendet. In dem Fall war die Anforderung ungültig und es kann keine passende Antwort geliefert werden. Dann wird der angeforderte Service Identifier unverändert gesendet, um die Antwort einer Anforderung zuzuordnen. Es wird noch ein weiteres Byte mit dem eigentlichen Error Code – dem Grund für die Ablehnung – gesendet.

Tabelle 9.5: Einige typische negative Response Error Codes

Wert (Hex)	Ablehnungsgrund
10	Allgemeiner, nicht weiter spezifizierter Ablehnungsgrund
11	Angeforderter Service wird nicht unterstützt
13	Ungültige Nachrichtenlänge oder ungültiges Format
21	Beschäftigt, Anforderung wiederholen
22	Die Voraussetzungen zur Ausführung der Anforderung sind nicht erfüllt
33	Sicherheitszugang benötigt

Tabelle 9.6: Beispiel für eine negative Antwort

Negative Antwort (negative response)	
7E8	Physikalische Adresse Tester
08	DLC
03	PCI-Byte
7F	Antworttyp: negative response

Negative Antwort (negative response)	
01	SID aus der Anforderung
21	Error Code
00	
00	
00	
00	

Mit einem 29 Bit Message Identifier unterscheidet sich der Inhalt des Frames lediglich bei der Angabe der ID: Für den Request mit funktionaler Adressierung lautet sie 18 DB 33 F1h. In der Antwort der ECU mit der physikalischen Adresse des Diagnosetesters steht 18 DA F1 01h.

9.5 Fehler auslesen und löschen

Die Abfrage von Fehlercodes folgt dem gleichen Muster wie das zuvor beschriebene Auslesen von Messwerten. Es kann eine Anfrage entweder an den Service $03 (permanente Fehler) oder SID $07 (temporäre Fehler) geschickt werden.

Tabelle 9.7: Abfrage von gespeicherten (permanenten) DTCs

FrameDaten	Anforderung (Request)	
ID	7DF	Funktionale Adresse ECU
DLC	08	Fix
Byte 0	01	PCI-Byte
Byte 1	03	SID (Fehlercodes)
Byte 2	00	
Byte 3	00	
Byte 4	00	
Byte 5	00	
Byte 6	00	
Byte 7	00	

Solange nur maximal sieben weitere Bytes folgen, gibt das PCI-Byte die Anzahl der Bytes an. Das übernächste Byte sagt aus, wie viele Fehler gespeichert sind. Dann folgen je DTC zwei Bytes.

Tabelle 9.8: Antwort mit zwei gespeicherten permanenten Fehlern

FrameDaten	Antwort (Response)	
ID	7E8	Physikalische Adresse Tester
DLC	08	Fix
Byte 0	06	PCI-Byte
Byte 1	43	Response Typ
Byte 2	02	Anzahl der gespeicherten DTCs
Byte 3	01	1. DTC Byte A
Byte 4	0A	1. DTC Byte B
Byte 5	02	2. DTC Byte A
Byte 6	35	2. DTC Byte B
Byte 7	00	

Bei der Antwort kann es nun aber vorkommen, dass dem PCI-Byte eine neue Aufgabe zukommt und es nicht mehr nur die Anzahl der folgenden Nutz-Bytes darstellt. Sobald nämlich mehr Bytes in der Antwort enthalten sind, als in einem Frame untergebracht werden können, müssen mehrere Frames als Antwort geschickt werden, und das wird mit dem PCI-Byte signalisiert.

9.5.1 Segmentierung: Frame-Typen und PCI-Byte

Um Botschaften zu übertragen, die länger sind als es der Data Link Layer erlaubt, ist es notwendig, die Nachricht auf mehrere Frames zu teilen – man spricht von *Segmentierung*. Solange die gesamte Nachricht in ein Frame hineinpasst, wird nur ein sogenannter *Single Frame* benötigt, und die Kommunikation ist nach dem Senden des Frames abgeschlossen. Bestandteil der Botschaft ist dann ein PCI-Byte mit der Angabe der nachfolgend genutzten Bytes.

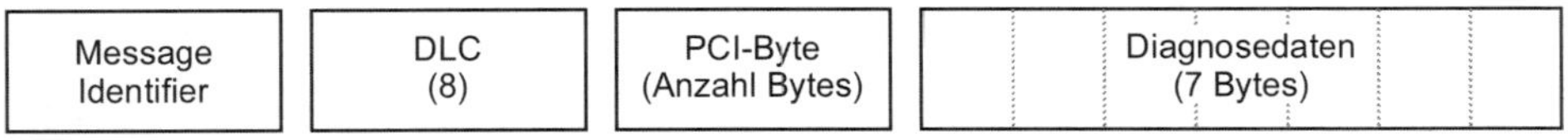

Message Identifier	DLC (8)	PCI-Byte (Anzahl Bytes)	Diagnosedaten (7 Bytes)

Bild 9.7: Aufbau einer CAN-Single-Frame-Diagnosebotschaft

Soll mehr als das eine Frame gesendet werden, muss dem Empfänger dies im ersten Frame (First Frame) mitgeteilt werden, damit er sich darauf einstellen kann. Der Empfänger des Frames (derjenige, der die Daten angefordert hat) muss dann den Sender auffordern, das nächste Frame zu senden. Diese Mitteilung nennt sich *Flow Control*. Mit dem Flow Control kann bestimmt werden, ob anschließend alle anstehenden oder nur eine bestimmte Anzahl Frames nacheinander abgesendet werden sollen und ob jedes Frame mit einem weiteren Flow Control angefordert werden soll. Die Anzahl der zu sendenden Frames wird im Parameter *Blocksize* angegeben. Die weiteren Frames des Senders nach dem First Frame werden *Consecutive Frame* genannt.

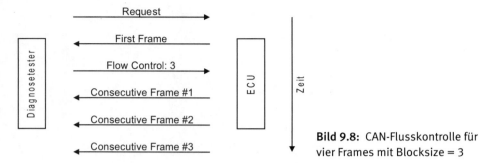

Bild 9.8: CAN-Flusskontrolle für vier Frames mit Blocksize = 3

Bild 9.8 zeigt die Datenübertragung einer auf vier Frames segmentierten Nachricht. Nach dem First Frame sendet der Diagnosetester ein Flow Control, dessen Blocksize auf 3 gesetzt wurde, sodass die ECU die drei Consecutive Frames nacheinander senden kann. Den zeitlichen Abstand, den die ECU zwischen dem Senden von Consecutive Frame 1 und 2 sowie 2 und 3 einhalten soll, wird ihr ebenfalls durch den Parameter Separation Time im Flow Control mitgeteilt.

Da der Diagnosetester als Empfänger angibt, wie viele Frames er nacheinander annehmen will, kann er auch immer nur einen Frame nach dem anderen anfordern. So hat er mehr Zeit, die Daten zu verarbeiten und einen Speicherüberlauf zu vermeiden. Dazu muss im Flow Control der Parameter Blocksize nur auf 1 gesetzt werden.

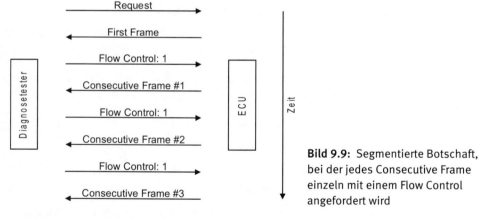

Bild 9.9: Segmentierte Botschaft, bei der jedes Consecutive Frame einzeln mit einem Flow Control angefordert wird

Sobald die Diagnosebotschaft segmentiert werden muss, kommt dem PCI-Byte seine besondere Bedeutung zu. Im First Frame werden dann sogar zwei PCI-Bytes eingebaut, was dazu führt, dass auch nur noch sechs weitere Bytes mit Daten gefüllt werden können.

> Bis auf beim letzten Consecutive Frame werden alle Nutzdaten-Bytes vollständig verwendet. Nur beim letzten Frame werden die letzten nicht benötigten Bytes wieder mit Null gefüllt.

Das erste PCI-Byte dient der Steuerung der Segmentierung, wozu das obere Nibble vier Werte annehmen kann und so den Typ des jeweiligen Frames kennzeichnet.

Tabelle 9.9: Bestimmung des Typs des Frames durch das PCI-Byte

PCI-Byte (Binär)	Frametyp
0000 xxxx	Single Frame
0001 xxxx	First Frame
0010 xxxx	Consecutive Frame
0011 xxxx	Flow Control

Das untere Nibble (die ersten vier Bits 0–3) werden mit Werten gefüllt, die je nach Frame-Typ eine andere Bedeutung haben.

- *Single Frame*: Die Bits 0–3 enthalten die Anzahl der noch folgenden Nutzdaten. Da die Bits 4–7 Null sind, entspricht das PCI-Byte ohne weitere Berechnung gleich der Zahl an Nutzdaten-Bytes.

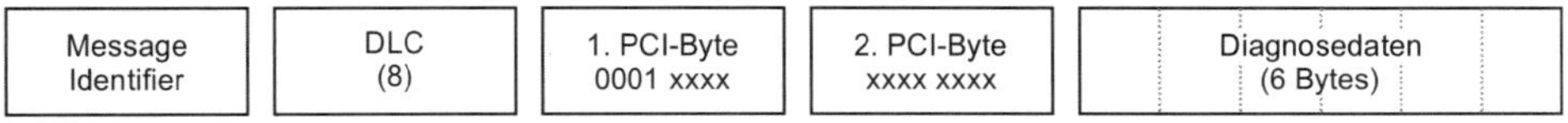

Message Identifier	DLC (8)	1. PCI-Byte 0001 xxxx	2. PCI-Byte xxxx xxxx	Diagnosedaten (6 Bytes)

Bild 9.10: First Frame mit zwei PCI-Bytes

- *First Frame*: Beim First Frame wird noch ein zweites PCI-Byte übertragen. Die Bits 0–3 des ersten PCI-Bytes bilden zusammen mit den Bits des zweiten PCI-Bytes einen 12 Bit langen Wert, der die Anzahl der über die gesamte segmentierte Botschaft verteilten Nutz-Bytes enthält.

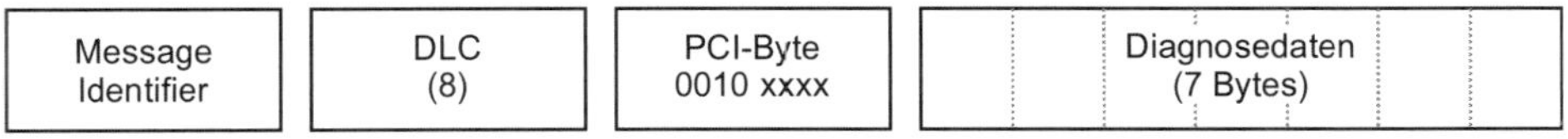

Message Identifier	DLC (8)	PCI-Byte 0010 xxxx	Diagnosedaten (7 Bytes)

Bild 9.11: Consecutive Frame

- *Consecutive Frame*: In den Bits 0–3 wird eine fortlaufende Nummerierung der Consecutive Frames von 1–15 (1–Fh) durchgeführt. Bei einem Überlauf des Zählers nach dem 15. Consecutive Frame (Wert des PCI-Bytes im 15. Frame ist 2Fh) wird der Zähler auf Null gesetzt, sodass das PCI-Byte für das nächste Frame den Wert 20h enthält. Da die Zahl der genutzten Bytes schon im First Frame stand, ist diese Angabe nicht erneut notwendig, und alle restlichen sieben Bytes können für Diagnosedaten genutzt werden.

Message Identifier	DLC (8)	PCI-Byte 0011 xxxx	Blocksize	Separation Time	Leer (5 Bytes)

Bild 9.12: Frame vom Typ Flow Control

- *Flow Control*: Um dem Empfänger des Flow Control mitzuteilen, wie er weiter vorgehen soll, wird in den Bits 0–3 der Flow Status übermittelt.

Zusätzlich werden noch zwei weitere Bytes in der Botschaft genutzt. Das zweite Byte enthält die Angabe zum Blocksize. Eine Null weist den Empfänger des Flow Controls an, sämtliche anstehenden Consecutive Frames der Botschaft nacheinander zu schicken. Ein Zahlenwert (1–255) legt fest, wie viele Consecutive Frames geschickt werden sollen, bis wieder auf das nächste Flow Control gewartet wird. Im dritten Byte wird die Separation Time festgelegt, die als Pause zwischen jedem Consecutive Frame mindestens vom Absender eingelegt werden soll. Je nach Wert wird eine Pause im Bereich von Milli- oder Mikrosekunden eingehalten.

Tabelle 9.10: Bedeutung der Werte für den Flow Status

Flow-Status	PCI-Byte		Funktion
0	0011 0000b	30h	Empfangsbereit: Der Empfänger (Absender des Flow Control) ist bereit, die per Blocksize angegebene Zahl an Consecutive Frames zu empfangen.
1	0011 0001b	31h	Warten: Der Sender soll warten, bis ein Flow Control mit Status »0« (empfangsbereit) gesendet wird.
2	0011 0010b	32h	Überlauf: Abbruch der Übertragung, da der Empfangspuffer nicht ausreicht.

Tabelle 9.11: Erlaubte Zeiten für die Separation Time

Separation Time (Hex)	Beschreibung
00–7F	Pause in Millisekunden im Bereich von 0–127 ms
80–F0	Reserviert
F1–F9	Pause für 100–900 µs Mikrosekunden: F1 entspricht 100 µs und F9 900 µs
FA–FF	Reserviert

Die Segmentierung von CAN-Botschaften wird natürlich nicht nur bei der Übertragung von Fehlern angewendet, sondern bei jeder Kommunikation, während der mehr als sieben Bytes für Diagnosedaten notwendig sind. Im Prinzip ist es auch denkbar, dass die Rollen zwischen Tester und ECU vertauscht werden, der Tester an die ECU Consecutive Frames schicken muss, und die ECU dann mit Flow Control die Übertragung steuert. Im Rahmen von OBD II kommt dies aber nicht vor.

9.5.2 Drei und mehr DTCs mit segmentierten Frames empfangen

Sind im Steuergerät mehr als zwei Fehler gespeichert, greifen die vorangehend gezeigten Mechanismen zur Segmentierung der Diagnosedaten. Das folgende Beispiel zeigt zur Veranschaulichung noch einmal die gesamte Kommunikation zur Abfrage von Fehlern und der Übertragung der sechs gespeicherten Fehler P0110, P0148, P0170, P0210, P0335 und P0750.

Tabelle 9.12: Abfrage von gespeicherten DTCs

FrameDaten	Anforderung (Request)	
ID	7DF	Funktionale Adresse ECU
DLC	08	
Byte 0	01	PCI-Byte
Byte 1	07	SID (temporäre Fehlercodes)
Byte 2	00	
Byte 3	00	
Byte 4	00	
Byte 5	00	
Byte 6	00	
Byte 7	00	

Tabelle 9.13: Antwort-Frame von ECU = First Frame

FrameDaten	Antwort (Response)	
ID	7E8	Physikalische Adresse Tester
DLC	08	
Byte 0	10	1. PCI-Byte: Frame Typ = First Frame
Byte 1	0E	2. PCI-Byte: Anzahl der Nutz-Bytes = 14
Byte 2	47	SID 07h	40h = Positive Response
Byte 3	06	Anzahl der DTCs
Byte 4	01	1. DTC Byte A
Byte 5	10	1. DTC Byte B
Byte 6	01	2. DTC Byte A
Byte 7	48	2. DTC Byte B

Der Tester hat zwar die Kommunikation mit einer funktionalen Adresse eingeleitet, das Steuergerät antwortet aber mit einer physikalischen Adresse. Aus diesem Grund muss der Tester für die weiteren Frames auch die physikalische Adresse 7E0h der ersten ECU nutzen (bzw. 18 DA 01 F1 bei 29 Bit Message Identifiern).

Tabelle 9.14: Flow Control Frame vom Tester

Framedaten	Anforderung (Request)	
ID	7E0	Physikalische Adresse ECU #0
DLC	08	
Byte 0	30	PCI-Byte: Frame Typ = Flow Control
Byte 1	01	Blocksize: 1 Consecutive Frame senden
Byte 2	0A	Separation Time = 10 ms

Framedaten	Anforderung (Request)
Byte 3	00
Byte 4	00
Byte 5	00
Byte 6	00
Byte 7	00

Tabelle 9.15: Antwort 1. Consecutive Frame von ECU

Framedaten	Antwort (Response)	
ID	7E8	Physikalische Adresse Tester
DLC	08	
Byte 0	21	PCI-Byte: Frame Typ = 1. Consecutive Frame
Byte 1	01	3. DTC Byte A
Byte 2	70	3. DTC Byte B
Byte 3	02	4. DTC Byte A
Byte 4	10	4. DTC Byte B
Byte 5	03	5. DTC Byte A
Byte 6	35	5. DTC Byte B
Byte 7	07	6. DTC Byte A

Tabelle 9.16: Flow Control Frame vom Tester

Framedaten	Anforderung (Request)	
ID	7E0	Physikalische Adresse ECU #0
DLC	08	
Byte 0	30	PCI-Byte: Frame Typ = Flow Control
Byte 1	01	Blocksize: 1 Consecutive Frame senden
Byte 2	0A	Separation Time = 10 ms
Byte 3	00	
Byte 4	00	
Byte 5	00	
Byte 6	00	
Byte 7	00	

Tabelle 9.17: Antwort 2. Consecutive Frame von ECU

Framedaten	Antwort (Response)	
ID	7E8	Physikalische Adresse Tester
DLC	08	
Byte 0	22	PCI-Byte: Frame Typ = 2. Consecutive Frame
Byte 1	50	6. DTC Byte B

Framedaten	Antwort (Response)
Byte 2	00
Byte 3	00
Byte 4	00
Byte 5	00
Byte 6	00
Byte 7	00

9.6 Freeze-Frame-Daten ermitteln

Freeze Frames werden in mehreren Schritten ausgelesen. Zuerst einmal sollte der Tester feststellen, ob überhaupt ein Freeze Frame existiert. Das kann erledigt werden, wenn über SID $01 der PID $02 ausgelesen wird: In ihm steht der DTC, der das Schreiben des Freeze Frames auslöste – wenn einer existiert. Wenn es keinen gibt, wird 00 00 geliefert.

Anschließend muss der Tester abfragen, welche Daten (PIDs) im Freeze Frame vorhanden sind. Dazu muss er in der Anfrage angeben, welchen PID-Bereich er in Erfahrung bringen will, und von welchem Frame – wobei es bei OBD II nur einen Frame gibt und somit der Wert dafür stets 00 ist.

Tabelle 9.18: Abfrage der im Freeze Frame #0 vorhanden PIDs aus dem Bereich 00h und 80h

FrameDaten	Anforderung (Request)	
ID	7DF	Funktionale Adresse ECU
DLC	08	
Byte 0	05	PCI-Byte: Länge
Byte 1	02	SID (Freeze Frame)
Byte 2	00	PID
Byte 3	00	Frame Nummer
Byte 4	80	PID
Byte 5	00	Frame Nummer
Byte 6	00	
Byte 7	00	

Wie auch bei der Abfrage von Sensordaten geben die PIDs 00h, 20h, 40h usw. darüber Auskunft, welche der nachfolgenden 32 PIDs vorhanden sind. Mit einer Anforderung können drei PIDs ausgelesen werden. Möchte der Tester für mehr als drei PIDs eine Abfrage stellen, muss er die Antwort abwarten und eine zweite Anforderung für die restlichen PIDs senden.

Um die exemplarische Antwort zu vereinfachen und nicht mehrere Consecutive Frames zu benötigen, nachfolgend eine Beispielantwort auf die Anforderung nur eines PIDs.

Tabelle 9.19: Antwort mit den unterstützten PIDs im Bereich 1–32 von Frame #1

FrameDaten	Antwort (Response)	
ID	7E8	Physikalische Adresse Tester
DLC	08	
Byte 0	07	PCI-Byte: Länge
Byte 1	42	Positive Response: 02h | 40h
Byte 2	00	Abgefragter PID
Byte 3	00	Frame Nummer
Byte 4	48	Byte A
Byte 5	18	Byte B
Byte 6	00	Byte C
Byte 7	00	Byte D

Analog zu Kapitel 4.1.1 wird mit den vier Antwort-Bytes ermittelt, welche PIDs im Bereich 1–32 im Freeze Frame vorhanden sind: Es gibt die PIDs 02h, 05h, 0Ch und 0Dh. PID 02h ist immer vorhanden, da hier noch einmal der Fehlercode steht, der für dieses Freeze Frame verantwortlich ist. Sobald der Tester weiß, welche PIDs einen Wert enthalten, kann er diese abfragen. Dies erfolgt analog zur bisherigen Kommunikation: Im Request können bis zu drei auszulesende PIDs angegeben werden – immer mit Angabe der Freeze Frame Nummer (0). Die Antwort enthält dann Daten-Bytes, deren Anzahl abhängig vom jeweiligen PID ist. Reicht ein Daten-Frame für die Antwort nicht aus, werden Consecutive Frames genutzt.

9.7 Testwerte der Lambdasonde auslesen

Bei der OBD-II-Kommunikation über das CAN-Protokoll sind die Daten der Lambdasonden nicht wie sonst über SID $05, sondern über die Testwerte spezifischer Systeme (SID $06) abzurufen. Aufgrund der verschachtelten Informationen sind dazu einige Diagnosebotschaften notwendig. Im ersten Schritt ist es erforderlich, dass der Tester ermittelt, welche *On Board Diagnose Monitor Identifier* (OBDMID) vom Fahrzeug unterstützt werden. Es können gleich mehrere OBDMIDs abgefragt werden, aber die Lambda-Testwerte sind über die ersten 16 OBDMIDs erreichbar, sodass es genügt, OBDMID 00h auszulesen.

Tabelle 9.20: Abfrage der unterstützten OBDMIDs im Bereich 0–32

FrameDaten	Anforderung (Request)	
ID	7DF	Funktionale Adresse ECU
DLC	08	

FrameDaten	Anforderung (Request)	
Byte 0	02	PCI-Byte: Länge
Byte 1	06	SID (Testwerte)
Byte 2	00	OBDMID #00
Byte 3	00	
Byte 4	00	
Byte 5	00	
Byte 6	00	
Byte 7	00	

In der Antwort teilt die ECU mit dem gewohnten Bit-Muster mit, welche OBDMIDs verfügbar sind. Die Antwort im Beispiel zeigt, dass die Lambda-Sensoren 1 und 2 der ersten Motorbank abgefragt werden können. Weiterhin gibt es noch mindestens OBDMIDs im nächsten Bereich 32–64.

Tabelle 9.21: Antwort mit den verfügbaren OBDMIDs

FrameDaten	Antwort (Response)	
ID	7E8	Physikalische Adresse Tester
DLC	08	
Byte 0	06	PCI-Byte: Länge
Byte 1	46	Positive Response: 06h | 40h
Byte 2	00	Abgefragter OBDMID
Byte 3	C0	Byte A
Byte 4	00	Byte B
Byte 5	00	Byte C
Byte 6	01	Byte D
Byte 7	00	

Nun können die Testwerte jeder Lambdasonde einzeln abgefragt werden. Die Abfrage und Antwort gleicht dem Auslesen von Diagnosedaten über Service $01.

Tabelle 9.22: Abfrage der Testwerte für Lambdasonde 1 der Motorbank 1

FrameDaten	Anforderung (Request)	
ID	7DF	Funktionale Adresse ECU
DLC	08	
Byte 0	02	PCI-Byte: Länge
Byte 1	06	SID (Testwerte)
Byte 2	01	OBDMID #01

FrameDaten	Anforderung (Request)	
Byte 3	00	
Byte 4	00	
Byte 5	00	
Byte 6	00	
Byte 7	00	

Die Antwort fällt entsprechend umfangreich aus, da es meist mehrere TIDs (Test Identifier) pro Sensor gibt. Die Daten werden wie üblich dazu segmentiert und in mehreren Consecutive Frames übertragen. Eine exemplarische Antwort (ohne die notwendigen CAN-Parameter) finden Sie in Tabelle 4-18.

Anhang A: Definition und Skalierung der Parameter Identifier (PID)

PID (Hex)	Bedeutung	Daten-Bytes	minimal	maximal	Einheit	Kurzform
00	Unterstützte PIDs Bereich 01–20	A, B, C, D				
01	Systemstatus (Readiness Code), MIL	A, B, C, D				DTC_CNT und Weitere
02	DTC, der Abspeicherung von Freeze-Frame-Daten auslöste; 0000h = keine Freeze-Frame-Daten	A, B	0	65.535		DTCFRZF
03	Status Einspritzsystem System 1 (A) und System 2 (B) **Bit / Bedeutung** 0 / Offener Kreislauf (hat noch nicht die Bedingungen erfüllt, um Kreislauf zu schließen) 1 / Geschlossener Kreislauf 2 / Geschlossener Kreislauf (bedingt durch Fahrverhalten) 3 / Offener Kreislauf (wegen Fehler) 4 / Geschlossener Kreislauf (aber Fehler) 5-7 / Reserviert (= 0)	A, B				OL CL CL-Drive OL-Fault CL-Fault
04	Motorlast (berechnet)	A	0	100	%	LOAD_PCT
05	Kühlmitteltemperatur	A	-40	215	°C	ECT
06	Kurzzeitige Kraftstoff-Einspritzkorrektur Bank 1 (A), Bank 3 (B) von mager bis fett. Byte B wird nur dann geliefert, wenn vom Fahrzeug unterstützt. Anhand von PID 1D muss der Tester erkennen, ob der Sensor vorhanden ist oder nicht.	A, B	-100	99,22	%	SHRTFT1 SHRTFT3
07	Langfristige Kraftstoff-Einspritzkorrektur Bank 1 (A), Bank 3 (B) Byte B wie bei PID 06	A, B	-100	99,22	%	LONGFT1 LONGFT3
08	Kurzzeitige Kraftstoff-Einspritzkorrektur Bank 2 (A), Bank 4 (B) Byte B wie bei PID 06	A, B	-100	99,22	%	SHRTFT2 SHRTFT4
09	Langfristige Kraftstoff-Einspritzkorrektur Bank 2 (A), Bank 4 (B) Byte B wie bei PID 06	A, B	-100	99,22	%	LONGFT2 LONGFT4

PID (Hex)	Bedeutung	Daten-Bytes	minimal	maximal	Einheit	Kurzform
0A	Kraftstoffdruck an der Kraftstoffverteilerleiste relativ zur Umgebungsatmosphäre; nur einer der PIDs 0A, 22, 23 oder 59 darf unterstützt werden, wenn 6D nicht vorhanden ist	A	0	765	kPa	FRP
0B	Absolutdruck Ansaugrohr	A	0	255	kPa	MAP
0C	Motordrehzahl	A, B	0	16.383,75	1/min	RPM
0D	Fahrzeuggeschwindigkeit	A	0	255	km/h	VSS
0E	Zündwinkel-/voreilung Zylinder 1	A	-64	63,5	°	SPARKADV
0F	Ansauglufttemperatur	A	-40	215	°C	IAT
10	Luftdurchfluss Luftmassenmesser	A, B	0	655,35	g/s	MAF
11	Absolutwert Drosselklappen-/ Gaspedalstellung	A	0	100	%	TP
12	Angesteuerter Status Zweitluftsystem 	Bit	Bedeutung
---	---
0	Dem 1. Katalysator vorgeschaltet
1	Dem Einlass des 2. Katalysators nachgeschaltet
2	Umgebungsdruck/ausgeschaltet
3	Pumpe ein zur Diagnose
4-7	Reserviert (= 0)		A				AIR_STAT
13	Einbauort Lambdasonde (Sensor 1 am nächsten zum Motor) Es darf entweder nur PID 13 oder nur PID 1D unterstützt werden. 	Bit	Bedeutung
---	---
0	1 = Bank 1, Sensor 1 vorhanden
1	1 = Bank 1, Sensor 2 vorhanden
2	1 = Bank 1, Sensor 3 vorhanden
3	1 = Bank 1, Sensor 4 vorhanden
4	1 = Bank 2, Sensor 1 vorhanden
5	1 = Bank 2, Sensor 2 vorhanden
6	1 = Bank 2, Sensor 3 vorhanden
7	1 = Bank 2, Sensor 4 vorhanden		A				O2SLOC O2S11 O2S12 O2S13 O2S14 O2S21 O2S22 O2S23 O2S24
14	Wenn PID 13 den Einbauort der Lambdasonde angibt: Bank 1, Sensor 1; wenn PID 1D den Einbauort der Lambdasonde angibt: Bank 1, Sensor 1 Spannung Lambdasonde (A), Kurzzeit. Kraftstoff-Einspritzkorrektur (B) Bis PID 1B erfolgen Berechnung und Kurzform analog. Diese PIDs werden bei Lambdasonden mit einem konventionellen Sensor, der Spannungen zwischen 0 V und 1 V liefert, benutzt; siehe auch PID 24 und 34	A B	0 -100	1,275 99,22	V %	O2S11 SHRTFT11
15	Bank 1, Sensor 2 (PID 13) Bank 1, Sensor 2 (PID 1D)					O2S12 SHRTFT12

PID (Hex)	Bedeutung		Daten-Bytes	minimal	maximal	Einheit	Kurzform
16	Bank 1, Sensor 3 (PID 13)						
	Bank 2, Sensor 1 (PID 1D)						
17	Bank 1, Sensor 4 (PID 13)						
	Bank 2, Sensor 2 (PID 1D)						
18	Bank 2, Sensor 1 (PID 13)						
	Bank 3, Sensor 1 (PID 1D)						
19	Bank 2, Sensor 2 (PID 13)						
	Bank 3, Sensor 2 (PID 1D)						
1A	Bank 2, Sensor 3 (PID 13)						
	Bank 4, Sensor 1 (PID 1D)						
1B	Bank 2, Sensor 4 (PID 13)						
	Bank 4, Sensor 2 (PID 1D)						
1C	OBD-Kompatibilität des Fahrzeugs		A				OBDSUP
	A (Hex)	Bedeutung					
	01	OBDII California ARB					
	02	OBD (Federal EPA)					
	03	OBD und OBD II					
	04	OBD I					
	05	Nicht OBD-kompatibel					
	06	EOBD (Europa)					
	07	EOBD und OBD II					
	08	EOBD und OBD					
	09	EOBD, OBD, OBD II					
	0A	JOBD (Japan)					
	0B	JOBD und OBD II					
	0C	JOBD und EOBD					
	0D	JOBD, EOBD, OBD II					
	0E–10	Reserviert					
	11	EMD (Engine Manufacturer Diagnostics) für Lkw (mehr als ca. 6,35 t)					
	12	EMD+					
	13	HD OBD-C					
	14	HD OBD					
	15	WWH OBD (weltweit harmonisiertes OBD)					
	16	Reserviert					
	17	HD EOBD-I (LKW Euro OBD Stufe 1 ohne Nox-Überwachung)					
	18	HD EOBD-I N (Stufe 1 mit NOx)					
	19	HD EOBD-II (Stufe 2 ohne NOx)					
	1A	HD EOBD-II N (Stufe 2 mit NOx)					
	1B	Reserviert					
	1C	OBDBr-1 (Brasilien Phase 1)					
	1D	OBDBr-2 (Brasilien Phase 2)					
	1E–FA	Reserviert					
	FB–FF	Für Zuordnung nicht verfügbar					

PID (Hex)	Bedeutung	Daten-Bytes	minimal	maximal	Einheit	Kurzform
1D	Einbauort Lambdasonde (Sensor 1 am nächsten zum Motor) Es darf entweder nur PID 13 oder nur PID 1D unterstützt werden. | Bit	Bedeutung | |---|---| | 0 | 1 = Bank 1, Sensor 1 vorhanden | | 1 | 1 = Bank 1, Sensor 2 vorhanden | | 2 | 1 = Bank 2, Sensor 1 vorhanden | | 3 | 1 = Bank 2, Sensor 2 vorhanden | | 4 | 1 = Bank 3, Sensor 1 vorhanden | | 5 | 1 = Bank 3, Sensor 2 vorhanden | | 6 | 1 = Bank 4, Sensor 1 vorhanden | | 7 | 1 = Bank 4, Sensor 2 vorhanden |	A				O2SLOC O2S11 O2S12 O2S21 O2S22 O2S31 O2S32 O2S41 O2S42
1E	Leistungsentnahme Nebenantrieb | Bit | Bedeutung | |---|---| | 0 | 0 = nicht aktiv (Aus) 1 = aktiv (Ein) | | 1-7 | Reserviert (= 0) |	A				PTO_STAT
1F	Zeit seit Motorstart	A, B	0	65.535	sec	RUNTM
20	Unterstützte PIDs Bereich 21–40	A, B, C, D				
21	Fahrtstrecke seit Aufleuchten der MIL Wird auf 0 zurückgesetzt, wenn Status der MIL sich von Aus- zu Eingeschaltet ändert Wert ändert sich nicht, wenn MIL aus Wird auf 0 durch SID 04 zurückgesetzt oder nach 40 Fahrzyklen ohne Aufleuchten der MIL Kein Überlauf auf 0 nach 65535	A, B	0	65.535	km	MIL_DIST
22	Kraftstoffdruck relativ zu Einlassvakuum; nur einer der PIDs 0A, 22, 23 oder 59 darf unterstützt werden.	A, B	0	5.177,27	kPa	FRP
23	Kraftstoffdruck Diesel und Benzindirekteinspritzer haben einen höheren Druck, als mit PID 0A darstellbar wäre; nur einer der PIDs 0A, 22, 23 oder 59 darf unterstützt werden.	A, B	0	655.350	kPa	FRP
24	Wenn PID 13 den Einbauort der Lambdasonde angibt: Bank 1, Sensor 1; wenn PID 1D den Einbauort der Lambdasonde angibt: Bank 1, Sensor 1 Äquivalenzverhältnis (Lambda) (A, B) Spannung Lambdasonde (C, D) Bis PID 2B erfolgen Berechnung und Kurzform analog, diese PIDs werden bei Lambdasonden mit einem Sensor benutzt, der einen erweiterten Spannungsbereich aufweist; siehe auch PID 14 und 34.	A, B C, D	0 0	1,999 7,999	V	LAMBDA11 O2S11

Anhang A: Definition und Skalierung der Parameter Identifier (PID)

PID (Hex)	Bedeutung	Daten-Bytes	minimal	maximal	Einheit	Kurzform
25	Bank 1, Sensor 2 (PID 13)					LAMBDA12
	Bank 1, Sensor 2 (PID 1D)					O2S12
26	Bank 1, Sensor 3 (PID 13)					
	Bank 2, Sensor 1 (PID 1D)					
27	Bank 1, Sensor 4 (PID 13)					
	Bank 2, Sensor 2 (PID 1D)					
28	Bank 2, Sensor 1 (PID 13)					
	Bank 3, Sensor 1 (PID 1D)					
29	Bank 2, Sensor 2 (PID 13)					
	Bank 3, Sensor 2 (PID 1D)					
2A	Bank 2, Sensor 3 (PID 13)					
	Bank 4, Sensor 1 (PID 1D)					
2B	Bank 2, Sensor 4 (PID 13)					
	Bank 4, Sensor 2 (PID 1D)					
2C	Anforderung Abgasrückführrate (keiner bis maximaler Durchfluss)	A	0	100	%	EGR_PCT
2D	Fehler bei Abgasrückführrate Verhältnis angeforderte zu aktuelle Abgasrückführung (weniger als angefordert bis mehr als angefordert)	A	-100	99,22	%	EGR_ERR
2E	Sollposition des Regenerierventils des Verdunstungssystems (von kein Fluss bis maximaler Durchfluss)	A	0	100	%	EVAP_PCT
2F	Kraftstofftankinhalt (leer bis voll)	A	0	100	%	FLI
30	Anzahl Warmlaufzyklen (von 22 °C auf 70 °C bei Benziner oder 60 °C bei Diesel) seit Fehlercode-Löschung	A	0	255		WARM_UPS
31	Fahrstrecke seit Fehlercode-Löschung	A, B	0	65.535	km	CLR_DIST
32	Druck Verdunstungssystem (Kraftstofftank) −8192 Pa entspricht −32,8878 in H_2O	A, B	-8.192	8.191	Pa	EVAP_PA
33	Absoluter barometrischer Druck	A	0	255	kPa	BARO
34	Wenn PID 13 den Einbauort der Lambdasonde angibt: Bank 1, Sensor 1; wenn PID 1D den Einbauort der Lambdasonde angibt: Bank 1, Sensor 1 Äquivalenzverhältnis (Lambda) (A, B) Stromaufnahme Lambdasonde (C, D) Bis PID 3B erfolgen Berechnung und Kurzform analog. Diese PIDs werden bei Lambdasonden mit einem Sensor benutzt, der den Stromfluss meldet; siehe auch PID 14 und 24.	A, B C, D	0 -128	1,999 127.996	 mA	LAMBDA11 O2S11
35	Bank 1, Sensor 2 (PID 13)					LAMBDA12
	Bank 1, Sensor 2 (PID 1D)					O2S12
36	Bank 1, Sensor 3 (PID 13)					
	Bank 2, Sensor 1 (PID 1D)					
37	Bank 1, Sensor 4 (PID 13)					
	Bank 2, Sensor 2 (PID 1D)					

PID (Hex)	Bedeutung	Daten-Bytes	minimal	maximal	Einheit	Kurzform
38	Bank 2, Sensor 1 (PID 13) Bank 3, Sensor 1 (PID 1D)					
39	Bank 2, Sensor 2 (PID 13) Bank 3, Sensor 2 (PID 1D)					
3A	Bank 2, Sensor 3 (PID 13) Bank 4, Sensor 1 (PID 1D)					
3B	Bank 2, Sensor 4 (PID 13) Bank 4, Sensor 2 (PID 1D)					
3C	Temperatur Katalysatorsubstrat Bank 1, Sensor 1	A, B	-40	6.513,5	°C	CATEMP11
3D	Temperatur Katalysatorsubstrat Bank 2, Sensor 1	A, B	-40	6.513,5	°C	CATEMP21
3E	Temperatur Katalysatorsubstrat Bank 1, Sensor 2	A, B	-40	6.513,5	°C	CATEMP12
3F	Temperatur Katalysatorsubstrat Bank 2, Sensor 2	A, B	-40	6.513,5	°C	CATEMP22
40	Unterstützte PIDs Bereich 41–60	A, B, C, D				
41	Überwachungsstatus während des aktuellen Fahrzyklus (ähnlich dem Readiness-Code, in PID 01 feststellen, welche Überwachungen unterstützt werden)	A, B, C, D				MIS_ENA FUEL_ENA CCM_ENA MIS_CMPL FUELCMPL CCM_CMPL CAT_ENA HCAT_ENA EVAP_ENA AIR_ENA ACRF_ENA O2S_ENA HTR_ENA EGR_ENA CAT_CMPL HCATCMPL EVAPCMPL AIR_CMPL ACRF_CMPL O2S_CMPL HTR_CMPL EGR_CMPL

Byte A Bit	Bedeutung
0–7	Reserviert (= 0)

Byte B Bit	Überwachungssystem
0	Fehlzündung
1	Kraftstoffsystem
2	Periphere Bauteile
3	Selbstzündungsüberwachung: 0 = Fremdzündungsüberwachung 1 = Selbstzündungsüberwachung
4	Fehlzündung
5	Kraftstoffsystem
6	Periphere Bauteile
7	Reserviert (= 0)
Bit 0-3	0 = Überwachung für diesen Zyklus ausgeschaltet oder wird nicht unterstützt 1 = Überwachung für diesen Zyklus aktiviert
Bit 4-7	0 = Überwachung für diesen Zyklus abgeschlossen oder wird nicht unterstützt 1 = Überwachung noch nicht abgeschlossen

PID (Hex)	Bedeutung		Daten-Bytes	minimal	maximal	Einheit	Kurzform
	Byte C Bit	Bei Selbstzündungsüberwachung: Überwachungssystem 0 = Überwachung für diesen Zyklus ausgeschaltet oder wird nicht unterstützt 1 = Überwachung für diesen Zyklus aktiviert					
	0	Katalysator					
	1	Katalysator Heizungsschaltkreis					
	2	Kraftstoffverdampfungssystem					
	3	Zweitluft Zuführungssystem					
	4	Reserviert (= 0)					
	5	Lambdasonde					
	6	Lambdasonde Heizungs-Schaltkreis					
	7	Abgasrückführung					
	Byte D Bit	Bei Selbstzündungsüberwachung: Überwachungssystem 0 = Überwachung für diesen Zyklus abgeschlossen oder wird nicht unterstützt 1 = Überwachung noch nicht abgeschlossen					
	0	Katalysator					
	1	Katalysator Heizungsschaltkreis					
	2	Kraftstoffverdampfungssystem					
	3	Zweitluft-Zuführungssystem					
	4	Reserviert (= 0)					
	5	Lambdasonde					
	6	Lambdasonde Heizungsschaltkreis					
	7	Abgasrückführung					
	Byte C Bit	Bei Fremdzündungsüberwachung: Überwachungssystem 0 = Überwachung für diesen Zyklus ausgeschaltet oder wird nicht unterstützt 1 = Überwachung für diesen Zyklus aktiviert					
	0	NMHC-Katalysator					
	1	Nox-Abgasnachbehandlung					
	2	Reserviert (= 0)					
	3	Turbolader					
	4	Reserviert (= 0)					
	5	Abgassensor					
	6	Feinstaubfilter					
	7	Abgasrückführung					

PID (Hex)	Bedeutung		Daten-Bytes	minimal	maximal	Einheit	Kurzform
	Byte D Bit	Bei Selbstzündungsüberwachung: Überwachungssystem 0 = Überwachung für diesen Zyklus abgeschlossen oder wird nicht unterstützt 1 = Überwachung noch nicht abgeschlossen					
	0	NMHC-Katalysator					
	1	Nox-Abgasnachbehandlung					
	2	Reserviert (= 0)					
	3	Turbolader					
	4	Reserviert (= 0)					
	5	Abgassensor					
	6	Feinstaubfilter					
	7	Abgasrückführung					
42	Eingangsspannung Steuergerät (normalerweise gleich Batteriespannung)		A, B	0	65,535	V	VPWR
43	Motorlast (absolut)		A, B	0	25.700	%	LOAD_ABS
44	Sollposition Äquivalenzverhältnis Lambdasonde		A, B	0	1,999		EQ_RAT
45	Relative Drosselklappen-/ Gaspedalstellung		A	0	100	%	TP_R
46	Umgebungstemperatur		A	-40	215	°C	AAT
47	Absolutwert Drosselklappen-/ Gaspedalstellung B		A	0	100	%	TP_B
48	Absolutwert Drosselklappen-/ Gaspedalstellung C		A	0	100	%	TP_C
49	Gaspedalstellung D		A	0	100	%	APP_D
4A	Gaspedalstellung E		A	0	100	%	APP_E
4B	Gaspedalstellung F		A	0	100	%	APP_F
4C	Sollposition Drosselklappensteller (von ganz geschlossener bis zu voll geöffneter Klappe)		A	0	100	%	TAC_PCT
4D	Zeit des Motorbetriebs seit MIL an Funktionsweise analog zu PID 21		A, B	0	65.535	Min.	MIL_TIME
4E	Betriebsdauer seit Fehlercode-Löschung		A, B	0	65.535	Min.	CLR_TIME
4F-50	Verschiedene Berechnungswerte, die dem Servicetechniker nicht angezeigt werden sollen						

PID (Hex)	Bedeutung	Daten-Bytes	mini-mal	maximal	Einheit	Kurzform
51	Derzeit vom Fahrzeug verwendeter Treibstoff	A				FUEL_TYP
	A (Hex) / Bedeutung					
	01 / Benzin					GAS
	02 / Methanol					METH
	03 / Ethanol					ETH
	04 / Diesel					DSL
	05 / Flüssig-/ Autogas (LPG)					LPG
	06 / Erdgas (CNG)					CNG
	07 / Propan					PROP
	08 / Batterie/elektrisch					ELEC
	09 / Bi-Fuel: Benzin in Gebrauch					BI_GAS
	0A / Bi-Fuel: Methanol in Gebrauch					BI_METH
	0B / Bi-Fuel: Ethanol in Gebrauch					BI_ETH
	0C / Bi-Fuel: LPG in Gebrauch					BI_LPG
	0D / Bi-Fuel: CNG in Gebrauch					BI_CNG
	0E / Bi-Fuel: Propan in Gebrauch					BI_PROP
	0F / Bi-Fuel: Batterie in Gebrauch					BI_ELEC
	10 / Bi-Fuel: Batterie und Verbrennungsmotor in Gebrauch					BI_MIX
	11 / Hybrid: Benzin in Gebrauch					HYB_GAS
	12 / Hybrid: Ethanol in Gebrauch					HYB_ETH
	13 / Hybrid: Diesel in Gebrauch					HYB_DSL
	14 / Hybrid: Batterie in Gebrauch					HYB_ELEC
	15 / Hybrid: Batterie und Verbrennungsmotor in Gebrauch					HYB_MIX
	16 / Hybrid: Regenerierungsmodus					HYB_REG
	17-FF / Reserviert					
52	Alkoholanteil im Ethanol/Methanol (kein Alkoholanteil bis reiner Alkohol)	A	0	100	%	ALCH_PCT
53	Absoluter Druck Kraftstoffverdunstungsrückhaltesystem 327,675 kPa entspricht 1315,49 in H_2O	A, B	0	327,675	kPa	EVAP_VPA
54	Druck Kraftstoffverdunstungsrückhaltesystem 327678 kPa entspricht 131,55 in H_2O	A, B	-32.767	32.768	Pa	EVAP_VP
55	Kurzzeitige Kraftstoff-Einspritzkorrektur zweiter Lambdasensor Bank 1 (A), Bank 2 (B) von mager bis fett. Byte B wird nur dann geliefert, wenn vom Fahrzeug unterstützt. Anhand von PID 1D muss der Tester erkennen, ob der Sensor vorhanden ist oder nicht.	A, B	-100	99,22	%	STSO2FT1 STSO2FT3
56	Langfristige Kraftstoff-Einspritzkorrektur zweiter Lambdasensor Bank 1 (A), Bank 3 (B) Byte B wie bei PID 55	A, B	-100	99,22	%	LGSO2FT1 LGSO2FT3
57	Kurzzeitige Kraftstoff-Einspritzkorrektur zweiter Lambdasensor Bank 2 (A), Bank 4 (B) Byte B wie bei PID 55	A, B	-100	99,22	%	LGSO2FT2 LGSO2FT4
58	Langfristige Kraftstoff-Einspritzkorrektur zweiter Lambdasensor Bank 2 (A), Bank 4 (B) Byte B wie bei PID 55	A, B	-100	99,22	%	LGSO2FT2 LGSO2FT4

PID (Hex)	Bedeutung	Daten-Bytes	minimal	maximal	Einheit	Kurzform
59	Absoluter Kraftstoffdruck; nur einer der PIDs 0A, 22, 23 oder 59 darf unterstützt werden.	A, B	0	655.350	kPa	FRP
5A	Relative Gaspedalstellung	A	0	100	%	APP_R
5B	Restlebensdauer der Hybridbatterie	A	0	100	%	BAT_PWR
5C	Motor Öltemperatur	A	-40	215	°C	EOT
5D	Zeitpunkt Treibstoffeinspritzung (bezogen auf den oberen Totpunkt; positive Werte bedeuten vor oT)	A, B	-210,00	301,992	°	FUEL_TIMING
5E	Treibstoffverbrauch	A, B	0	3.276,75	L/h	FUEL_RATE
5F	Für das Fahrzeug gültige Abgasnorm	A				EMIS_SUP EURO IV B1 EURO V B2 EURO C

A (Hex)	Norm
00–0D	Reserviert
0E	Lkw (Euro IV) B1
0F	Lkw (Euro V) B2
10	Lkw (Euro EEV) C
11–FF	Reserviert (= 0)

PID (Hex)	Bedeutung	Daten-Bytes	minimal	maximal	Einheit	Kurzform
60	Unterstützte PIDs Bereich 61–80	A, B, C, D				
61	Vom Fahrer angefordertes Drehmoment	A	-125	130	%	TQ_DD
62	Aktuelles Motordrehmoment	A	-125	130	%	TQ_ACT
63	Referenz Drehmoment (100 % der Leistung)	A, B	0	65.535	Nm	TQ_REF
64	Drehmomentlimit	A–E	-125	130	%	TQ_MAX1 TQ_MAX2 TQ_MAX3 TQ_MAX4 TQ_MAX5

Byte	Abgreifpunkt
A	Punkt 1, Leerlauf
B	Punkt 2
C	Punkt 3
D	Punkt 4
E	Punkt 5

PID (Hex)	Bedeutung	Daten-Bytes	minimal	maximal	Einheit	Kurzform
65	Zusätzliche Ein- und Ausgänge	A, B				PTO_STAT N/D_STAT N/G_STAT GPL_STAT

Byte A Bit	Bedeutung
0	1 = Status Kraftentnahme wird unterstützt
1	1 = Status Automatikgetriebe Neutralstellung wird unterstützt
2	1 = Status manuelles Getriebe Neutralstellung wird unterstützt
3	1 = Status Vorglühlampe wird unterstützt
4–7	Reserviert (= 0)

Anhang A: Definition und Skalierung der Parameter Identifier (PID)

PID (Hex)	Bedeutung		Daten-Bytes	minimal	maximal	Einheit	Kurzform
	Byte B Bit	Bedeutung					
	0	1 = Kraftentnahme aktiv					
	1	0 = Automatikgetriebe in Park-/Neutralstellung 1 = Vorwärts- oder Rückwärtsgang					
	2	0 = Manuelles Getriebe in Neutralstellung und/oder Kupplung getreten 1 = Gang eingelegt					
	3	0 = Vorglühlampe aus 1 = Lampe ein					
	4–7	Reserviert (= 0)					
66	Luftmassenmesser		A–E				
	Byte A Bit	Bedeutung	B, C	0	2.047,96875	g/s	MAFA
	0	1 = MAF-Sensor A (Byte B, C) wird unterstützt	D, E	0	2.047,96875	g/s	MAFB
	1	1 = MAF-Sensor B (Byte D, E) wird unterstützt					
	2–7	Reserviert (= 0)					
67	Motorkühlmitteltemperatur		A, B, C				
	Byte A Bit	Bedeutung	B	-40	215	°C	ECT 1
	0	1 = Temperaturgeber 1 (Byte B) wird unterstützt	C	-40	215	°C	ECT 2
	1	1 = Temperaturgeber 2 (Byte C) wird unterstützt					
	2–7	Reserviert (= 0)					
68	Ansauglufttemperatur		A–G				
	Byte A Bit	Bedeutung	B	-40	215	°C	IAT 11
	0	1 = Temperaturgeber Bank 1, Sensor 1 (Byte B) wird unterstützt	C	-40	215	°C	IAT 12
			D	-40	215	°C	IAT 13
	1	1 = Temperaturgeber Bank 1, Sensor 2 (Byte C) wird unterstützt	E	-40	215	°C	IAT 21
			F	-40	215	°C	IAT 22
	2	1 = Temperaturgeber Bank 1, Sensor 3 (Byte D) wird unterstützt	G	-40	215	°C	IAT 23
	3	1 = Temperaturgeber Bank 2, Sensor 1 (Byte E) wird unterstützt					
	4	1 = Temperaturgeber Bank 2, Sensor 2 (Byte F) wird unterstützt					
	5	1 = Temperaturgeber Bank 2, Sensor 3 (Byte G) wird unterstützt					
	6–7	Reserviert (= 0)					

PID (Hex)	Bedeutung		Daten-Bytes	minimal	maximal	Einheit	Kurzform
69	Abgasrückführung Ansteuerung und Fehler		A–G				
	Byte A Bit	Bedeutung	B	0	100	%	EGR_A_CMD
	0	1 = Soll Auslastungsgrad/Ventilposition für System A (Byte B) wird unterstützt	C	0	100	%	EGR_A_ACT
			D	-100	99,22	%	EGR_A_ERR
			E	0	100	%	EGR_B_CMD
	1	1 = Ist Auslastungsgrad/Ventilposition für System A (Byte C) wird unterstützt	F	0	100	%	EGR_B_ACT
			G	-100	99,22	%	EGR_B_ERR
	2	1 = Fehlerdaten für System A (Byte D) werden unterstützt: Abweichung zwischen Ist- und Sollwert					
	3	1 = Soll Auslastungsgrad/Ventilposition für System B (Byte E) wird unterstützt					
	4	1 = Ist Auslastungsgrad/Ventilposition für System B (Byte F) wird unterstützt					
	5	1 = Fehlerdaten für System B (Byte G) werden unterstützt: Abweichung zwischen Ist- und Sollwert					
	6–7	Reserviert (= 0)					
6A	Einlassluftdurchsatz bei Diesel		A–E				
	Byte A Bit	Bedeutung	B	0	100	%	IAF_A_CMD
	0	1 = Soll Einlassluftdurchsatz A (Byte B) wird unterstützt	C	0	100	%	IAF_A_REL
			D	0	100	%	IAF_B_CMD
	1	1 = Drosselklappenposition A (Byte C) wird unterstützt	E	0	100	%	IAF_B_REL
	2	1 = Soll Einlassluftdurchsatz B (Byte D) wird unterstützt					
	3	1 = Drosselklappenposition B (Byte E) wird unterstützt					
	4–7	Reserviert (= 0)					
6B	Temperatur Abgasrückführung		A–E				
	Byte A Bit	Bedeutung	B	-40	215	°C	EGRT11
	0	1 = Temperatursensor Bank 1, Sensor 1 (Byte B) wird unterstützt	C	-40	215	°C	EGRT12
			D	-40	215	°C	EGRT21
	1	1 = Temperatursensor Bank 1, Sensor 2 (Byte C) wird unterstützt	E	-40	215	°C	EGRT22
	2	1 = Temperatursensor Bank 2, Sensor 1 (Byte D) wird unterstützt					
	3	1 = Temperatursensor Bank 2, Sensor 2 (Byte E) wird unterstützt					
	4–7	Reserviert (= 0)					

Anhang A: Definition und Skalierung der Parameter Identifier (PID)

PID (Hex)	Bedeutung		Daten-Bytes	minimal	maximal	Einheit	Kurzform
6C	Drosselklappenstellung		A–E				
	Byte A Bit	Bedeutung	B	0	100	%	TAC_A_CMD
	0	1 = Soll Drosselklappenstellung A (Byte B) wird unterstützt. 0 % = geschlossen, 100 % = offen	C	0	100	%	TP_A_REL
			D	0	100	%	TAC_B_CMD
			E	0	100	%	TP_B_REL
	1	1 = Drosselklappenposition A (Byte C) wird unterstützt					
	2	1 = Soll Drosselklappenstellung B (Byte D) wird unterstützt					
	3	1 = Drosselklappenposition B (Byte E) wird unterstützt					
	4–7	Reserviert (= 0)					
6D	Kraftstoffdruckkontrolle		A–K				
	Byte A Bit	Bedeutung	B, C	0	655.350	kPa	FRP_A_CMD
	0	1 = Solldruck A Kraftstoffverteilerleiste (Byte B, C) wird unterstützt	D, E	0	655.350	kPa	FRP_A
			F	-40	215	°C	FRT_A
	1	1 = Druck A Kraftstoffverteilerleiste (Byte D, E) wird unterstützt	G, H	0	655.350	kPa	FRP_B_CMD
	2	1 = Temperatur A Kraftstoffverteilerleiste (Byte F) wird unterstützt	I, J	0	655.350	kPa	FRP_B
			K	-40	215	°C	FRT_B
	3	1 = Solldruck B Kraftstoffverteilerleiste (Byte G, H) wird unterstützt					
	4	1 = Druck B Kraftstoffverteilerleiste (Byte I, J) wird unterstützt					
	5	1 = Temperatur B Kraftstoffverteilerleiste (Byte K) wird unterstützt					
	6–7	Reserviert (= 0)					
6E	Einspritzdruckkontrolle		A–I				
	Byte A Bit	Bedeutung	B, C	0	655.350	kPa	ICP_A_CMD
	0	1 = Solleinspritzdruck A (Byte B, C) wird unterstützt	D, E	0	655.350	kPa	ICP_A
			F, G	0	655.350	kPa	ICP_B_CMD
	1	1 = Einspritzdruck A (Byte D, E) wird unterstützt	H, I	0	655.350	kPa	ICP_B
	2	1 = Solleinspritzdruck B (Byte F, G) wird unterstützt					
	3	1 = Einspritzdruck B (Byte H, I) wird unterstützt					
	4–7	Reserviert (= 0)					
6F	Turbolader Druck Einlassöffnung		A–C				
	Byte A Bit	Bedeutung	B	0	255	kPa	TCA_CINP
	0	1 = Sensor A (Byte B) wird unterstützt	C	0	255	kPa	TCB_CINP
	1	1 = Sensor B (Byte C) wird unterstützt					
	2–7	Reserviert (= 0)					

Anhang A: Definition und Skalierung der Parameter Identifier (PID)

PID (Hex)	Bedeutung			Daten-Bytes	minimal	maximal	Einheit	Kurzform
70	Ladedruckregelung			A–J				
	Byte A Bit	Bedeutung		B, C	0	2.047,968	kPa	BP_A_CMD
	0	1 = Sollladedruck A (Byte B, C) wird unterstützt		D, E	0	75	kPa	BP_A_ACT
				F, G	0	2.047,968	kPa	BP_B_CMD
	1	1 = Istladedruck A (Byte D, E) wird unterstützt		H, I	0	75	kPa	BP_B_ACT
	2	1 = Status Ladedruck A (Byte J)				2.047,968 75		BPA_A_OL
	3	1 = Sollladedruck B (Byte F, G) wird unterstützt				2.047,968 75		BPA_A_CL
	4	1 = Istladedruck B (Byte H, I) wird unterstützt						BPA_A_FAULT
	5	1 = Status Ladedruck B (Byte J)						BPA_B_OL
	6–7	Reserviert (= 0)						BPA_B_CL
								BPA_B_FAULT
	Byte J Bits	Bedeutung						
	0–1	00 = reserviert 01 = offener Kreislauf, kein Fehler 10 = geschlossener Kreislauf, kein Fehler 11 = Fehler vorhanden, Wert unzuverlässig						
	2–3	00 = Reserviert 01 = offener Kreislauf, kein Fehler 10 = geschlossener Kreislauf, kein Fehler 11 = Fehler vorhanden, Wert unzuverlässig						
	4–7	Reserviert (= 0)						
71	Kontrolle variable Turbinengeometrie			A–F				
	Byte A Bit	Bedeutung		B	0	100	%	VGT_A_CMD
	0	1 = Sollposition Leitschaufeln A (Byte B) wird unterstützt. 0 % = Leitschaufeln werden voll umgangen, 100 % = Luft durch Leitschaufeln vollständig umgeleitet		C	0	100	%	VGT_A_ACT
				D	0	100	%	VGT_B_CMD
				E	0	100	%	VGT_B_ACT
	1	1 = Istposition Leitschaufeln A (Byte C) wird unterstützt						VGT_A_OL
								VGT_A_CL
	2	1 = Status Position Leitschaufeln A (Byte F) wird unterstützt						VGT_A_FAULT
	3	1 = Sollposition Leitschaufeln B (Byte D) wird unterstützt.						VGT_B_OL
								VGT_B_CL
	4	1 = Istposition Leitschaufeln B (Byte E) wird unterstützt						VGT_B_FAULT
	5	1 = Status Position Leitschaufeln B (Byte F) wird unterstützt						
	6–7	Reserviert (= 0)						

PID (Hex)	Bedeutung			Daten-Bytes	minimal	maximal	Einheit	Kurzform
	Byte F Bits	Bedeutung						
	0–1	00 = reserviert 01 = offener Kreislauf, kein Fehler 10 = geschlossener Kreislauf, kein Fehler 11 = Fehler vorhanden, Wert unzuverlässig						
	2–3	00 = reserviert 01 = offener Kreislauf, kein Fehler 10 = geschlossener Kreislauf, kein Fehler 11 = Fehler vorhanden, Wert unzuverlässig						
	4–7	Reserviert (= 0)						
72	Bypasskontrolle (Waste-Gate)			A–E				
	Byte A Bit	Bedeutung		B	0	100	%	WG_A_CMD
	0	1 = Sollbypassstellung A (Byte B) wird unterstützt. 0 % = kein Durchfluss/geschlossen, 100 % = max. Durchfluss/offen		C	0	100	%	WG_A_ACT
				D	0	100	%	WG_B_CMD
				E	0	100	%	WG_B_ACT
	1	1 = Istbypassstellung A (Byte C) wird unterstützt						
	2	1 = Sollbypassstellung B (Byte D) wird unterstützt						
	3	1 = Istbypassstellung B (Byte E) wird unterstützt						
	4–7	Reserviert (= 0)						
73	Abgasdruck			A–E				
	Byte A Bit	Bedeutung		B, C	0	655,35	kPa	EP_1
	0	1 = Abgasdrucksensor Bank 1 (Byte B, C) wird unterstützt		D, E	0	655,35	kPa	EP_2
	1	1 = Abgasdrucksensor Bank 2 (Byte D, E) wird unterstützt						
	2–7	Reserviert (= 0)						
74	Drehzahl Turbolader			A–E				
	Byte A Bit	Bedeutung		B, C	0	65.535	1/min	TCA_RPM
	0	1 = Drehzahl Turbo A (Byte B, C) wird unterstützt		D, E	0	65.535	1/min	TCB_RPM
	1	1 = Drehzahl Turbo B (Byte D, E) wird unterstützt						
	2–7	Reserviert (= 0)						

PID (Hex)	Bedeutung			Daten-Bytes	minimal	maximal	Einheit	Kurzform
75	Temperatur Turbolader			A–G				
	Byte A Bit	Bedeutung		B	-40	215	°C	TCA_CINT
				C	-40	215	°C	TCA_COUTT
	0	1 = Turbo A Kompressoreingangstemperatur (Byte B) wird unterstützt		D, E	-40	6.513,5	°C	TCA_TINT
				F, G	-40	6.513,5	°C	TCA_TOUTT
	1	1 = Turbo A Kompressorausgangstemperatur (Byte C) wird unterstützt						
	2	1 = Turbo A Turbineneingangstemperatur (Byte D, E) wird unterstützt						
	3	1 = Turbo A Turbinenausgangstemperatur (Byte F, G) wird unterstützt						
	4–7	Reserviert (= 0)						
76	Temperatur Turbolader			A–G				
	Byte A Bit	Bedeutung		B	-40	215	°C	TCB_CINT
				C	-40	215	°C	TCB_COUTT
	0	1 = Turbo A Kompressoreingangstemperatur (Byte B) wird unterstützt		D, E	-40	6.513,5	°C	TCB_TINT
				F, G	-40	6.513,5	°C	TCB_TOUTT
	1	1 = Turbo A Kompressorausgangstemperatur (Byte C) wird unterstützt						
	2	1 = Turbo A Turbineneingangstemperatur (Byte D, E) wird unterstützt						
	3	1 = Turbo A Turbinenausgangstemperatur (Byte F, G) wird unterstützt						
	4–7	Reserviert (= 0)						
77	Temperatur Ladeluftkühler			A–E				
	Byte A Bit	Bedeutung		B	-40	215	°C	CATC 11
				C	-40	215	°C	CATC 12
	0	1 = Bank 1, Sensor 1 (Byte B) wird unterstützt		D	-40	215	°C	CATC 21
				E	-40	215	°C	CATC 22
	1	1 = Bank 1, Sensor 2 (Byte C) wird unterstützt						
	2	1 = Bank 2, Sensor 1 (Byte D) wird unterstützt						
	3	1 = Bank 2, Sensor 2 (Byte E) wird unterstützt						
	4–7	Reserviert (= 0)						

Anhang A: Definition und Skalierung der Parameter Identifier (PID)

PID (Hex)	Bedeutung		Daten-Bytes	minimal	maximal	Einheit	Kurzform
78	Abgastemperatur Bank 1		A–I				
	Byte A Bit	Bedeutung					
			B, C	-40	6.513,5	°C	EGT11
	0	1 = Bank 1, Sensor 1 (Byte B, C) wird unterstützt	D, E	-40	6.513,5	°C	EGT12
			F, G	-40	6.513,5	°C	EGT13
	1	1 = Bank 1, Sensor 2 (Byte D, E) wird unterstützt	H, I	-40	6.513,5	°C	EGT14
	2	1 = Bank 1, Sensor 3 (Byte F, G) wird unterstützt					
	3	1 = Bank 1, Sensor 4 (Byte H, I) wird unterstützt					
	4–7	Reserviert (= 0)					
79	Abgastemperatur Bank 2		A–I				
	Byte A Bit	Bedeutung					
			B, C	-40	6.513,5	°C	EGT21
	0	1 = Bank 2, Sensor 1 (Byte B, C) wird unterstützt	D, E	-40	6.513,5	°C	EGT22
			F, G	-40	6.513,5	°C	EGT23
	1	1 = Bank 2, Sensor 2 (Byte D, E) wird unterstützt	H, I	-40	6.513,5	°C	EGT24
	2	1 = Bank 2, Sensor 3 (Byte F, G) wird unterstützt					
	3	1 = Bank 2, Sensor 4 (Byte H, I) wird unterstützt					
	4–7	Reserviert (= 0)					
7A	Dieselpartikelfilter Bank 1		A–F				
	Byte A Bit	Bedeutung					
			B, C	- 327,68	327,67	kPa	DPF1_DP
	0	1 = Deltadruck (Byte B, C) wird unterstützt	D, E	- 327,68	327,67	kPa	DPF1_INP
			F, G	- 327,68	327,67	kPa	DPF1_OUTP
	1	1 = Einlassdruck (Byte D, E) wird unterstützt					
	2	1 = Ausgangsdruck (Byte F, G) wird unterstützt					
	3–7	Reserviert (= 0)					
7B	Dieselpartikelfilter Bank 2		A–F				
	Byte A Bit	Bedeutung					
			B, C	- 327,68	327,67	kPa	DPF2_DP
	0	1 = Deltadruck (Byte B, C) wird unterstützt	D, E	- 327,68	327,67	kPa	DPF2_INP
			F, G	- 327,68	327,67	kPa	DPF2_OUTP
	1	1 = Einlassdruck (Byte D, E) wird unterstützt					
	2	1 = Ausgangsdruck (Byte F, G) wird unterstützt					
	3–7	Reserviert (= 0)					

PID (Hex)	Bedeutung		Daten-Bytes	minimal	maximal	Einheit	Kurzform
7C	Temperatur Dieselpartikelfilter		A–I				
	Byte A Bit	Bedeutung	B, C	-40	6.513,5	°C	DPF1_INT
	0	1 = Bank 1 Einlasstemperatur (Byte B, C) wird unterstützt	D, E	-40	6.513,5	°C	DPF1_OUTT
			F, G	-40	6.513,5	°C	DPF2_INT
	1	1 = Bank 1 Ausgangstemperatur (Byte D, E) wird unterstützt	H, I	-40	6.513,5	°C	DPF2_OUTT
	2	1 = Bank 2 Einlasstemperatur (Byte F, G) wird unterstützt					
	3	1 = Bank 2 Ausgangstemperatur (Byte H, I) wird unterstützt					
	4–7	Reserviert (= 0)					
7D	NOx-Überwachung Grenzwertbereich		A				NNTE: IN
	Byte A Bit	Bedeutung					NNTE: OUT
	0	1 = Innerhalb des Grenzwertbereichs					NNTE: CAA
	1	1 = Außerhalb des Grenzwertbereichs					NNTE: DEF
	2	1 = Innerhalb des herstellerspezifischen Ausnahmebereichs					
	3	1 = Innerhalb des Abweichungsbereichs des Grenzwertbereichs					
	4–7	Reserviert (= 0)					
7E	Feinstaubüberwachung Grenzwertbereich		A				PNTE: IN
	Byte A Bit	Bedeutung					PNTE: OUT
	0	1 = Innerhalb des Grenzwertbereichs					PNTE: CAA
	1	1 = Außerhalb des Grenzwertbereichs					PNTE: DEF
	2	1 = Innerhalb des herstellerspezifischen Ausnahmebereichs					
	3	1 = Innerhalb des Abweichungsbereichs des Grenzwertbereichs					
	4–7	Reserviert (= 0)					
7F	Motorlaufzeit (über die gesamte Lebensdauer des Fahrzeugs)		A–M				
	Wird nicht auf 0 gesetzt; wird nicht weitergezählt, solange der Motor »abgewürgt« ist.		B–E	0	4.294.967.295	s	RUN_TIME
			F–I	0	4.294.967.295	s	IDLE_TIME
	Byte A Bit	Bedeutung	J–M	0	4.294.967.295	s	PTO_TIME
	0	1 = Gesamtlaufzeit (Byte B, C, D, E) wird unterstützt					
	1	1 = Leerlaufzeit (Byte F, G, H, I) wird unterstützt; als Leerlaufzeit gilt die Zeit, in der die Drosselklappe geschlossen ist/das Gaspedal nicht getreten ist und das Fahrzeug weniger als 5 km/h fährt.					
	2	1 = Laufzeit mit aktiviertem Nebenantrieb (Byte J, K, L, M) wird unterstützt					
	3–7	Reserviert (= 0)					

Anhang A: Definition und Skalierung der Parameter Identifier (PID)

PID (Hex)	Bedeutung		Daten-Bytes	minimal	maximal	Einheit	Kurzform
80	Unterstützte PIDs Bereich 81–A0						
81	Motorlaufzeit mit emissionsreduzierendem zusätzlichem Emissionskontrollgerät Nr. 1–5 (über die gesamte Lebensdauer des Fahrzeugs); wird nicht auf 0 gesetzt; wird nicht weitergezählt, solange der Motor »abgewürgt« ist.		A–U B–E F–I J–M N–Q R–U	0 0 0 0 0	4.294.967.295 4.294.967.295 4.294.967.295 4.294.967.295 4.294.967.295	s s s s s	AECD1_TIME AECD2_TIME AECD3_TIME AECD4_TIME AECD5_TIME
	Byte A Bit	Bedeutung					
	0	1 = Gesamtlaufzeit mit Gerät 1 (Byte B, C, D, E) wird unterstützt					
	1	1 = Gesamtlaufzeit mit Gerät 2 (Byte F, G, H, I) wird unterstützt					
	2	1 = Gesamtlaufzeit mit Gerät 3 (Byte J, K, L, M) wird unterstützt					
	3	1 = Gesamtlaufzeit mit Gerät 4 (Byte N, O, P, Q) wird unterstützt					
	4	1 = Gesamtlaufzeit mit Gerät 5 (Byte R, S, T, U) wird unterstützt					
	5–7	Reserviert (= 0)					
82	Motorlaufzeit mit emissionsreduzierendem zusätzlichem Emissionskontrollgerät Nr. 6–10 (über die gesamte Lebensdauer des Fahrzeugs); wird nicht auf 0 gesetzt, wird nicht weitergezählt, solange der Motor »abgewürgt« ist.		A–U B–E F–I J–M N–Q R–U	0 0 0 0 0	4.294.967.295 4.294.967.295 4.294.967.295 4.294.967.295 4.294.967.295	s s s s s	AECD6_TIME AECD7_TIME AECD8_TIME AECD9_TIME AECD10_TIME
	Byte A Bit	Bedeutung					
	0	1 = Gesamtlaufzeit mit Gerät 6 (Byte B, C, D, E) wird unterstützt					
	1	1 = Gesamtlaufzeit mit Gerät 7 (Byte F, G, H, I) wird unterstützt					
	2	1 = Gesamtlaufzeit mit Gerät 8 (Byte J, K, L, M) wird unterstützt					
	3	1 = Gesamtlaufzeit mit Gerät 9 (Byte N, O, P, Q) wird unterstützt					
	4	1 = Gesamtlaufzeit mit Gerät 10 (Byte R, S, T, U) wird unterstützt					
	5–7	Reserviert (= 0)					
83	Nox-Sensor		A–E				
	Byte A Bit	Bedeutung	B, C D, E	0 0	65.535 65.535	ppm ppm	NOX11 NOX21
	0	Nox-Konzentration Bank 1, Sensor 1 (Byte B, C) wird unterstützt					
	1	Nox-Konzentration Bank 2, Sensor 1 (Byte D, E) wird unterstützt					
	2–7	Reserviert (= 0)					

PID (Hex)	Bedeutung		Daten-Bytes	minimal	maximal	Einheit	Kurzform
84	Temperatur Oberfläche Ansaugstutzen		A	-40	215	°C	MST
85	Nox-Kontrollsystem		A–J				
	Byte A Bit	Bedeutung	B, C	0	327,675	L/h	REAG_RATE
	0	1 = Durchschnittlicher Verbrauch an Reduktionsmittel (Harnstoff) (Byte B, C) wird unterstützt	D, E F G–J	0 0 0	327,675 100 4.294.967.295	L/h % s	REAG_DEMD REAL_LVL NWI_TIME
	1	1 = Sollverbrauch an Reduktionsmittel (Byte D, E) wird unterstützt					
	2	1 = Tankinhalt Reduktionsmittel (Byte F) wird unterstützt (0 % = leer)					
	3	1 = Zeit, seit dem der Nox-Warnmodus aktiv ist (Byte G, H, I, J) wird unterstützt					
	4–7	Reserviert (= 0)					
86	Feinstaubsensor		A–E				
	Byte A Bit	Bedeutung	B, C	0	819,1875	mg/m³	PM11
	0	1 = Feinstaubkonzentration Bank 1, Sensor 1 (Byte B, C) wird unterstützt	D, E	0	819,1875	mg/m³	PM21
	1	1 = Feinstaubkonzentration Bank 2, Sensor 1 (Byte D, E) wird unterstützt					
	2–7	Reserviert (= 0)					
87	Absolutdruck Ansaugstutzen		A–E				
	Byte A Bit	Bedeutung	B, C	0	2.047,96875	kPa	MAP_A
	0	1 = Absolutdruck Ansaugstutzen A (Byte B, C) wird unterstützt	D, E	0	2.047,96875	kPa	MAP_B
	1	1 = Absolutdruck Ansaugstutzen B (Byte D, E) wird unterstützt					
	2–7	Reserviert (= 0)					
88–FF	Reserviert						

Anhang B: On-Board-Diagnose Monitor Identifier (OBDMID) für Service $06

OBDMID (Hex)	Bedeutung
00	Unterstützte OBDMIDs Bereich 01–20
01	Abgassensorüberwachung Bank 1, Sensor 1
02	Abgassensorüberwachung Bank 1, Sensor 2
03	Abgassensorüberwachung Bank 1, Sensor 3
04	Abgassensorüberwachung Bank 1, Sensor 4
05	Abgassensorüberwachung Bank 2, Sensor 1
06	Abgassensorüberwachung Bank 2, Sensor 2
07	Abgassensorüberwachung Bank 2, Sensor 3
08	Abgassensorüberwachung Bank 2, Sensor 4
09	Abgassensorüberwachung Bank 3, Sensor 1
0A	Abgassensorüberwachung Bank 3, Sensor 2
0B	Abgassensorüberwachung Bank 3, Sensor 3
0C	Abgassensorüberwachung Bank 3, Sensor 4
0D	Abgassensorüberwachung Bank 4, Sensor 1
0E	Abgassensorüberwachung Bank 4, Sensor 2
0F	Abgassensorüberwachung Bank 4, Sensor 3
10	Abgassensorüberwachung Bank 4, Sensor 4
11–1F	Reserviert
20	Unterstützte OBDMIDs Bereich 21–40
21	Katalysatorüberwachung Bank 1
22	Katalysatorüberwachung Bank 2
23	Katalysatorüberwachung Bank 3
24	Katalysatorüberwachung Bank 4
25–30	Reserviert
31	Überwachung Abgasrückführung Bank 1
32	Überwachung Abgasrückführung Bank 2
33	Überwachung Abgasrückführung Bank 3
34	Überwachung Abgasrückführung Bank 4

OBDMID (Hex)	Bedeutung
35	Überwachung Nockenwellenverstellung Bank 1
36	Überwachung Nockenwellenverstellung Bank 2
37	Überwachung Nockenwellenverstellung Bank 3
38	Überwachung Nockenwellenverstellung Bank 4
39	Lecküberwachung Kraftstoff-Verdunstungsrückhaltesystem (großes Leck/0,15 Zoll)
3A	Lecküberwachung Kraftstoff-Verdunstungsrückhaltesystem (0,09 Zoll)
3B	Lecküberwachung Kraftstoff-Verdunstungsrückhaltesystem (0,04 Zoll)
3C	Lecküberwachung Kraftstoff-Verdunstungsrückhaltesystem (0,02 Zoll)
3D	Überwachung Tankentlüftung
3E–3F	Reserviert
40	Unterstützte OBDMIDs Bereich 41–60
41	Überwachung Heizung Abgassensor Bank 1, Sensor 1
42	Überwachung Heizung Abgassensor Bank 1, Sensor 2
43	Überwachung Heizung Abgassensor Bank 1, Sensor 3
44	Überwachung Heizung Abgassensor Bank 1, Sensor 4
45	Überwachung Heizung Abgassensor Bank 2, Sensor 1
46	Überwachung Heizung Abgassensor Bank 2, Sensor 2
47	Überwachung Heizung Abgassensor Bank 2, Sensor 3
48	Überwachung Heizung Abgassensor Bank 2, Sensor 4
49	Überwachung Heizung Abgassensor Bank 3, Sensor 1
4A	Überwachung Heizung Abgassensor Bank 3, Sensor 2
4B	Überwachung Heizung Abgassensor Bank 3, Sensor 3
4C	Überwachung Heizung Abgassensor Bank 3, Sensor 4
4D	Überwachung Heizung Abgassensor Bank 4, Sensor 1
4E	Überwachung Heizung Abgassensor Bank 4, Sensor 2
4F	Überwachung Heizung Abgassensor Bank 4, Sensor 3
50	Überwachung Heizung Abgassensor Bank 4, Sensor 4
51–5F	Reserviert
60	Unterstützte OBDMIDs Bereich 61–80
61	Überwachung beheizter Katalysator Bank 1
62	Überwachung beheizter Katalysator Bank 2
63	Überwachung beheizter Katalysator Bank 3
64	Überwachung beheizter Katalysator Bank 4
65–70	Reserviert
71	Überwachung Zweitluftsystem Bank 1

OBDMID (Hex)	Bedeutung
72	Überwachung Zweitluftsystem Bank 2
73	Überwachung Zweitluftsystem Bank 3
74	Überwachung Zweitluftsystem Bank 4
75–7F	Reserviert
80	Unterstützte OBDMIDs Bereich 81–A0
81	Überwachung Treibstoffsystem Bank 1
82	Überwachung Treibstoffsystem Bank 2
83	Überwachung Treibstoffsystem Bank 3
84	Überwachung Treibstoffsystem Bank 4
85	Überwachung Turboladersteuerung Bank 1
86	Überwachung Turboladersteuerung Bank 2
87–8F	Reserviert
90	Überwachung Nox-Adsorber Bank 1
91	Überwachung Nox-Adsorber Bank 1
92–97	Reserviert
98	Überwachung Nox-Katalysator Bank 1
99	Überwachung Nox-Katalysator Bank 1
9A–9F	Reserviert
A0	Unterstützte OBDMIDs Bereich A1–C0
A1	Allgemeine Daten Fehlzündungsüberwachung
A2	Fehlzündungsdaten Zylinder 1
A3	Fehlzündungsdaten Zylinder 2
A4	Fehlzündungsdaten Zylinder 3
A5	Fehlzündungsdaten Zylinder 4
A6	Fehlzündungsdaten Zylinder 5
A7	Fehlzündungsdaten Zylinder 6
A8	Fehlzündungsdaten Zylinder 7
A9	Fehlzündungsdaten Zylinder 8
AA	Fehlzündungsdaten Zylinder 9
AB	Fehlzündungsdaten Zylinder 10
AC	Fehlzündungsdaten Zylinder 11
AD	Fehlzündungsdaten Zylinder 12
AE	Fehlzündungsdaten Zylinder 13
AF	Fehlzündungsdaten Zylinder 14
B0	Fehlzündungsdaten Zylinder 15

OBDMID (Hex)	Bedeutung
B1	Fehlzündungsdaten Zylinder 16
B2	Überwachung Feinstaubpartikelfilter Bank 1
B3	Überwachung Feinstaubpartikelfilter Bank 2
B4–BF	Reserviert
C0	Unterstützte OBDMIDs Bereich C1–E0
C1–DF	Reserviert
E0	Unterstützte OBDMIDs Bereich E1–FF
E1–FF	Reserviert

Anhang C: Einheiten und Skalierungen für Service $06

Die Byte-Werte der Skalierungs-Identifier $01–7F sind vorzeichenlos, also stets positiv. Die beiden Bytes B und C der Antwort werden zusammengesetzt: [Byte B] * 100h + [Byte C].

Die Byte-Werte der IDs $80–$FE sind vorzeichenbehaftet und werden als Zweierkomplement vom Steuergerät geliefert. Um aus den beiden Hexwerten einen Dezimalwert mit Vorzeichen zu bekommen, werden zuerst die beiden Bytes wie gewohnt zusammengefasst. Anschließend wird die Zahl ins duale Zahlensystem übertragen. Wenn das höchstwertigste Bit eine 1 ist (der Byte-Wert also größer oder gleich 8000h ist), handelt es sich um eine negative Zahl. Alle Bits werden dann invertiert. Zu der resultierenden Zahl wird 1 addiert. Das Ergebnis ist die negative Dezimalzahl.

Tabelle A.1: Zerlegung Zweierkomplement bei negativer Zahl

Schritt	Byte B	Byte C
Antwort	8Ch	6Eh
[Byte B] * 100h + [Byte C]	8C6Eh	
Binär	1000 1100 0110 1110b	
NOT	0111 0011 1001 0001b	
+1	0111 0011 1001 0000b	
Dezimal	29.586	
HSB ist gesetzt/8C6Eh ist größer gleich 8000h => mit -1 multiplizieren	-29.586	

Für positive Zahlen (bei denen das 16. Bit (HSB) nicht gesetzt ist) ist keine Konvertierung notwendig.

Tabelle A.2: positive Zahl als Zweierkomplement

Schritt	Byte B	Byte C
Antwort	5Ah	9Bh
[Byte B] * 100h + [Byte C]	5A9Bh	
Binär	0101 1010 1001 1011b	
Dezimal	23.195	
HSB ist nicht gesetzt/5A9Bh ist kleiner 8000h => keine Operation erforderlich	23.195	

Für die IDs $80–$FE ergibt sich so ein Wertebereich von -32.768 bis +32.767

ID (Hex)	Beschreibung	Skalierung pro Bit	minimal	maximal	Einheit
00	Reserviert				
01	Rohwert	1	0	65.535	
02	Rohwert	0,1	0	6.553,5	
03	Rohwert	0,01	0	655,35	
04	Rohwert	0,001	0	65,535	
05	Rohwert	0,0000305	0	1,999	
06	Rohwert	0,000305	1	19,988	
07	Drehzahl	0,25	0	16.384	1/min
08	Geschwindigkeit	0,01	0	655,35	km/h
09	Geschwindigkeit	1	0	65.535	km/h
0A	Spannung	0,122	0	7,99	mV
0B	Spannung	0,001	0	65,535	V
0C	Spannung	0,01	0	655,35	V
0D	Strom	0,00390625	0	255,996	mA
0E	Strom	0,001	0	65,535	A
0F	Strom	0,01	0	655,35	A
10	Zeit	1	0	65.535	ms
11	Zeit	100	0	6.553.500	ms
12	Zeit	1	0	65.535	s
13	Widerstand	1	0	65.535	mΩ
14	Widerstand	1	0	65.535	Ω
15	Widerstand	1	0	65.535	kΩ
16	Temperatur	0,1	-40	6.513,5	°C
17	Druck	0,01	0	655,35	kPa
18	Druck (Luftdruck)	0,0117	0	766,76	kPa
19	Druck (Kraftsoffdruck)	0,079	0	5177,27	kPa
1A	Druck	1	0	65.535	kPa
1B	Druck (Dieseldruck)	10	0	655.350	kPa
1C	Winkel	0,01	0	655,35	°
1D	Winkel	0,5	0	32.767,5	°
1E	Äquivalenzverhältnis	0,0000305	0	1,999	λ
1F	Luft-Kraftstoff-Verhältnis	0,05	0	3276,75	
20	Verhältniswert	0,0039062	0	255,993	
21	Frequenz	1	0	65.535	mHz
22	Frequenz	1	0	65.535	Hz

Anhang C: Einheiten und Skalierungen für Service $06

ID (Hex)	Beschreibung	Skalierung pro Bit	minimal	maximal	Einheit
23	Frequenz	1	0	65.535	kHz
24	Zählwert	1	0	65.535	
25	Entfernung	1	0	65.535	km
26	Spannung pro Zeit	0,1	0	65.535	mV/ms
27	Masse pro Zeit	0,01	0	655,35	g/s
28	Masse pro Zeit	1	0	65.535	g/s
29	Druck pro Zeit	0,25	0	16.384	Pa/s
2A	Masse pro Zeit	0,001	0	65,535	kg/h
2B	(Um-)Schaltungen	1	0	65.535	
2C	Masse pro Zylinder	0,01	0	655,35	g/cyl
2D	Masse pro Hub	0,01	0	655,35	mg
2E	Wahr/falsch		0 (falsch)	1 (wahr)	
2F	Prozent	0,01	0	655,35	%
30	Prozent	0,001526	0	100	%
31	Volumen	0,001	0	65,535	l
32	Länge (1 Zoll = 25,4 mm)	0,0000305	0	1,999	Zoll
33	Äquivalenzverhältnis	0,00024414	0	15,99976	λ
34	Zeit	1	0	65.535	min
35	Zeit	10	0	655,35	ms
36	Gewicht	0,01	0	655,35	g
37	Gewicht	0,1	0	6.553,5	g
38	Gewicht	1	0	65.535	g
39	Prozent	0,01	-327,68	327,67	%
3A–80	Reserviert				
81	Rohwert	1	-32.768	32.767	
82	Rohwert	0,1	-3.276,8	3.276,7	
83	Rohwert	0,01	-327,68	327,67	
84	Rohwert	0,001	-32,768	32,767	
85	Rohwert	0,0000305	-0,999	0,999	
86	Rohwert	0,000305	-9,994	9,994	
87–89	Reserviert				
8A	Spannung	0,122	-3,9977	3,9976	V
8B	Spannung	0,001	-32,768	32,767	V
8C	Spannung	0,01	-327,68	327,67	V
8D	Strom	0,00390625	-128,00	127,996	mA

ID (Hex)	Beschreibung	Skalierung pro Bit	minimal	maximal	Einheit
8E	Strom	0,001	-32,768	32,767	A
8F	Reserviert				
90	Zeit	1	-32.768	32.767	ms
91–95	Reserviert				
96	Temperatur	0,1	-3.276,8	3.276,7	°C
97–9B	Reserviert				
9C	Winkel	0,01	-327,68	327,67	°
9D	Winkel	0,5	-16.384	16383,5	°
9E–A7	Reserviert				
A8	Masse pro Zeit	1	-32.768	32.767	g/s
A9	Druck pro Zeit	0,25	-8.192	8.191,75	Pa/s
AA–AE	Reserviert				
AF	Prozent	0,01	-327,68	327,67	%
B0	Prozent	0,003052	-100,01	100,00	%
B1	Spannung pro Zeit	2	-65.536	65.534	mV/s
B2–FC	Reserviert				
FD	Druck	0,001	-32,768	32,767	kPa
FE	Druck	0,25	-8.192	8.191,75	Pa
FF	Reserviert				

Anhang D: InfoTypes für SID $09

InfoType (Hex)	Beschreibung	Skalierung
00	Unterstützte InfoTypes	4 Bytes
01	Nachrichtenanzahl FIN Anzahl der benötigten Nachrichten, um die FIN zu übermitteln; bei CAN wird dies nicht benötigt, bei allen anderen Protokollen muss es immer 05h sein.	1 Byte
02	Fahrzeug-Identifizierungsnummer (FIN) Bei CAN wird nur eine Nachricht für die Antwort benötigt. Bei allen anderen Protokollen sind 5 Botschaften mit je 4 Bytes notwendig, die sich folgendermaßen aufbauen: | Nachricht Nr.	Inhalt | |---|---| | 1 | 3 Füll-Bytes à 00h erste Zeichen der FIN | | 2 | Zeichen 2–5 | | 3 | Zeichen 6–9 | | 4 | Zeichen 10–13 | | 5 | Zeichen 14–17 | Beispiel für eine FIN: »1G1JC5444R7252367«	17 ASCII-Zeichen
03	Nachrichtenanzahl CALID Anzahl der benötigten Nachrichten, um ein CALID zu übermitteln; bei CAN wird dies nicht benötigt, bei allen anderen Protokollen muss es immer 04h sein.	1 Byte
04	Calibration Identifications (CALID) Die CALID soll zur Identifizierung der auf dem Steuergerät installierten Software dienen. Es kann mehr als eine vorhanden sein. Beispiel für eine CALID: »JMB*36761500«	16 ASCII-Zeichen
05	Nachrichtenanzahl CVN Anzahl der benötigten Nachrichten, um eine CVN zu übermitteln; bei CAN wird dies nicht benötigt, bei allen anderen Protokollen entspricht es der Anzahl der zu sendenden CVNs, da pro CVN eine Antwortbotschaft benötigt wird.	1 Byte
06	Calibration Verification Numbers (CVN) Die CVN dient der Überprüfung der Integrität der auf dem Steuergerät installierten Software. Der Hersteller ist dafür verantwortlich, wie dies (z. B. als Prüfsumme) sichergestellt wird und wie viele CVNs dafür notwendig sind. Beispiel für eine CVN: »16E062BE«	4 Bytes A–D
07	Nachrichtenanzahl IPT Anzahl der benötigten Nachrichten, um die IPTs zu übermitteln. Bei CAN wird dies nicht benötigt, bei allen anderen Protokollen muss es 08h sein, da 16 Werte gesendet werden und jede Botschaft 2 Werte (4 Bytes) beinhaltet.	1 Byte
08	In-use Performance Tracking (IPT). Für Benzin- und Dieselmotoren vor Modelljahr 2010 Es werden entweder nur die ersten 16 oder alle 20 Zählerstände gesendet. Jeder Zählerstand besteht aus 2 Bytes, wobei das zuerst gesendete Byte A das höherwertige ist. Nicht unterstützte IPTs werden mit 2 leeren Bytes (00h) beantwortet.	32 oder 40 Bytes

InfoType (Hex)	Beschreibung		Skalierung
	Nr.	IPT	
	1	**OBD Monitoring Conditions Encountered Counts** Anzahl der Zeiten, in denen das Fahrzeug in den spezifizierten OBD-Überwachungsbedingungen betrieben wurde	
	2	**Ignition Cycle Counter** Anzahl der Gelegenheiten, in denen der Motor gestartet wurde	
	3	**Catalyst Monitor Completion Counts Bank 1** Anzahl der Zeiten, in denen alle Bedingungen erfüllt waren, um einen Katalysatorfehler Bank 1 zu erkennen	
	4	**Catalyst Monitor Conditions Encountered Counts Bank 1** Anzahl der Zeiten, in denen das Fahrzeug in den für Katalysator Bank 1 spezifizierten OBD-Überwachungsbedingungen betrieben wurde	
	5	Catalyst Monitor Completion Counts Bank 2	
	6	Catalyst Monitor Conditions Encountered Counts Bank 2	
	7	**O2 Sensor Monitor Completion Counts Bank 1** Anzahl der Zeiten, in denen alle Bedingungen erfüllt waren, um einen Fehler des Lambdasensors in Bank 1 zu erkennen	
	8	**O2 Sensor Monitor Conditions Encountered Counts Bank 1** Anzahl der Zeiten, in denen das Fahrzeug in den für Lambdasensor Bank 1 spezifizierten OBD-Überwachungsbedingungen betrieben wurde	
	9	O2 Sensor Monitor Completion Counts Bank 2	
	10	O2 Sensor Monitor Conditions Encountered Counts Bank 2	
	11	**EGR and/or VVT Monitor Completion Condition Counts** Anzahl der Zeiten, in denen alle Bedingungen erfüllt waren, um einen Fehler bei der Abgasrückführung und/oder Nockenwellenverstellung zu erkennen	
	12	**EGR and/or VVT Monitor Conditions Encountered Counts** Anzahl der Zeiten, in denen das Fahrzeug in den für die Abgasrückführung und/oder Nockenwellenverstellung spezifizierten OBD-Überwachungsbedingungen betrieben wurde	
	13	**AIR Monitor Completion Condition Counts (Secondary Air)** Anzahl der Zeiten, in denen alle Bedingungen erfüllt waren, um einen Fehler beim Zweitluftsystem zu erkennen	
	14	**AIR Monitor Conditions Encountered Counts (Secondary Air)** Anzahl der Zeiten, in denen das Fahrzeug in den für das Zweitluftsystem spezifizierten OBD-Überwachungsbedingungen betrieben wurde	
	15	**EVAP Monitor Completion Condition Counts** Anzahl der Zeiten, in denen alle Bedingungen erfüllt waren, um ein Leck der Größe 0,02 Zoll (oder 0,04") beim Kraftstoff-Verdunstungsrückhaltesystem zu erkennen	
	16	**EVAP Monitor Conditions Encountered Counts** Anzahl der Zeiten, in denen das Fahrzeug in den für das Kraftstoff-Verdunstungsrückhaltesystem spezifizierten OBD-Überwachungsbedingungen betrieben wurde	
	17	Secondary O2 Sensor Monitor Completion Counts Bank 1	
	18	Secondary O2 Sensor Monitor Conditions Encountered Counts Bank 1	
	19	Secondary O2 Sensor Monitor Completion Counts Bank 2	
	20	Secondary O2 Sensor Monitor Conditions Encountered Counts Bank 2	

InfoType (Hex)	Beschreibung	Skalierung
09	Nachrichtenanzahl ECUNAME Anzahl der benötigten Nachrichten, um die Bezeichnung des Steuergeräts zu übermitteln; bei CAN wird dies nicht benötigt, bei allen anderen Protokollen muss es 05h sein.	1 Byte
0A	ECUNAME Hiermit kann das Steuergerät mitteilen, wie es in Kurzform und als ausgeschriebener Textname heißt. Die Antwort besteht aus 4 Zeichen für das Akronym, einem »-« als Trennzeichen und 15 Zeichen für den Klartextnamen. Ungenutzte Bytes sollen mit 00h aufgefüllt sein. Beispiel für einen ECUNAME: »ECM1-EngineControl1«	20 ASCII-Zeichen
0B	In-use Performance Tracking (IPT) Für Benzin- und Dieselmotoren Modelljahr 2010 und später.	32 Bytes

Nr.	IPT
1	**OBD Monitoring Conditions Encountered Counts**
2	**Ignition Cycle Counter**
3	**NMHC Catalyst Monitor Completion Condition Counts** Anzahl der Zeiten, in denen alle Bedingungen erfüllt waren, um einen Nichtmethankohlenwasserstoff-Katalysatorfehler zu erkennen
4	**NMHC Catalyst Monitor Conditions Encountered Counts** Anzahl der Zeiten, in denen das Fahrzeug in den für einen Nichtmethankohlenwasserstoff-Katalysator spezifizierten OBD-Überwachungsbedingungen betrieben wurde
5	**NOx Catalyst Monitor Completion Condition Counts** Anzahl der Zeiten, in denen alle Bedingungen erfüllt waren, um einen Stickstoffoxid-Katalysatorfehler zu erkennen
6	**NOx Catalyst Monitor Conditions Encountered Counts** Anzahl der Zeiten, in denen das Fahrzeug in den für einen Stickstoffoxid-Katalysator spezifizierten OBD-Überwachungsbedingungen betrieben wurde
7	**NOx Adsorber Monitor Completion Condition Counts** Anzahl der Zeiten, in denen alle Bedingungen erfüllt waren, um einen Fehler beim Stickstoffoxid Adsorber zu erkennen
8	**NOx Adsorber Monitor Conditions Encountered Counts** Anzahl der Zeiten, in denen das Fahrzeug in den für einen Stickstoffoxid-Adsorber spezifizierten OBD-Überwachungsbedingungen betrieben wurde
9	**PM Filter Monitor Completion Condition Counts** Anzahl der Zeiten, in denen alle Bedingungen erfüllt waren, um einen Fehler des Feinstaubfilters zu erkennen
10	**PM Filter Monitor Conditions Encountered Counts** Anzahl der Zeiten, in denen das Fahrzeug in den für einen Feinstaubfilter spezifizierten OBD-Überwachungsbedingungen betrieben wurde
11	**Exhaust Gas Sensor Monitor Completion Condition Counts** Anzahl der Zeiten, in denen alle Bedingungen erfüllt waren, um einen Fehler des Abgassensors zu erkennen
12	**Exhaust Gas Sensor Monitor Conditions Encountered Counts** Anzahl der Zeiten, in denen das Fahrzeug in den für einen Abgassensor spezifizierten OBD-Überwachungsbedingungen betrieben wurde

InfoType (Hex)	Beschreibung		Skalierung
	13	**EGR and/or VVT Monitor Completion Condition Counts** Anzahl der Zeiten, in denen alle Bedingungen erfüllt waren, um einen Fehler bei der Abgasrückführung und/oder Nockenwellenverstellung zu erkennen	
	14	**EGR and/or VVT Monitor Conditions Encountered Counts** Anzahl der Zeiten, in denen das Fahrzeug in den für die Abgasrückführung und/oder Nockenwellenverstellung spezifizierten OBD-Überwachungsbedingungen betrieben wurde	
	15	**Boost Pressure Monitor Completion Condition Counts** Anzahl der Zeiten, in denen alle Bedingungen erfüllt waren, um einen Fehler beim Turboladerdruck zu erkennen.	
	16	**Boost Pressure Monitor Conditions Encountered Counts** Anzahl der Zeiten, in denen das Fahrzeug in den für Turboladerdruck spezifizierten OBD-Überwachungsbedingungen betrieben wurde	
0C–FF	Reserviert		

Stichwortverzeichnis

Symbole
$-Zeichen 95
42 V 41
8N1 38

A
Abbiegelicht 66
Abgasuntersuchung 90
ABS 15
Abschlusswiderstand 88
Adaption 26
ADR 79/01 70
ADR 79/02 70
Adresse 42, 190
 funktional 190, 199
 physikalisch 190, 199
Agrarfahrzeug 84, 188
AGV 143
ALCL 47
ALDL 47, 154, 158, 167
Alfa Rome 153
AlfaDiag 153
Anker 12
Ansauglufttemperatur 181
Antiblockiersystem 15
Antrieb 74
ARB 47
Arbitrierung 188
ASCII 38, 114
Assembly Line Communications Link 47
Assembly Line Diagnostic Link 47, 167
Asynchrone Übertragung 38
ATO-Sicherungen 29
AU 90
Audi 159
Ausfallsicherheit 45
Australian Design Rule 70
Australien 70

B
Bank siehe Zylinderbank
Baujahr 169
Benzineinspritzung 13
Berechnung 97
Berganfahrassistenzsystem 65
Binär 97
Bipolare Bit-Codierung 85
Bit 86
Bit-Codierung 85, 99
Bit-Länge 85
Bitrate 86

Blinkcode 47, 49
Blocksize 195
Bluetooth 127
BMW 153
 Scanner 154
Bordnetzsteuergerät 24
Bordspannung 41
Bosch 163
Brasilien 70
Break-out-Kabel 162
Bremsbelag 65
Bremsbelagverschleißanzeige 66
Bremszylinder 65
Bus - 85
Bus + 85

C
Calbration ID 114
CALID 114
California Air Resources Board 47
CAN 43, 70, 84, 88, 116, 138, 185
CAN 2.0A 187
CAN 2.0B 187
CAN Controller 189
CAN High 88
CAN Low 88
CAN-H 43
CAN-L 43
CARB 47, 67
CarPort 159
Carsoft 153, 155
Check Engine 47
Chiptuning 19, 92
Citroën siehe PSA Peugeot Citroën
CO 48
CO2 48
COM 126, 169
Consecutive Frame 139, 195, 197
Controller Area Network 43
CRecorderII 148

D
Data Link Connector 39
Datenlogger 147, 186
Dauerplus 121
Determinismus 45
Dezimal 95, 97
Diagnoseanschluss 39
Diagnosebuchse 39, 77
Diagnosedaten 82
Diagnosefunktionen 81
Diagnosegerät 128
Diagnosemodus 81

Diagnoseprotokoll 83
Diagnosetiefe 65
Diagnostic Trouble Code 47
Diamex 143
Diesel/OBD 70
Differenzpegel 85
Differenzsignal 88
DIN 72552 121
Disjunktion 137
D-Jetronic 13
DLC 39, 77
DnEcuDiag 153
Dominanter Zustand 89
Drosselklappe 99
Drosselklappenstellung 21
Druckfühlergesteuert 14
DTC 47, 73, 101, 145
DTC löschen 102
Durchgangsprüfer 34
DXM 144

E
Eberspächer 162
eCall 41
Echo 135
Echtzeitfähigkeit 45
ECM 19
Eco-Tuning 19, 92
ECU 19
EDIABAS 153
EDiTH 162
EG-Fahrzeugklassen 68
Eigendiagnose 25
Einbauort 78
Eindrahtmodus 185
Eindrahtverbindung 85
Einführungsfristen 69
Einspritzkorrektur 179
Einspritzsystem, Status 178
Einspritzventil 14
Elektromagnetische Einflüsse 89
ELM 129
Emissionsrelevante dauerhafte Fehlercodes 116
Emissionsschutzbehörde 47
Endrohrprüfung 90
Energiemanagement 41
Engine Control Module 19
Engine Control Unit 19
EOBD 70
EOBD2 70
EPROM 17
Espar 162

EU 68
Europäische On-Board-Diagnose 70
EvoScan 155
ExpressCard 169

F

Fahrerassistenzsysteme 22
Fahrgestell 74
Fahrprofil 71
Fahrtzyklus 71
Fahrzeuginformationen 82, 114
Fahrzeugmasse 79
Fahrzeugschein 70
Fahrzeugtyp 69
Fahrzyklus 113
Fehler 73, 100, 101, 113
Fehlercodes
 anstehende/temporäre 82
 dauerhafte 82
Fehlercodes 31, 47, 49, 74, 76, 82
 löschen 82, 102
Fehlerspeicher 102
Fehlzündung 67
Fehlzündungsüberwachung 108
Festkommaarithmetik 19
Feststellbremse 65
Fiat 154
FiatECUScan 154
FIN 114
First Frame 195, 197
Flashen 66
FlexRay 45
Flottenmanagement 93
Flow Control 195, 198
Frame 191
FreeSSM 155
Freeze Frame 74, 100, 201
Freeze-Frame-Daten 82
FTDI 170
FTP 72 72
FTP 75 72
Funktionsgenerator 124

G

Gaspedal 99
Gateway 43, 46
Geführte Fehlersuche 66
Gemisch 104, 179
General Motors 154, 167
Geschwindigkeit 83
Geschwindigkeitsregelung 66
Glasfaser 31
GM 55
GMECM 155
GPS 93
Gutmann 163

H

Handgerät 145
Handheld 145, 161

Hauptuntersuchung 90
HD OBD 70, 79
Heavy-Duty Vehicle 70
Herstellerschlüssel 69
Herstellerspezifische Diagnose 65, 151
Hexadezimal 95, 97
Highspeed 43, 185
Honda 78
HTerm 134
HTTP 46
HU 90
HU-Adapter 92
HyperTerminal 133

I

I2C 31
IC 16
Identifizierungsnummer 114
InfoType 114
Initialisierung 88
INPA 153
Integrated Circuit 16
Inter-Integrated Circuit 31
International Organization for Standardization 84
Internet 46
Internetprotokoll 46
IP 46
IP67 33
ISO 71, 84
ISO 11898 88
ISO 14230 84
ISO 14299 94
ISO 15031 84
ISO 15031-3 81
ISO 15031-5 95
ISO 15031-6 74
ISO 15765 88, 185
ISO 15765-4 103
ISO 22901 94
ISO 9141 84
ISO/OSI-Schichtenmodell 83
ISO/PAS 27145 71

J

Japan 70
JOBD 70

K

Kältespray 34
Karman-Vortex-Luftmassenmesser 182
Karosserie 74
Katalysator 48, 104, 108, 178, 183
Keep alive 96
Kennfeld 14, 92
Keyword-Protokoll 38, 84
Kia 56
KKL-Interface 164
KKL-Modus 144

K-Leitung 37, 88
Klemme
 15 121
 30 121
 31 121
KL-Interface 164
Kohlenstoffdioxid 48
Kohlenstoffmonoxid 48
Kohlenwasserstoff 48
Komfortfunktionen 22
Komfortschließung 66
Kraftstoff 48
Kraftstoffdruck 179
Kraftstoff-Einspritzkorrektur 179
Kraftstoffverteilerleiste 179
Kraftstoffverteilerrohr 179
Kreislauf 178
Kühlwassertemperatur 98
Kurbelwelle 95, 180
KW 38
KW 2000 84, 159
KW1281 40, 142, 158, 159
KW71 142
KW82 142
k-Wert 91
KWP 38
KWP 2000 84

L

L9637 165, 174
Ladeluftkühler 181
Lambda 103
Lambdasonde 48, 104, 202
Lambdasonden-Testwerte 82
LawIcel 186
Layer 83
Lichtwellenleiter 46
LIN 44
L-Leitung 37, 88
LMM 181
Local Interconnect Network 44
Lokalelement 32
Look-up-Tabelle 17
Lowlevel, CAN 186
Lowspeed 43, 185
Luftmassensensor 181
Luftmengenmesser 181
Lufttemperatur 181
Luft-Treibstoff-Gemisch 48
Luftüberschuss 104

M

MAF 181
Mageres Gemisch 104
Malfunction Indicator Light 72
MAN 159
Manifold Absolute Pressure siehe MAP-Sensor
Manifold-Absolute-Pressure 180
MAP-Sensor 14, 180
Mass Air Flow meter 181

Stichwortverzeichnis

Masse 79
Maßeinheit 97, 111
MAX232 165
Maximalwert 97
Mazda 52
MCP2515 189
MCP82C250 189
Media Oriented Systems Transport 46
Mercedes Benz 60, 155
Message Identifier 187
Messwert 96, 97
Mikrocontroller 16, 128
MIL 72, 100
Mini Cooper 153
Mini-Flachstecksicherungen 29
Minimalwert 97
Mitsubishi 52, 155
Mittelsteg 78
MMCd Datalogger 156
Moboscan 8200/8400 146
mOByDic 141
MonoScan 159
MOST 46
Motorkontrollleuchte 72
Motorkühlmitteltemperatur 82
Motorlast 178
Motorservice 47
Motorsteuergerät 19
Motronic 17
MSG 19
Multiecuscan 154
Multimarkentester 162
Multimeter 30
Multiplexer 39

N

N2 48
National OBD Clearinghouse 78
Nebenantrieb 184
NEFZ 71, 176
Negative response 193
Netzwerk 7
Neue Europäische Fahrzyklus 71
Nissan 156
Norm 84
Notprogramm 25
NOx 48
Noxon, Jeff 164
Nutzfahrzeug 84, 188
NVRAM 17

O

O2-Sensor 104
OBD I 48
OBD II 67, 71, 95
OBD Log 148
OBD ScanTech Nissan 156
OBD-2 siehe OBD II
OBDBr 70
OBD-Diag 143
OBDMID 109, 202
OBDPlot 158
ODER 136, 193
ODX 94
Off-Board-Kommunikation 80
Ohmmeter 34
Öltemperatur 98
Ölwechsel 64
On-Board-Diagnose Monitor Identifier 109
On-Board-Kommunikation 80
OP-COM 157
Opel 49, 157
Open Diagnostic Data Exchange 94
Optokoppler 164
OSI-Modell 83
OT 180
Otto/OBD 70
Oxidation 48, 183

P

Parallel-Port 127
Parameter Identifier 96
Paritäts-Bit 38
PCI 192, 195
PCMCIA 169
Peugeot siehe PSA Peugeot Citroën
Physikalischer Wert 97
PIC Mikrocontroller 129
PID 96, 98
   02 100
Pipe-Zeichen 137
Plausibilität 25
POF 46
Porsche 158
Potenziometer 123
Priorität 188
Protocol Control Information 192
Protokoll 83
Protokollinterpreter 128
Prüflampe 27
PSA Peugeot Citroën 58
PSI 180
Pulse Width Modulation 85
Pulsweitenmodulation 85
Punkt-zu-Punkt-Verbindung 39
PWM 85

R

Rail 179
Readinesscode 90, 175
Reaktionszeit 45
Reduktion 48
Redundanz 26
Reflexion 89
Regelung 19
Reinigungsleistung 105
Reizleitung 49
Reizung 88
Relais 12, 35
Remote OBD 93
Restsauerstoffgehalt 48, 104
Rezessiver Zustand 89
Rhinoview 158
Richtlinie 2001|100 68
Richtlinie 2007|46 68
Richtlinie 98|69 68, 71
Ringtopologie 46
RMS-MINI Tester 153
RS-232 126, 164
RS-232-Schnittstelle 38
Ruhezustand 89
RxD 38

S

SAE 84
SAE J1708 79
SAE J1850 84, 85
SAE J1930 84
SAE J1939 70, 79, 88, 188
SAE J1978 67
SAE J1979 67, 95
SAE J1979-2007 99
SAE J2012-2007 74
SAE J2818 40
Sättigung 105
Sauerstoff 103
Saugrohr-Absolutdruck 180
Saugrohrdruck 14
Scan Tech 147
Scangauge 148
Scania 159
Schadstoffgrenzwert 47
Scheibenwischer 23
Schicht 83
Schnittstellenwandler 128
Schubabschaltung 178
Seat 159
Sedezimal siehe Hexadezimal
Segmentierung 195
Sekundärluftsystem 183
Selbstcheck 25
Selbstheilung 26
Selbstzündungsmotor 68
Sensor 31, 123
Sensorwert 96
Separation Time 196
Serial Programming Interface 189
Serielle Schnittstelle 164
Service Engine Soon 47
Service Identifier 95
Service Mode 81
Serviceintervall 64
Servicemode 95
Services 95
Sicherheitsgurt 66
Sicherung 29
SID 95
   01 82, 96, 191
   02 82, 201
   03 82, 101, 194
   04 82, 102

05 82, 103
06 82, 108, 202
07 82, 113, 194
08 82, 113
09 82, 114
0A 82, 116
Signalmasse 79
Signalpegel 85, 88
Simulator 117
Single Frame 197
Skalierung 97
Skalierungswert 111
Skoda 159
SlowInit 169
Sniffer 186
Society of Automobile Engineers 84
SOF 87
Software-Emulator 117
Softwareupdate 65
Software-Version 114
Spannungsprüfer 29
Speicher 102
SPI 189
Standheizung 162
Start of Frame 87
Start-Bit 38
Stauklappe 181
Steckverbindung 32
Steuergerät 120
Steuerung 19
Stickoxide 48
Stickstoff 48
STN1110 142
Stöchiometrisches Verhältnis 103
Stop-Bit 38
Subaru 155
Sub-D-Buchse 127
SUGT-o'meter 149
Sure Brake 15
Suzuki 158
Synchronisation 38
Systemstatus 175

T
Tagfahrlicht 66
Taschenrechner 98
TCP 46
Temperatur 98
Tempomat 66
temporäre Fehler 113
Terminalprogramm 130, 133
Terminierung 89
Test der On-Board Systeme 82
Test der On-Board-Systeme 113
Test Identifier 106, 110, 113
Testwerte Lambdasonde 103
Testwerte spezifische Systeme 82, 108
Texa 163
Thermo Test 162
Throttle 99
TID 106, 110, 113, 204
Timing 117
Torpedosicherung 29
Totpunkt 11, 180
Toyota 62
TP 1.6 187
Transistor 16
Transportprotokoll 187
Treibstoff 103
Treibstoffverbrauch 183
Trübungswert 91
TS 153
TTS DataMaster 155
Tuning 92
TxD 38
Typ A 78
Typ B 78
Typschlüssel 69

U
UART 38
Überwachungszyklus 111
UDS 94
Umgebungsdaten 100
Umschaltkontakt 12
Umweltverträglichkeit 90
Und-Verknüpfung 175
Unfall 41
UniDiag KWP2000 147
Unified Diagnostic Services 94
Unipolar 88
Universal Asynchronous Receiver Transmitter 38
USB 126, 168
USB-RS-232-Adapter 169

V
VAG 50, 159
VAG-Check 160
VAG-COM 160
Variable Pulse Width Modulation 85
Variable Pulsweitenmodulation 85
VCDS 160
V-Checker 161
Verbrauch 183
Verbrennung 103
Verbrennungsluft 48
Vereinte Nationen 70
Virtueller COM-Port 169
VOL-FCR 161
Volkswagen 159
Vollständige Verbrennung 103
Volumetrisches Kennfeld 14
Volvo 54, 161
Vorauseilende Masse-Pins 79
VPW 85
VPWM siehe VPW

W
W3C 94
Wackelkontakt 34
Wassertemperatur 98
WBH-Diag 160
Webasto 162
WEEE-Richtlinie 125
Wegfahrsperre 80
Wert 97
WiALDL 155
Widerstandsmessung 34
WLAN 127
W-Leitung 162
World Wide Harmonized On-Board Diagnostic 70
Würth 163
WWH-OBD 70

X
X-by-Wire 45
XML 94

Y
Y-Kabel 186

Z
Zahlensystem 95
Zentralelektrik 37
Zentralsteckdose 37
Zündkennfeld 17
Zündspule 11
Zündungsplus 121
Zündverteiler 11
Zündverzug 180
Zündwinkel 11, 180
Zündwinkeleinstellung 17
Zündzeitpunkt 11, 180
Zweileitersystem 88
Zweitluftsystem 183
Zylinderbank 107